23對染色體

解讀創生奧祕的生命之書

Genome

the Autobiography of a
species in 23 Chapters

Matt
Ridley

著──馬特・瑞德利

蔡承志
譯──許優優

〈出版緣起〉
開創科學新視野

何飛鵬

有人說，是聯考制度把台灣讀者的讀書胃口搞壞了。

這話只對了一半；弄壞讀書胃口的，是教科書，不是聯考制度。

如果聯考內容不限在教科書內，還包含課堂之外所有的知識環境，那麼，還有學生不看報紙、家長不准小孩看課外讀物的情況出現嗎？如果聯考內容是教科書占百分之五十，基礎常識占百分之五十，台灣的教育能不活起來、補習制度的怪現象能不消除嗎？況且，教育是百年大計，是終身學習，又豈是封閉式的聯考、十幾年內的數百本教科書，可囊括而盡？

「科學新視野系列」正是企圖破除閱讀教育的迷思，為台灣學子提供一些體制外的智識性課外讀物；「科學新視野系列」自許成為一個前導，提供科學與人文之間的對話，開闊讀者的新視野，也讓離開學校之後的讀者，能真正體驗閱讀樂趣，讓這股追求新知欣喜的感動，流盪心頭。

其實，自然科學閱讀並不是理工科系學生的專利，因為科學是文明的一環，是人類理解人生、接觸自然、探究生命的一個途徑；科學不僅僅是知識，更是一種生活方式與生活態度，能養成面對周遭環境一種嚴謹、清明、宏觀的態度。

　　千百年來的文明智慧結晶，在無垠的星空下閃閃發亮、向讀者招手；但是這有如銀河系，只是宇宙的一角，「科學新視野系列」不但要和讀者一起共享大師們在科學與科技所有領域中的智慧之光；「科學新視野系列」更強調未來性，將有如宇宙般深邃的人類創造力與想像力，跨過時空，一一呈現出來，這些豐富的資產，將是人類未來之所倚。

　　我們有個夢想：

　　在波光粼粼的岸邊，亞里斯多德、伽利略、祖沖之、張衡、牛頓、佛洛伊德、愛因斯坦、普朗克、霍金、沙根、祖賓、平克……他們或交談，或端詳撿拾的貝殼。我們也置身其中，仔細聆聽人類文明中最動人的篇章。

（本文作者為城邦媒體集團首席執行長）

〈推薦序〉

人種自傳──23 對染色體的故事

武光東

在二十世紀接近尾聲的最後幾年裡，生命科學界迭傳捷報。首先是一九九七年「桃莉羊」的誕生，接著是二○○○年人類「基因組」（genome）草圖的面世。這類的知識說實在相當專門，不但普羅大眾難窺其堂奧，即使許多隔行的科學家也不易講清楚、說明白。只是形形色色的新聞媒體，藉助疲勞轟炸的方式，把「桃莉羊」和「基因組」這類的名詞強迫灌輸給社會大眾，至少達到人云亦云的效果。

基因組這個詞，它乃是物種（species）的特徵。譬如人有人的基因組（human genome），老鼠有老鼠的基因組（mouse genome），細菌有細菌的基因組（bacterial genome）。就人類而言，基因組代表精子或卵子內遺傳物質（DNA）的總稱。精子和卵子內各有 23 條染色體，其中有 22 條與性別無關，被稱為常染色體（autosomes）。常染色體可依其大小，由第 1 排到第 22。此外，有的精子內含有很大的 X 染色體，有的精子內含有很小的 Y 染色體，二者不僅形態相異，而且 DNA 組成也截然不同。X 和 Y 不稱作第 23 對，而被命名為性染色體（sex chromosomes）。因此人類基因組可看作人類 24 條染色體的代名詞，其內含有 24 個 DNA 分

子（每條染色體上只有一個 DNA 分子），30 億個鹼基對，5 萬個左右有功能的基因。

　　本書作者瑞德利（M. Ridley）先生，以充滿創意的手法，把極端學術性的人類遺傳學（human genetics）知識寫成人人可讀的科普讀物《23 對染色體》。他把人類基因組內全部的遺傳訊息看作是一本人類的傳記。這些遺傳訊息是被分置在 23 對染色體上，所以這本書共有 23 章（在這裡，因為 X 和 Y 不成對，也沒有被命名為第幾對，所以給作者帶來一點小麻煩）。在這 23 章裡，作者憑其深厚的學養、廣博的知識，分別暢談了人的生老病死、喜怒哀樂、賢愚不肖、愛欲情仇，乃至政治、優生和自由意志等都被著墨。作者挖空心思，要把每一個主題和一條染色體拉上關係。此一努力大致成功，但把自由意志放在第 22 號染色體上，則是一個善意的謊言，故意和讀者開個玩笑。用染色體數目來定章節，本就有討喜諧趣在裡面，這樣寫科普書籍，才不會有板起面孔說教的意味。把 23 對染色體一一點名上台亮相，這本傳記應已相當翔實。若用 23 章的篇幅來寫一本傳統的人類遺傳學教科書，重要的內容也應已包括在內。

　　西元二〇〇〇年人類基因組草圖的面世，代表著基因組時代的來臨，是舊世紀送給新世紀最佳的禮物。但大家切勿誤解，以為基因組的任務已經大功告成；事實正好相反，更艱巨的任務才剛剛開始。未來人類的醫療、製藥、健保和工作權等都將會受到重大的衝擊，這樣的衝擊很可能在二十一世紀的前十年裡就會感受到。擺在人類前面的遠景，一方面是從上帝手裡可以取回更多的自主權，譬如預卜胎兒是否健康、預卜自己的基因組成是否正常、預卜到中老年後會不會得老人癡呆症或亨丁頓舞蹈症、預卜年輕的女孩會不會

過早就染患乳癌。根據這一類「預卜」的知識，一個人可以依自己的自由意志，來做最佳的人生規畫和選擇。在另一方面，這類知識也會讓當事人陷入人生的困境。譬如一個活得好好的年輕人，一旦知道自己帶有亨丁頓舞蹈症基因，十年、二十年後就會面臨悲慘的下場，那他所餘下這十年、二十年本屬健康的歲月如何排遣？保險公司若知道一個年輕女孩帶有乳癌基因，那麼會不會拒絕她的健康保險？這一類的問題在本書中都有觸及，也是這本書最啟發人們思考的地方。

　　要寫一本叫好又叫座的人類遺傳學教科書，幾百張美麗的彩色圖片是不可少的。但本書作者全憑深入淺出的文字技巧，不用一張圖片，也能帶領讀者很愉快地走進人類遺傳學的殿堂，漫遊在形形色色的樓台亭榭之間，遠瞻近矚「人」這個物種的過去與現在，實在不是一件容易的事，是最值得欽佩的大本領。由於遺傳學的知識浩瀚，我們學遺傳的人也每每見樹不見林，除了自己所鑽的牛角尖之外，也不能全然欣賞牛角尖外無盡的藍天。讀了這本「人種自傳」，可以讓所有的人看到這片藍天。這本書不僅值得非行家的人讀，更值得行家們──包括大學生、研究生和教授學者們──細細品味。

二〇〇〇年九月於陽明大學

（本文作者曾任陽明大學遺傳研究所教授、通識中心主任）

〈作者序〉
生物醫學的里程碑

　　當我開始撰寫這本書的時侯，人類基因組的大半領域都還是處女地。當時已經對約八千個人類基因粗略定位，我也在本書中提到幾個最有趣的基因，不過閱讀基因組的速度縱然已經急遽加速，要達到通盤了解的程度，還是要寄託於未來。現在才過了一年多的時間，這項艱巨任務卻已經完成了。世界各地的科學家已經全盤破解人類基因組，並將內容刊載在網際網路上供所有人閱讀。如今你已經可以從網路上下載這些已接近完成關乎人體建構與運作方式的資訊。

　　這項變革來得相當迅速。接受政府資助並提出人類基因組計畫的科學家，在一九九八年年初還預測他們需要再花上至少七年時間，才能將人類基因組完全解讀完畢，當時他們還只完成不到十分之一。隨後，半路殺出一個程咬金。克雷格‧文特爾（Craig Venter）這位光芒耀眼卻沒有耐心的民間科學家，宣布他正在籌組一家公司，並將在二〇〇一年完成人類基因組計畫，所需經費只占政府所支援計畫的一小部分：不到兩億美元。

　　文特爾過去也曾經提出這類威脅，同時他也總是能夠取得成果。他在一九九一年發明了一種能夠迅速找到人類基因的作法，當時所有人都認為不可能做到。隨後他在一九九五年向政府提出資助申請，計畫採用一種新的「散彈槍技術」（shotgun technique）來為細菌基因組進行完整的基因定位工作。但政府卻澆了他一頭冷

水，這些官員說這種技術根本不可行。當他收到這封信時，他的工作卻已經接近完成。

　　因此，也不會有哪個傻瓜想要三度駁斥文特爾的想法。競賽開始了。政府所經營計畫經過重組並調整重心；除了投注額外經費之外，並將目標設定於二〇〇〇年的六月完成整個基因組的草圖。文特爾也很快將完成日期調整到同一個時候。

　　二〇〇〇年六月二十六日，美國的柯林頓總統在白宮，英國的布萊爾首相則在唐寧街同時宣布完成人類基因組草圖。這是人類歷史上的驚人大事：生命史上頭一遭，一個物種能夠解讀出自己的遺傳內涵。人類基因組幾乎就等於是人體建構與運作的說明書。我也在本書裡試著去說明，潛藏在基因組內的有數千種基因與數百萬個其他序列，並共同組成哲學祕藏。促成人類基因研究的原動力，大半是肇因於某種緊急狀況，必須找出遺傳疾病以及其他更常見疾病的療法，包括了癌症與心臟病等由基因所造成或導致惡化的疾病。如今我們也已經知道，除非我們能夠了解致癌基因與抑癌基因在腫瘤發生過程中所扮演的角色，否則想治癒癌症根本是不可能的事。然而，在這個領域裡，遺傳學比醫學更為重要。我也已經試著說明，基因組包含了源自於遠古與近代的祕密訊息，從我們還是單細胞生物起，到我們開始建立諸如酪農畜牧等文明習性皆然。基因組也包含了遠古哲學迷團的線索，更可以促使我們了解，人類是如何決定從事各項活動，以及奇妙的自由意志感受究竟為何物。

　　基因組計畫完成之後並沒有改變上述景象，卻為我在本書裡所探討的論點增添許多範例。就在我撰寫本文之時，我也理解到這個世界所經歷的快速變遷；我透過科學文獻感受到遺傳學知識的爆炸性進展。我也只能夠在這類精彩爭議中擇要淺嚐。未來仍將出現許

多偉大的識見。我相信，科學是探索新迷團的事業，科學不是要將既有事實分類編目。我毫不懷疑，在未來幾年之間必然會出現許多驚人發現。我們也更清楚意識到，我們對於自己的認識竟是如此粗淺。

我沒有辦法預知的是，遺傳學上的爭論竟然會如此深入大眾傳媒，並產生如此戲劇性的發展。目前對於基因改造生物的日漸普遍，以及對於無性繁殖與遺傳工程的質疑逐漸提昇，民眾爭取表達自己看法的權利也日益升高。他們的立場正確，我們不希望只是由專家來做出決定。然而，大多數遺傳學家都忙於在實驗室裡採掘知識金礦，實在沒有時間向大眾解釋他們的科學研究成果。因此只好由我們這群評論人士，試圖將基因的不解之祕進行翻譯，並寫出較為類似娛樂性質而非教育性的內容。

我是個樂觀主義者。各位閱讀本書之後應該可以看得出來，我認為知識是一種祝福而非詛咒，就遺傳學知識而言更是如此。我們能夠首度了解癌症的分子本質，診斷並預防阿茲海默症，發現人類歷史的祕密，重建在寒武紀海洋裡繁衍的生物群，就我的觀點，這類發展都是無盡的福祉。的確，遺傳學同樣也會帶來新的危險威脅，諸如：保險金的高低不公、新式的微生物戰爭，以及遺傳工程的意外副作用等，不過大多數這些情況要嘛就是可以輕易因應，不然就是極不可能發生。因此，我並不認同目前對於科學的流行悲觀論調，我對於背離科學的世界也不會表示苟同，對於新的無知形態，我也會奮起進行無止境的抨擊。

馬特‧瑞德利
二〇〇〇年七月

誌謝

　　我在本書撰寫期間，曾經打攪、干擾、訊問各行各業的許多人士，並以電子郵件與傳統方式與他們書信往來，所有人都耐心待我以禮。我無法列舉所有人士的大名逐一道謝，不過我要在這裡特別針對下列人士的恩澤表達我的誠摯謝意：Bill Amos、Rosalind Arden、Christopher Badcock、Rosa Beddington、David Bentley、Ray Blanchard、Sam Brittan、John Burn、Francis Crick、Gerhard Cristofori、Paul Davies、Barry Dickson、Richard Durbin、Jim Edwardson、Myrna Gopnik、Anthony Gottlieb、Dean Hamer、Nick Hastie、Brett Holland、Tony Ingram、Mary James、Harmke Kamminga、Terence Kealey、Arnold Levine、Colin Merritt、Geoffrey Miller、Graeme Mitchison、Anders Moller、Oliver Morton、Kim Nasmyth、Sasha Norris、Mark Pagel、Rose Paterson、David Penny、Marion Petrie、Steven Pinker、Robert Plomin、Anthony Poole、Christine Rees、Janet Rossant、Mark Ridley、Robert Sapolsky、Tom Shakespeare、Ancino Silva、Lee Silver、Tom Strachan、John Sulston、Tim Tully、Thomas Vogt、Jim Watson、Eric Weischaus 及 Ian Wilmut。

　　我要特別感謝國際生命研究中心（International Centre for Life）的所有同事，我們在這裡不斷嘗試將生命的基因組呈現在各

位眼前。若非他們在生物學與遺傳學課題上所表現的持續興趣與支持，我恐怕無法寫成本書。該研究中心的同事包括了 Alastair Balls、John Burn、Linda Conlon、Ian Fells、Irene Nyguist、Neil Sullivan、Elspeth Wills 及其他許多人士。

本書有兩章的部分內容首先於新聞專欄與雜誌文章裡發表。感激《每日電訊報》（*Daily Telegraph*）的查爾斯・摩爾（Charles Moore）與《展望》（*Prospect*）的大衛・古德哈特（David Goodhart）採用發表。

我的經紀人，費里希帝・布萊安（Felicity Bryan）始終以全副心神熱忱投入。還有在規畫之初便表現出比我更堅定信心（現在我要承認這一點）的三位編輯：克里斯托福・波特（Christopher Potter）、馬里翁・曼尼克（Marion Manneker）與馬爾登・卡爾波（Maarten Carbo）。

不過，最讓我深深感激並超越一切的則是我的妻子：安妮雅・荷爾伯特（Anya Hurlbert）。

謹以本書獻給我的父母親與我的孩子們

◆海洋裡的生命密碼◆生命的兩大特徵◆破解基因之謎的關鍵人物◆艾弗利引發的風暴◆DNA是什麼？◆RNA比NDA、蛋白質更早出現◆火熱地底裡的露卡◆細菌可能比我們更先進？◆生命的一統性

◆究竟有幾對染色體？◆人是地球上數目最多的大型動物◆寒武紀大爆發◆從類人猿祖先說起◆和黑猩猩的親密關係◆尋找失落的環節◆離群造就戲劇化差異◆粗壯南猿出現◆一夫一妻模式隱然成形◆基因決定一切

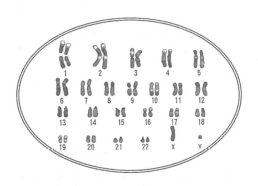

人類的基因組是什麼？

人類基因組（human genome），就是一套完整的人類基因，以23對且各自獨立的染色體方式存在。其中的22對約略依其長短，從最大的第1號到最小的第22號依序排列，另一對則是性染色體（sex chromosomes）：女性擁有兩個大型的X染色體，男性則擁有一個X染色體與一個小型的Y染色體。就以大小來說，X染色體介於第7與第8號染色體之間，Y染色體則是最小的染色體。

23這個數字並沒有什麼特別意義。許多物種（包括與我們最接近的猿類）有更多對的染色體；也有許多物種，牠們的染色體數少於23。同一條染色體上也不見得都是具有相同功能與類型的基因群。幾年前，當我面對著一部筆記型電腦與大衛‧黑格（David Haig）交談時，這位演化生物學家告訴我：他最喜歡第15號染色體時，我感到有點驚奇。黑格解釋說：這對染色體上有各種古靈精怪的基因。我從來沒有想過染色體竟然還有不同的個性；畢竟，染色體只是各種基因的任意組合而已。

不過黑格隨性提出的論點，卻在我的腦海中埋下一個揮之不去的構想：我是不是可以寫一些人類基因組的故事？我們已經開始逐一探索各對染色體，並首度得以發現其細節。我是不是可以從每一對染色體裡選出一個基因，以說故事的方式來闡述它的內涵？普利摩‧李維（Primo Levi）便曾經在他的自傳式短篇故事裡，採用類似元素週期表的作法將自己生命中的每一個章節，根據不同時期分別描述，並以各個時期曾經接觸的某個元素與之相匹配。❶

我開始想到，人類基因組本身便是一部自傳，也就是一種基因形式的記錄，這是人類與其遠祖從生命初始階段至今所有變遷的歷

---

❶　編按：請見《週期表》〔*Il Sistema Periodico*〕，時報出版，1998。

史文獻。某些基因從太古泥濘大地中的第一個單細胞生物迄今，都
沒有太大變化；有些基因是從我們的遠祖還是蠕蟲狀生物時，便已
發展成形；某些基因則想必是在我們的遠祖還是魚類之時，才首度
出現；還有些則是由於最近的流行性疾病，才發展出現的形態。此
外，基因也記錄了人類過去數千年的遷徙歷史。人類基因組可以算
是我們這個物種的自傳——這部自傳涵括範圍遠溯自四十億年前，
一直延續至數百年前，並逐一記錄下這段漫長期間內所發生的重要
事件。

　　我將這 23 對染色體條列出來，並針對每一對，羅列出人類本
性的主題。經過這種苦心經營，我終於逐漸找出各種足以與我的故
事相匹配的基因。在此期間，我也經常由於找不到適當的基因而倍
感受挫，或是找到了理想基因卻發現它並不是位於該描繪的染色體
上而感到懊惱。我曾經為了要如何處理 X 與 Y 染色體而感到困惑，
我權衡了 X 染色體的大小，將其擺在第 7 號染色體之後。現在你
也可以了解，為什麼副書名標榜有二十三章的書，最後一章卻為第
二十二章的原因了。

　　乍看之下，我的作法似乎會引起很大的誤解。讓人誤以為我暗
示第 1 號染色體是最先出現的染色體，事實上，它不是；我也沒有
暗示第 11 號染色體只和人類的個性有關。人類基因組裡的基因總
數大約為三萬到八萬之間，我在這裡無法向你介紹所有的基因，部
分原因是目前只發現不到八千個（不過每個月還會增加數百個），
部分也是由於大多數基因只是單調乏味的生化反應中的小角色而
已。

　　但是我仍會引領各位做有系統地全盤綜覽，並針對人類基因組
裡較有趣的景點做個短暫的停留，聽聽它們如何描述我們。我們何

其有幸,將成為展讀基因組這部巨著的第一批人,從而可以讓我們超越迄今的所有科學進展,了解「我們的起源、我們的演化進程、我們的天性與我們的心靈」。這項進展可以促成人類學、心理學、醫學、古生物學等幾乎所有科學領域的變革。我並不是說,基因可以包含一切事物,我也不是說基因的重要性超過其他所有因素,事實絕非如此。不過不可否認,基因的確是相當重要的課題。

這本書並不是要討論「人類基因組計畫」(Human Genome Project),專談基因定位和核苷核定序的技術,這本書要陳述的是該計畫的形成。西元二○○○年的六月二十六日,科學家們公布已完成的人類基因組草圖。在短短幾年內,我們從對基因幾乎一無所知,發展到全知的程度。我衷心相信,這個時代是知識史上最偉大的時刻。這是空前的時代!或許有些人會提出反駁,認為我們不能僅由基因來描述人類。我並不否認這一點,因為每個人絕對不僅僅是一組組基因密碼的組合而已。然而在此之前,人類的基因幾乎只是一個完全未知的謎團,我們卻即將成為破解這個謎團的第一個世代。我們站在偉大新發現的邊緣,同時,我們也即將面臨重大的新問題。這就是我想藉由本書來傳達的意念。

我要在這篇前言的第二部分裡,簡短陳述一些基本理念作為引子——也就是針對基因本身與其功能,以敘事文體來介紹所牽涉到的術語。我希望讀者能夠先從這裡入手,隨後在閱讀過程裡,如果碰到內文對某些術語沒有加以解釋,讀者還可以回頭參閱本文。現代遺傳學裡充塞著各種專用術語,我在本書裡盡量少用這類術語,不過有時候還是免不了。

人體包含了大約一百兆個細胞,多數細胞的直徑小於○‧一公厘。每一個細胞內部都有一個可以被染色的小球狀物,稱為「細胞

核」（nucleus）。細胞核內部有兩套完整的人類基因組（卵細胞與精細胞則各擁有一套，紅血球則不具細胞核），其中的一套基因組來自母親，另一套則來自父親。基本上，在這 23 對染色體裡總共約包含三萬到八萬個基因，每一對染色體裡，各自擁有相同的基因。實際上，每一個來自父系與母系的基因，都會有些許差異，例如：藍眼睛與棕眼睛。我們在生育子嗣之時，會將完整的一套染色體傳遞給下一代，不過其中的父系與母系染色體，會經由重組（recombination）過程而產生新的基因組合。

我們可以將基因組想像成為一本書。

其中的二十三章，各稱為染色體（chromosome）。

每一章都包含好幾千個故事，稱為基因（gene）。

每一個故事都包含許多段落，稱為表現序列（exon），其間被插入了一些無意義的廣告，稱之為插入序列（intron）。

每個段落都由稱為密碼（codon）的文字所組成。

每個文字都由稱為鹼基（base）的字母所拼寫而成。

那本書有十億個文字，比這本書的五千冊加總起來還厚，差不多與八百本的《聖經》厚度相當。如果我以每秒鐘讀一個字、每天讀八個小時來為你朗誦這本生命之書，那麼我要花一個世紀之久才能讀完。如果我將人類基因組以每個字 1 公分寫出來，這篇文章會與多瑙河一樣長。這是一部龐大的文獻、一本無與倫比的書籍、一張無窮無盡的配方，卻能夠納入比針頭還小的微小細胞裡，並可以輕易包納在顯微尺度才觀察得到的細胞核內部。

我將基因組稱為是一本書，這並不只是一個比喻而已，這是一個事實。一本書就是以單一方向的線性形態撰寫而成的數位資訊，並根據一組密碼，按照許多細小字母符號的組成方式，轉譯成為具

有大量意義的語彙。基因組也是如此。唯一的混淆之處是，所有的英文書籍都是從左向右閱讀，基因組則是部分由左向右閱讀，部分由右向左閱讀，不過卻不會出現同時向左右方向閱讀的情況。

　　順便提到一點，你在本段落之後再也不會看到「藍圖」這個讓人厭煩的詞。我要提出三個不用它的理由。第一，只有建築師與工程師使用藍圖，再說在這個電腦時代也已經不再使用了。第二，以藍圖來代表基因實在很不恰當。藍圖是二次元的圖形，不是單一次元的數位碼。第三，就以遺傳而言，藍圖這個詞實在過於簡約。藍圖的每一個部分都可以在機器或建築物上找到相對應的部分，我們卻不能根據食譜上的每一個句子，個別烘烤出一口口的蛋糕。

　　所有英文書籍都是由二十六個字母所拼成的長短文字寫成，基因組內的字都是由三個字母所寫成的，並只使用四個字母：A（adenine，腺嘌呤）、C（cytosine，胞嘧啶）、G（guanine，鳥糞嘌呤）與 T（thymine，胸腺嘧啶）。同時，基因並不是寫在平面紙上，而是由長串糖類與磷酸鹽組成所謂的 DNA（deoxyribonucleic acid，去氧核糖核酸）分子，鹼基則是連結核糖分子的一側（請見圖一 ❷）。每一條染色體都是由一個極長的雙鏈 DNA 分子所構成。如果將單一細胞的所有染色體伸展拉直，全長可達六英尺。一個人體內所有細胞裡的所有染色體，其總長則可達一千億英里，相當於約兩個光天（光線每天可以行進四百億英里）。地球上所有人類的 DNA 總長為六十億乘以一千億英里，這個距離可以遠達鄰近的銀河系。

---

❷　編按：圖一～三為中文版附加。

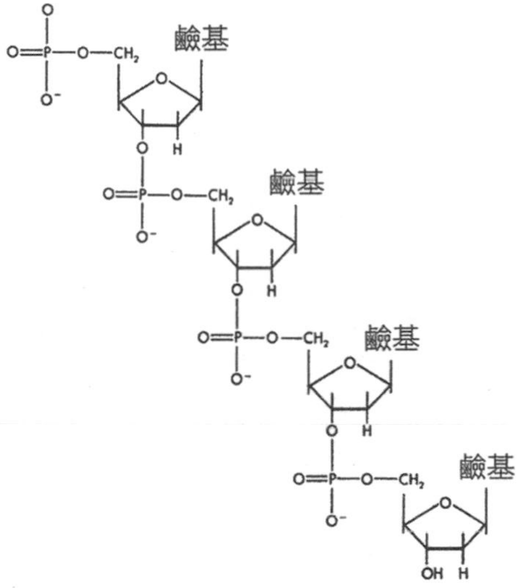

圖一：去氧核糖與磷酸鹽的鍵結

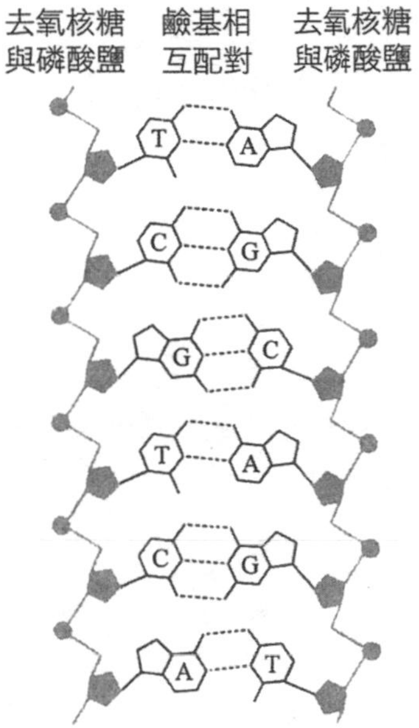

去氧核糖　鹼基相　去氧核糖
與磷酸鹽　互配對　與磷酸鹽

圖二：DNA 的鹼基配對

　　基因組是一本相當聰明的書，因為在適當狀況下，基因組可以自行影印並自行讀取資訊。這種影印過程稱為複製（replication），讀取過程則稱為轉譯（translation）。複製是經由四個鹼基的一種奧妙性質來完成：A 喜歡與 T 配對（以兩個氫鍵鍵結），G 則喜歡與 C 配對（以三個氫鍵鍵結）（請見圖二）。因此，單股的 DNA 在複製的時候，可以組合出完全互補的新股，新的單股 DNA 上所有的 T 即為原先單股 DNA 上所有的 A 的對應，原先的 A 也全部對應成 T，原先的 C 全部對應成 G，同時原先所有的 G 也都對應成 C。DNA 處於正常狀態下會形成著名的雙螺旋分子結構，由互補的雙鏈形成糾結交纏的外觀（請見圖三）。

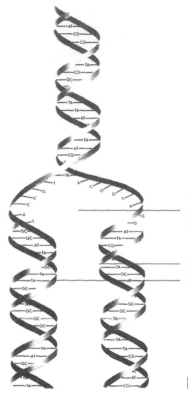

DNA 螺旋狀的雙股先分開，
然後個別依照鹼基配對的原
則產生新的子代 DNA。

新的子代 DNA

新的子代 DNA

圖三：DNA 的複製

　　如果新的互補 DNA 股再經過複製，則會產生出與原先內容完
全一樣的 DNA 股。即，ACGT 序列複製後，會形成 TGCA，再複
製之後則可以轉錄成原有的 ACGT 序列。於是 DNA 便可以在無窮
盡複製之後，還得以保有原有的資訊。

　　轉譯則略為複雜。首先，一個基因（片段的 DNA 股）的內文
經過相同的鹼基配對過程形成一個新的複製品，不過這個的複製品
不叫 DNA，而叫 RNA（ribonucleic acid，核糖核酸），DNA 與

RNA 的組成成分略有不同。RNA 也可以攜帶線性密碼，並採用與 DNA 相同的字母，唯一的差別是 RNA 裡並不出現 T，而是採用 U，也就是尿嘧啶（uracil）。這個 RNA 複製品稱為「信息 RNA」（messenger RNA, mRNA），隨後則經由剪除所有插入序列並接合所有表現序列的過程來進行編輯。

隨後 mRNA 便要藉助於一種稱為核糖體（ribosome，存於細胞質中的微粒，組成成分為 RNA 與蛋白質）的機器。核糖體會沿著 mRNA，將由三字母組成的密碼循序轉譯，並以另一套字母逐一予以取代。這套字母是由二十種不同胺基酸（amino acid）所組成，每一種各由不同的轉運 RNA（transfer RNA, tRNA）所攜帶。每一種胺基酸都接續在尾端，並形成與密碼相同順序的一股鏈。整個訊息經過轉譯之後，胺基酸鏈便會折疊，並根據序列形成獨特的形狀。這時我們便稱之為「蛋白質」（protein）。

身體的所有部分——從毛髮到荷爾蒙——幾乎都是由蛋白質所組成，或由蛋白質製造而成。每一種蛋白質都是一個經過轉譯的基因產品。尤其是身體的化學作用，都必須由一種名為酶（enzyme）的蛋白質作為觸媒，才能夠被觸發。甚至於 DNA 與 RNA 分子的處理、複製、錯誤糾正與組合過程本身——複製與轉譯——也都必須藉助蛋白質才能進行。蛋白質也可以依附在位於基因內文起始端附近的促進因子（promoter）與增效因子（enhancer）序列之中，並負責基因的開啟與關閉之功能。不過，不同的基因是在身體的不同部位被啟動的。

有時候基因的複製過程會出錯，偶爾會有一個字母（鹼基）遺漏或植入錯誤的字母。有時候一個完整的句子或段落也會出現重複、疏漏或顛倒的現象。這就稱為「突變」（mutation）。許多突

變都無害也無益，例如：假設某個密碼由於突變而被另一個密碼取代。不過新的密碼所代表的胺基酸，也可能與原密碼具有相同的「意義」，因為總共有六十四種密碼，卻只有二十種胺基酸，因此許多DNA「文字」都具有相同的意義。人類的每一代都會累積約一百種突變，但由於人類的基因組超過一百萬個密碼，所以這個比例似乎不算多。不過如果突變出現在錯誤的所在，單一突變便足以致命。

　　所有的規則都有例外，當然也包括本規則。人類的所有基因並不完全出現在那23對主要的染色體上，少數幾種是位於「粒線體」（mitochondria）中。而且並非所有的基因都是由DNA構成，某些病毒則以RNA為其遺傳物質。此外，並非所有基因都是形成蛋白質的配方。有些基因會經過轉錄形成RNA，卻不會經過轉譯形成蛋白質；這些RNA會直接發揮功能，為構成核糖體的部分或是成為tRNA。此外，並非所有化學作用都以蛋白質為觸媒，有少數是以RNA為觸媒的。並非所有的蛋白質都來自單一基因，有些是好幾個配方的共同產品。並非所有的六十四個三字母密碼都會設定形成一個胺基酸，其中有三個就代表停止指令。最後，並非所有的DNA都是有系統地組成基因。大多數只是不斷重複或以隨意排序的，有極少數甚至是根本不會轉錄，這就是所謂的「垃圾DNA」（junk DNA）。

　　你只需要知道這些，我們就可以開始人類基因組之旅了。

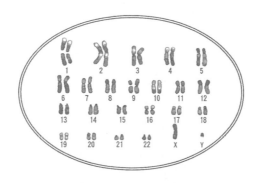

第1號染色體

生 命

物滅彼生,

(我存彼亡)

如海上泡沫,

在萬物源起的洋面或浮或滅,終將回歸大海。

——波普(Alexander Pope),〈論人〉

海洋裡的生命密碼

　　最初只有文字。海洋裡散布著攜帶訊息的文字，它們永無止境地不斷自行拷貝。這些文字發現了重組化學物質的方法，並得以捕捉微小的熵流漩渦而自行創造出生命。它們將這個行星地表的塵土地獄，轉化成為翠綠天堂。終於，這些文字繁衍興盛，形成一種精巧奧妙的粥狀構造——人腦，並得以發現、理解這些文字的意義。

　　每當我興起這個念頭，我的粥狀構造都不禁躊躇，在地球的四十億年歷史之中，我竟有幸能夠存活於今日。在五百萬個物種裡頭，我也這麼幸運，能夠成為有意識的人類。在地球上的六十億人口當中，我也這麼榮幸能夠誕生在發現這種文字的國家裡頭。在地球的完整歷史當中，從生物學及地理學角度來看，我也出生在一個歷史里程碑之前五年，與之距離也只有兩百英里之遙。我所屬的物種裡的兩位成員，就在當時、當地發現了 DNA 的結構，並發現了宇宙中最偉大、最單純與最令人驚訝的祕密。你或許會認為我是過於感性，你也可能認為我是無可救藥的物質主義者，竟然會對於這種枝微末節投注過度熱情。無論如何，請你隨我回溯生命起源之初，希望我能夠說服你，帶你一窺這些文字的無窮奧妙。

　　「在陸地與海洋還可能只有植物物種之際，並遠在動物出現之前，以及世世代代其他各類動物出現之前，我們不禁要臆測，當時的一條具有生命的細絲（filament），究竟是否為一切有機生命的起源？」這是博學詩人與醫師伊拉斯莫斯・達爾文（Erasmus Darwin）❶於一七九四年所提出的問題。[1]這個揣測讓人聞之驚愕，

---

❶　譯註：查理斯・達爾文的祖父。

不只是由於伊拉斯莫斯在他的孫子查理斯‧達爾文針對這個主題寫成一本書之前六十五年，就提出這個大膽臆測，認為所有有機生命都具有相同的起源，同時也由於他竟然使用了「細絲」這個字眼。沒錯，生命的祕密正是一條細絲。

生命的兩大特徵

　　這個細絲如何演變成生命呢？我們很難對生命下定義，不過生命擁有兩種極為不同的技能：複製能力和創造秩序的能力。生物會製造出類似自己的複製品：兔子生出兔子，蒲公英生出蒲公英。不過兔子不單單只有這種能力而已，兔子吃草，將食物轉化成為兔血兔肉，並能夠從混亂的世界裡建構出具有規律性的複雜軀體。牠們並沒有違背熱力學第二定律；也就是封閉系統裡的任何事物，都有從規律性轉為無規律性的傾向。因為兔子並不是一種封閉系統。兔子固然能夠建構出具有規律性與複雜的形體（我們稱之為「軀體」），卻必須耗費大量能源。根據爾文‧薛丁格（Erwin Schrödinger）的說法則是，生物會由環境中「擷取規律性」。

　　產生這兩種生命特徵的關鍵在於資訊。先有一種配方，生物才有複製能力，這種配方就是創造新軀體的必要資訊。例如，一個兔子卵攜帶了組成一隻新兔子的指令。不過經由代謝創造規律性的能力，卻還必須倚賴另一種資訊，也就是建構與維護用來創造規律性能力的指令。我們可以從成年兔子的具生命力的絲狀體裡，預期牠們具有生殖與代謝能力，就好像我們閱讀食譜，便可以看出並預期能烤出一塊蛋糕。這個構想可以遠溯自亞里斯多德，他曾經說過，一隻雞的「概念」就寄託在一顆蛋裡頭，或者一顆橡子實際上是接

受了一棵櫟樹的計畫指示而生。亞里斯多德對於這種資訊理論的模糊印象，卻在許多世代裡隱匿於化學與物理學之中，最後終於重現於現代遺傳學裡。馬克斯‧狄爾布拉克（Max Delbruck）就曾經開玩笑地說道，我們實在應該為這位發現 DNA 的希臘哲人，追頒諾貝爾獎。[2]

DNA 細絲是一種資訊，是一種以化學密碼寫成的訊息，每個字母都是一種化學物質。我們實在不敢相信，這種密碼竟然是以我們所能夠了解、一種類似英文的方式所寫成的。遺傳密碼是由一種線性語言寫成類似英文的直線形態。它是一種數位式密碼，每個字母都具有相同的重要性。此外，由於 DNA 語言只有四個字母，因此這套密碼比英文簡單，我們將這四個字母命名為 A、C、G 與 T。

破解基因之謎的關鍵人物

我們已經知道，基因是一種密碼配方，我想根本不會有人事先猜到這種結果。二十世紀的前半段，生物學界一直無法回答一個問題：基因是什麼？當時這似乎是無法破解的謎團。我們回溯到一九五三年，也就是發現 DNA 對稱結構的那一年，並再往前推十年，回溯到一九四三年。那些將在整整十年之後破解那個謎團、做出最大貢獻的人士，在一九四三年之時都還在做其他的事情。法蘭西斯‧克里克（Francis Crick）當時還在樸次茅斯（Portsmouth）附近為海軍設計水雷。詹姆斯‧華生（James Watson）還是一個早熟的十五歲少年，才剛剛進入芝加哥大學大學部就讀，並下定決心要終生奉獻於鳥類學。毛萊斯‧威爾金（Maurice Wilkins）在美國協助設計原子彈。羅撒林‧富蘭克林（Rosalind Franklin）正在為英國

政府研究煤炭的構造。

　　約瑟夫‧門格勒（Josef Mengele）於一九四三年時，在奧斯威辛（Auschwitz）❷進行一種怪誕拙劣的科學探索，還將一對雙胞胎折磨至死。門格勒當時是在研究遺傳，然而他的優生學研究並未依循理性的正途。他的研究結果，對於未來的科學是毫無用處的。

　　偉大的物理學家薛丁格於一九四三年在門格勒一夥的淫威之下，找到一片天空，並在都柏林（Dublin）的三聖學院（Trinity College）開始發表一系列演說，他的主題是「生命是什麼？」當時他試圖為這個問題下定義。他知道染色體包含了生命的祕密，卻不了解其中的過程：「正是由於這些染色體……包含了某類密碼本，並涵括所有個體的未來發展，與其成熟狀態的功能之完整形態。」他認為基因太小了，充其量也只不過是一種大型分子。這個見解卻啟迪了整個世代的科學家，包括克里克、華生、威爾金與富蘭克林都將面對這個問題。剎時間，似乎具有破解問題的能力。雖然薛丁格已經瀕臨答案的邊緣，他卻偏離了正軌。他認為這種分子之所以能夠攜帶遺傳密碼，其祕訣是在他所珍愛的量子理論，於是他執著於這個方向，最後證實他走入了一條死胡同。生命的祕密與量子狀態毫無關係，物理學終究無法提出解答。[3]

　　一位六十六歲的加拿大科學家，奧斯渥‧艾弗利（Oswald Avery）於一九四三年，正在紐約進行一個實驗的最後階段，這個研究對 DNA 研究工作產生決定性影響，並理解到 DNA 是遺傳的一種化學表象。他所進行的精妙系列實驗，證實無害的肺炎細菌在吸收某種簡單的化學溶劑之後，便會轉化成為有毒的品系。艾弗利

---

❷　譯註：波蘭南部第一大城。

於一九四三年獲得結論，認為只要將這種轉化物質純化，便會得到
DNA。不過他卻是以極度謹慎的說法來發表各項結論，因此要到
許久之後才有人注意到這一點。他在一九四三年五月寄給兄弟洛
伊‧艾弗利（Roy Avery）的一封信裡，也只是略為大膽地寫道：[4]

> 如果我們的想法正確（當然目前還無法證實），那麼也就是說，
> 核酸（DNA）便不只是在結構上具有重要性，同時也是具有活性
> 功能的物質，並能夠決定細胞的生化活動，以及某些特定特徵。同
> 時我們也有可能藉由已知的化學物質，來誘發細胞產生可預測的遺
> 傳變化。這將會是遺傳學家長期以來的夢想。

艾弗利引發的風暴

艾弗利幾乎達到目標，他卻還是從化學觀點來思考。珍‧范海
蒙特（Jan Baptist van Helmont）便於一六四八年揣測道：「所有的
生命都是化學作用」。後來，佛利德利奇‧渥勒（Friedrich
Wöhler）採用氯化銨與氰化銀合成尿素，一舉突破化學與生物學領
域的神聖分野，他隨後並於一八二八年說道，至少某些生命是一種
化學作用。在此之前，只有生物才會產出尿素。所謂的生命就是化
學作用也的確是事實，但這種說法卻很無聊，這就好像是說美式足
球就是物理學一樣。生命可以概略比擬為包含三種原子的化學反
應，氫、碳與氧，這三種原子構成生物體所有成分的百分之九十八。
不過，生命的外顯特質（例如：遺傳）才真正有趣，組成元件本身
並不足道。可惜，艾弗利沒能解開DNA究竟是如何掌握遺傳性質
的祕密——化學是無法提出解答的。

才華橫溢的數學家亞倫・圖靈（Alan Turing）於一九四三年在完全祕密的情況下，在英國的布列契里（Bletchley），目睹他最敏銳的識見成真。圖靈一直認為「數字可以算出數字」。當時為了破解德國軍方的勞倫茲編碼器（Lorentz encoding machine）所建造的太陽神電腦（Colossus），便是採用圖靈原理為理論基礎，這種萬用機器具有可修正的儲存程式。當時還沒有任何人能夠了解遺傳的奧祕，包括圖靈在內，雖然他或許比任何其他人更接近生命的奧祕。遺傳是一種可修正的儲存程式，代謝則是一種通用的機器。將二者相連的配方則是一種密碼，也就是可以納入化學、物理或甚至於非物質形式的一種抽象訊息。其中的祕密是：這種密碼可以自我複製。能夠運用世界上的各種資源進行自我拷貝的任何事物，都具有生命，而最適合這種定義的事物形態正是數位訊息——也就是數字、編碼，或文字。[5]

一位沉默的隱居學者，克勞弟・山農（Claude Shannon）於一九四三年，再三反芻幾年前他在普林斯頓之時所產生的想法。山農的想法是，資訊與熵是同一事物的一體兩面，二者與能量都有緊密的關連性。系統的熵值愈低，所包含的資訊愈豐富。蒸氣引擎由於設計師所植入的資訊，因此能夠逐筆釋出熵來產生能量。人體也是如此。亞里斯多德的資訊理論與牛頓的物理學在山農的腦子裡交會。山農與圖靈一樣，都沒有聯想到生物學。不過他的洞見卻能夠解答「生命是什麼」這個問題，並產生比化學反應與物理學更深遠的影響。生命也是一種寫在 DNA 裡的數位式資訊。[6]

DNA 是什麼？

　　最開始是文字，但文字本身還不是 DNA。DNA 是在出現生命、同時也區分出兩類活動之後才出現的，這兩種活動就是化學作用與資訊儲存，也就是代謝與複製。不過 DNA 也包含了文字的紀錄，並經過無數世代忠實地傳承到現代。

　　我們可以想像在顯微鏡下觀察人類的卵。如果有興趣的話，你也可以嘗試將 23 對染色體由左至右，依照尺寸由大到小排列。現在，注意最大的那一對染色體，為了方便起見，我們稱之為第 1 號染色體。所有染色體都區分為長、短兩段，中間以一個分節點分開，我們稱之為「著絲點」（centromere）。如果你仔細端詳第 1 號染色體的長段部分，接近中心小點的位置有一個包含一百二十個字母的段落，這是完全由 A、G、C、T 四種字母所組成的序列，並會不斷重複。在每個重複小段之間，會出現一段隨機性較高的內容，不過這一百二十個字母所組成的段落會不斷出現，就好像是一段主旋律，總共出現一百多次。這個反覆出現的簡短段落，或許就是我們所能夠找到的最原始文字。

　　這種「段落」就是一個小型的基因，或許正是人體最活躍的一個基因。其中所包含的一百二十個字母會反覆經過拷貝，形成簡短的 RNA，這些備份就是所謂的 5S RNA。5S RNA 與蛋白質和其他的 RNA，精密交纏形成核糖體——也就是能夠將 DNA 配方轉譯成為蛋白質的機器。正是由於這些蛋白質，DNA 才能進行複製。根據山謬‧巴特勒（Samuel Butler）的看法，蛋白質只是基因用來製造另一個基因的方法，而基因也只是蛋白質用來製造另一種蛋白質

的方式。就猶如廚師需要配方（食譜），不過食譜也需要廚師。生命包含了兩種化學物質的交互作用：蛋白質與 DNA。

　　蛋白質代表一種化學作用、生存、呼吸、代謝與行為，也就是生物學家所稱的「表現型」（phenotype）。DNA 代表資訊、複製、繁殖，以及性，也就是生物學家所稱的「基因型」（genotype）。這兩者彼此缺一不可。這是蛋生雞與雞生蛋的老問題：DNA 或蛋白質究竟何者先出現？不可能是 DNA 先出現，因為 DNA 只是一種被動的數學符號，無法單獨生存，DNA 本身並不會促成任何化學反應。不過蛋白質也不可能先出現，因為蛋白質是純粹的化學反應，就目前所知，其本身無從自行拷貝。似乎是 DNA 不可能創造出蛋白質，反之亦然。這個令人迷惑的怪誕問題似乎無從破解，所幸，其中的文字卻在生命細絲中留下一個縹緲的線索。我們現在已經知道，蛋遠比雞更早出現（爬蟲類是所有鳥類的祖先，牠們都下蛋），而目前已經有愈來愈扎實的證據顯示：RNA 比蛋白質更早出現。

RNA 比 DNA、蛋白質更早出現

　　RNA 是連結 DNA 與蛋白質這兩個世界的化學物質。這種物質的主要功能是將 DNA 字母訊息轉譯成為蛋白質的組成字母。不過，就以其行為模式而言，這種物質無疑是前述二者的祖先。我們可以說 RNA 是希臘，DNA 則是其孕育而成的羅馬，也可以藉由希臘的荷馬與維吉爾（Virgil）❸ 之對比來解釋。

---

❸　譯註：羅馬最偉大的詩人。

　　RNA 正是那種文字,我們可以經由五種微妙的線索來推斷 RNA 比蛋白質與 DNA 更早出現。即使到今天,DNA 的組成成分還是要藉由 RNA 的組成成分修改、製造而成,而不是採用更直接的途徑。此外,DNA 的字母 T 是由 RNA 所包含的字母 U 所形成。許多現代的酶雖然是由蛋白質所組成,卻需要依賴 RNA 的小分子來促使其發揮功能。還有,RNA 和 DNA 及蛋白質不同,它不需要支援即能夠獨力自行拷貝:只要提供正確的成分,它們便能夠自行編列組成訊息。細胞裡所有最原始與最基本的功能,都需要 RNA 才能運作。這種攜帶訊息的物質正是來自於基因並由 RNA 所構成的 RNA 依賴性酶(RNA-dependent enzyme)。遺傳資訊轉譯過程涉及兩個重要成員,其一是帶有大分子 RNA 的核糖體機器,另一是那些攜帶特定胺基酸的小 RNA 分子,功能類似搬運伕。更重要的是,RNA 不同於 DNA,它可以發揮觸媒功能,它可以產生分解,並與包括 RNA 本身在內的其他分子進行組合。RNA 可以將這類分子切斷,由兩端重行連接,形成本身的結構單元,並組成極長的 RNA 鏈。它甚至還可以自行運作,將一整段內容切下,並由端點彼此接合。[7]

　　RNA 的這種奇妙特性是由托瑪斯・切赫(Thomas Cech)與席德尼・亞特曼(Sidney Altman)於一九八〇年代早期所發現,這個發現改變了我們對於生命的了解。如今我們認為,或許最早的「原始基因」(ur-gene)正是由複製觸媒(replicator-catalyst)所組成,也就是一種會消耗周圍環境裡的化學物質以自我複製的文字——很可能就是由 RNA 所組成。我們可以根據各種 RNA 分子的觸媒反應能力,反覆隨機選擇來進行實驗,如此便可能促成觸媒 RNA 的「演化」,並幾乎可以由其最初形態重演生命起源歷程。最讓人訝

異的結果是，這類合成 RNA 經常會產生一串相同的 RNA 內容，並與第 1 號染色體上的 5S 基因一類的核糖體 RNA 基因部分內容雷同。

我們回溯到第一隻恐龍、第一條魚、第一隻昆蟲、第一棵植物、第一株真菌、第一個細菌都還沒有出現之前，那時地球是 RNA 的世界──或許是約四十億年之前，也就是地球誕生之後不久，當時宇宙本身也只有一百億年壽命。我們並不知道這種「RNA 生物」呈現出什麼形貌，我們只能從化學角度來猜測它們的生存形態。我們也不知道它們的前身是什麼樣子。不過，我們知道它們在現有生物體內的 RNA 所扮演的角色，經由這條線索，我們相當肯定這類生物一度存在。[8]

火熱地底裡的露卡

這類 RNA 生物卻有一個很大的問題。RNA 是不穩定的物質，經過幾個小時之後便會分解。假使這類生物進入任何高熱地區，或體型成長過大，它們便會面臨遺傳學者所說的一種錯誤浩劫（error catastrophe）──遺傳訊息會迅速瓦解。其中某個則經由嘗試錯誤，產生一種較結實的 RNA，稱之為 DNA，並產生一種經由 DNA 拷貝 RNA 的系統，其中也包含名為「原核糖體」（proto-ribosome）的機器。這種有機體必須能夠迅速精確發展，因此它們能夠以每次編列三個字母來產生遺傳拷貝，這是一種迅速又精確的較佳作法。每三個字母組合都擁有一個標籤，使得原核糖體較容易辨識，這是一種胺基酸標籤。隨後許久，這類標籤本身也都相互結合產生蛋白質，同時三字母文字也成為一種蛋白質密碼──也就是遺傳密碼本

身（因此，至今遺傳密碼便包含三字母文字，每個文字代表二十種胺基酸裡的一種，並成為蛋白質的部分配方）。這時便會產生出一種較為成熟的生物，並將遺傳配方貯藏於 DNA 上，DNA 於是成為蛋白質工作母機，並以 RNA 為二者之間的橋樑。

它的名字叫作露卡（Luca），也就是我們的最近共同祖先（Last Universal Common Ancestor）。它的長相與居住地點為何？傳統上，我們認為它長得很像是一種細菌，並居住在溫暖的池水中，有可能是在溫泉旁邊，也有可能是在海邊潟湖之中。過去幾年裡，我們則逐漸認為它是居住在更惡劣的地點，這是由於位於地下與海裡的岩石裡頭，充塞了無數億萬個這種以化學物質為燃料的細菌。如今露卡通常是居住在地底深處，位於火熱岩石縫隙內部，並以硫磺、鐵、氫與碳為食。到今天，地表生命只占所有生物的極少部分。或許整個生物圈所累積的有機碳之中，有十倍於此的數量是存在於地底深處的喜溫性細菌（thermophilic bacteria），我們所稱的天然瓦斯，便可能是由這些生物製造而成。[9]

然而，我們在辨識最早的生命形態之時，在概念上卻會碰到一個困難。現今的多數生物只能夠由其父母之處取得基因，不過從前或許有一度不是如此。即使是在今天，細菌還是可以經由吞噬其他細菌來取得基因，或許一度有各種交換方式，甚至於有劫掠基因的現象。在遠古時期，染色體數量可能相當多，長度也很短，並只各包含一個基因，因此很容易便會有喪失或取得的現象。卡爾·渥斯（Carl Woese）指出，當時的生物還不是一種可以持久存在的生命，只是一種暫時性的基因群。因此，當今人類所具有的基因，有可能是來自於不同「物種」的生物，同時我們也無法釐清其中的系譜淵源。我們並不是某一露卡祖宗的後代，而是所有遺傳生物社群的共

同子孫。渥斯便曾經說過，生命具有一個有形的歷史，卻不是來自單一家族譜系。[10]

細菌可能比我們更先進？

你可以認為這個結論——我們全部都是社會的後裔，並不單屬於個別物種——是一種模糊，但讓人感到欣慰的生命共同體哲學。你也可以將其視為一種自私基因理論的最高證據，而且基因之間的征戰在當時更甚於今日，它們以生物體為臨時戰車，並只會形成暫時性聯盟，時至今日則出現了更緊密的團隊形式。你同意哪一種看法呢？

即使有多種露卡，我們還是可以推測它們的生命形態與生存方式。這就是喜溫性細菌出現之後，所要面對的第二個問題。感謝三位紐西蘭學者高明的研究結果，這份報告於一九九八年發表，我們突然之間可以瞥見一個可能性，也就是目前幾乎所有教科書都會提到的觀點——生命樹或許是呈現上下顛倒的形態。這些書籍肯定第一個具生命的創造物是類似細菌的單細胞體，擁有單獨一套環狀染色體，同時所有的其他生物體也都是由細菌成群集結，組成複雜細胞團。不過，事實卻更可能經由反向程序形成。最初的現代生物並不是細菌類生命，它們並不是居住在溫泉裡，或深海火山口中。它們更像是一種原生動物，其中的基因組並非呈現環狀結構的多倍體（polyploid），而是斷裂形成數條線狀染色體，因此它們並不具備多套基因，也沒有辦法藉此矯正組合錯誤。此外，它們應該是較偏好寒冷氣候。派翠克・佛特爾（Patrick Forterre）長久以來便抱持這種觀點。如今我們認為，細菌似乎是較晚出現的露卡後裔，它們

的特化程度較高，也較為簡單，並於 DNA—蛋白質世界出現之後許久才出現。它們的特點是已經將 RNA 世界的大多數裝備放棄，並得以生存在高溫地帶，反倒是我們的細胞裡仍保有露卡的原始分子特徵。所以說，細菌遠比我們更為先進，它們是比我們更「高度演化」的生命。

　　我們可以找到一些分子「化石」來支持這個奇特的說法——那就是閒置在你細胞核裡的小段 RNA。它們不斷執行各種沒有意義的事項，例如：根據各種基因自行接合成為不同物質，這類基因包括引導 RNA（guide RNA）、倉儲 RNA（vault RNA）、小核 RNA（small nuclear RNA）、小核仁 RNA（small nucleolar RNA），以及自行接合插入序列（self-splicing intron）。這些都不存在於細菌體內，同時，比較簡約的想法是它們自行放棄這些基因，而不像我們是發展出這些基因。科學界都比較喜歡較簡單的解釋，除非有特殊理由，否則複雜的詮釋較少為人青睞，這個原則稱為「奧坎氏簡化論」（Occam's razor）❹。細菌在侵入溫度可達攝氏一百七十度的溫泉或地底岩石等區域之時，放棄了老舊的 RNA，如此它們便可以將可能由高溫所導致的錯誤發生機會降到最低，這是簡化結構的好處。細菌放棄 RNA 之後，發現它們流線型的細胞新結構，能夠在需要高速複製的區位縫隙中取得競爭優勢，例如：寄生與腐食區位。人類則保留這類老舊的 RNA，這種結構遺跡早就被取而代之，卻沒有完全棄置。我們所有動物、植物與真菌類生物所處環境的競爭壓力，遠比不上細菌世界來得沉重，也從來沒有經歷那麼劇烈的生存競爭，因此我們不需要發展出那種高速與簡化結構。就我

---

❹　譯註：奧坎是十四世紀的英國哲學家，主張說明事物的原理務求簡潔。

們而言，複雜性有其優點，我們可以盡量納入最多基因，也不需要
將結構簡化。[11]

生命的一統性

　　所有生物都有由三個字母組成的遺傳密碼文字。CGA 代表精
胺酸（arginine），GCG 代表丙胺酸（alanine）──無論是在蝙蝠、
甲蟲、山毛櫸或細菌體內都是如此。即使是居住於大西洋數千英尺
深海床的沸水溫度硫磺溫泉中的古細菌（稱它為細菌，可能會產生
誤導），或奇特的顯微病毒體內也是如此。無論你在世界任何地方，
無論你觀察何種動植物、昆蟲或水滴，只要是有生命體，都使用相
同字母與密碼。所有的生命都是一體的。除了纖毛蟲原生動物的遺
傳密碼由於不明原因所造成的局部微小差異之外，所有生物都具有
相同的遺傳密碼。我們全部都使用完全相同的語言。
　　這也就是說（虔誠的信徒會發現這個說法相當有用）只有一次
創世，生命就是誕生於一次創造歷程。當然了，生命也有可能是在
其他行星上誕生，並經由太空船帶到地球播種，或也有可能最初曾
經出現了數千種生命，卻只有露卡在眾生共享的無情太古濃湯中得
以生存延續。不過，我們卻是在一九六〇年代破解遺傳密碼之後，
才獲得現有的認識──所有的生命都是一體的，海藻是你的遠親，
炭疽熱細菌則是你的較先進親屬。生命的一統性是實證的真相。當
初伊拉斯莫斯・達爾文竟然可以如此接近解答：「某一條具有生命
的細絲，正是一切有機生命的起源。」
　　如此，我們便可以從基因組這本生命之書裡，了解這類簡單的
真理：所有生命的一統性、RNA 的最重要地位、地球上最早期生

命的化學反應方式、大型單細胞生物或許正是細菌的祖先，反之卻不必然為事實。我們並沒有四十億年前生命形態的化石紀錄，我們只有這本生命的偉大書籍，也就是基因組。你小拇指上的細胞內的基因是最早可複製分子的直接後裔，經過數百億代的拷貝，生生不息延續到我們身上。這套數位訊息，至今還保留了太古之初的生存掙扎痕跡。如果人類基因組可以告訴我們發生於太古濃湯裡的事件，那麼透過這本鉅著，我們當然能夠了解更多發生於這四十億年期間的事件。這套活生生的機器裡的密碼，所記載的正是我們的歷史紀錄。

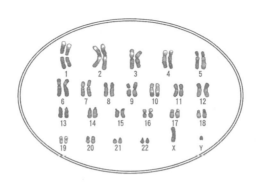

物　種

　　擁有高尚品質的人類，在他的軀體結構裡，還是存在著無從抹
滅的卑下起源標記。

——查理斯·達爾文

究竟有幾對染色體？

　　有時候，事實真相會明顯地擺在你的眼前。一九五五年之前，一般大眾都認為人類有二十四對染色體。大家之所以接受「這項事實」，是因為有位名叫席歐菲勒斯・佩因特（Theophilus Painter）的德州人，於一九二一年將因精神錯亂與自我凌虐而受到閹割的兩位黑人與一位白人的睪丸切成薄片，並用化學藥品處理後製成切片，以顯微鏡進行檢視。佩因特觀察那些不幸男士的精原細胞內糾結成團的混亂未配對染色體，並計算其數目為四十八。他說：「我很有信心，這個數字正確。」隨後還有其他人以其他方式重複他的實驗，所有的人都得到四十八這個數字。

　　在其後三十年裡，沒有人質疑這個「事實」。曾經有一群科學家針對人類肝臟細胞進行實驗，卻發現每個細胞裡只有二十三對染色體，因此他們不再繼續從事那組實驗。另一位研究人員發明了一種促進染色體分散的方法，卻也認為其結果為二十四對。這個現象一直到一九五五年才有所突破。當時有一位僑居印尼的中國人蔣有興（Joe-Hin Tjio），從西班牙前往瑞典與亞伯特・黎凡（Albert Levan）共事，這才發現事實的真相。蔣有興與黎凡採用較好的技術，明白顯示出染色體有二十三對。他們甚至於還回頭找出好幾本書籍中的照片，縱然書中的圖片說明為二十四對，結果經過他們的計算，還是得出二十三對。我們對於自己不希望看到的事實，竟然會如此視若無睹。[1]

　　人類竟然沒有二十四對染色體，實在讓人大感訝異。黑猩猩有二十四對染色體，大猩猩與長臂猩猩（orangutan）也都是如此，在

所有類人猿之中，我們是唯一的例外。在顯微鏡底下，人類與所有其他大型類人猿之間的最明顯差異，就是我們少了一對染色體。我們也很快就發現其中的原因，事實很明顯，並不是由於我們的細胞內有一對類人猿染色體不見了，而是其中的兩對染色體在人類體內融合為一。第 2 號染色體，也就是人類染色體裡第二大的一對，實際上是由兩對中等大小的類人猿染色體融合而成，我們可以從各自的染色體上所呈現的色帶形態看出這一點。

教宗約翰‧保羅二世於一九九六年十月二十二日對教宗自然科學研究院（Pontifical Academy of Sciences）所傳達的訊息裡指出，在遠祖類人猿與現代人類之間，具有「本體上的不連續性」——上帝正是在此時將人類靈魂注入動物世系之內。如此一來，是不是教會就可以與演化理論產生交集了？或許本體躍升是發生於兩個類人猿染色體融合之時，靈魂基因則是位於第 2 號染色體的中央附近。[2]

對教宗而言，人類無疑是演化的高峰。實際上，演化並無所謂高峰，也沒有所謂的演化進程。所謂的天擇也只不過是生命形態為了適應各種物理環境與其他生命形態所提供的各種機會，而產生變化的過程。居住在大西洋海床上硫磺出口的黑色排氣孔細菌（black-smoker bacterium），以及在露卡時期之後不久，便與我們的遠祖分家的細菌之後裔，都可以視為是比一位銀行員更高度演化的物種，至少從遺傳層級角度而言是如此。由於這些物種的單一世代存活期間較短，因此它們有較充裕的時間來改良基因。

人是地球上數目最多的大型動物

這本書專注於一個物種的狀況——也就是人類，不過我們並不

會談到該物種的重要性程度。人類當然具有其獨特性，他們擁有地球上最複雜的生物機器，也就是位於兩耳之間的腦部。不過，複雜性並不代表一切，也不是演化的目標。地球上的所有物種都具有其獨特性。在供過於求的情況下，獨特性是一種常規。無論如何，我要在本章嘗試探索人類的這種獨特性，並揭開形成物種特質的起因。請原諒我只討論這麼狹隘的範疇。這種起源於非洲，並在極短暫時期裡大量繁衍的無毛的靈長類（hairless primate）故事，只是生命史的一個註腳，不過對於無毛的靈長類歷史來說，這是最重要的事項。我們這個物種究竟有什麼獨一無二的特色？

　　人類是生態學上的一個成功事例。他們或許是地球上數目最多的大型動物，目前總數約為六十億，累積的生物量（biomass）總計約為三億噸。目前所有大型動物之中，唯有被我們馴養的牛、雞與羊等，或者倚賴人造棲息地的麻雀與鼠類等，在數量上能夠超越或與我們相提並論。相對而言，世界上卻只有不超過一千隻的山地大猩猩（mountain gorilla），甚至於在我們開始大量進行屠殺或侵蝕牠們的棲息地之前，其總數也沒有超過這個數目的十倍。此外，人類具有在各種不同棲息地定居的高超能力，無論是冷是熱、乾燥或潮濕、高低海拔、海洋或沙漠環境都難不倒我們。只有鷸、倉鴞與燕鷗等，才能夠在南極洲之外的所有大陸繁衍興盛——不過牠們還是侷限於特定的棲息地。人類在生態分布上的成就，無疑是付出了極大的代價，我們註定很快就要陷入浩劫——我們這種成功物種的未來卻極為悲觀。不過，目前我們還算成功。

　　然而，當初我們也曾經瀕臨敗亡，並由於僥倖才得以生存。我們都屬於類人猿，這個族群在一千五百萬年前，面對擁有較佳結構的猴類之際，險些由於競爭失敗而滅絕。我們所隸屬的哺乳類則於

四千五百萬年前，與擁有較佳結構的囓齒類相互競爭，也險些滅絕。我們是單弓類四足動物（synapsid tetrapod）的一份子，這個爬行類族群也在二億年前與擁有較佳結構的恐龍相互競爭，並幾乎滅絕。我們都是有肢魚類（limbed fish）的後裔，這類物種在三億六千萬年前與擁有較佳結構的輻鰭魚（ray-finned fish）相互競爭，並幾乎滅絕。我們也隸屬於脊索動物門，這門動物在五億年前的寒武紀時期，與異常成功的節肢動物競爭，好不容易才獲得勝利存活下來。我們可以說是在千鈞一髮之際才獲得生態上的勝利。

寒武紀大爆發

從露卡生存年代至今的四十億年期間，這種密碼文字結構逐漸成熟，並成為理查·道金斯（Richard Dawkins）所稱的「生存機器」（survival machines）——能夠適應當地環境的大型血肉之軀，已經能夠有效逆轉熵值，並得以複製體內的基因。它們之所以能夠辦到這一點，完全是肇因於恢宏壯闊的嘗試錯誤過程，也就是所謂的天擇。曾經有無數的軀體成形過程歷經測試，並唯有在它們能夠通過愈來愈嚴苛的生存標準，才得以培育出後代。最初，這個歷程只是簡單的化學反應效率問題：唯有能夠將化學物質轉化成為 DNA 與蛋白質的細胞，才能形成最佳的軀體。這個階段延續了約三十億年，當時在地球上的生命現象，無論它們在其他行星上究竟會產生何種形態，似乎都包含了不同變形蟲品系之間的相互競爭與征戰。這三十億年裡，出現了無窮無盡的單細胞生物體，每個生物都在幾天之內出生、死亡，也因此累積了大量的嘗試錯誤經驗。

不過，事實證明，生命還沒有出現最終狀態。大約在十億年前，

突然之間出現了新的世界秩序，較大型的多細胞生物出現了，霎時出現了大量大型生物。從地質學眼光觀之，這只是一段剎那時期（所謂的寒武紀大爆發或許只持續了約一或兩千萬年時光）。大量極度複雜的生物出現了，包括長度將近一呎長、反應靈敏的三葉蟲；還有更長的軟體黏蟲，以及寬度達到半碼的搖曳藻類。當時的優勢物種仍然是單細胞生物，不過這類龐大笨重的生命形態與生存機器也開始自行開拓其生存區位。奇怪的是，這類多細胞生物是由於某種意外過程才得以發展成形的。雖然偶爾也會有隕石由太空墜落地球，導致生命的頓挫，較大型與較複雜的生命體很不幸地是較容易被消滅，而且還有特定類別被消滅的傾向。動物存在愈久，某些物種便愈會形成較為複雜的形式，尤其是最聰明的動物腦部，更會在後續的年代裡愈變愈大。古生代（Paleozoic）時期的最大腦部體積小於中生代（Mesozoic）時期的最大腦部體積，後者則小於新生代（Cenozoic）時期的最大腦部體積，新生代者則又小於現代的最大腦部體積。基因已經找到一些方式來展現其企圖心，它們會建造出不只能夠生存的軀體，還能夠產生具有智慧的行為。如今，如果一個基因發現自己所處的動物軀體會受到冬季風暴的威脅，它便會藉由其軀體表現出聰明的行為，例如：向南部遷徙或建築遮蔽物。

從類人猿祖先說起

我們由四十億年前開始的驚險旅途，來到一千萬年前。在經歷過昆蟲、魚類、恐龍與鳥類始祖們的年代後，當時地球上擁有最大腦部的生物（根據軀體尺寸比例修正），也就是我們的可能遠祖──類人猿出現了。一千萬年之前，在非洲或許至少有兩種以上

的類人猿（也可能有更多物種）。其中之一或許正是大猩猩的遠祖，另外一種則是黑猩猩與人類的共同始祖。大猩猩的始祖或許在當時進入中部非洲火山山脈叢林區，並與其他類人猿的基因隔離。經過五百萬年，某一物種區隔出兩個不同的後裔，隨後產生了人類與黑猩猩。

我們之所以能夠了解這個事實，乃是由於整個故事就寫在基因裡頭。一直到一九五○年，偉大的解剖學家楊（J. Z. Young）還寫道：我們還不確定究竟人類是源自與類人猿的共同始祖，或者是起源於完全不同的靈長類族群，並於超過六百萬年之前由類人猿世系區隔出來。如今還有其他人認為，長臂猩猩有可能是我們最接近的親屬物種。[2] 不過，我們已經知道，在大猩猩與我們產生區隔之後，只有黑猩猩與人類品系分開，而且黑猩猩與人類分離的發生時間不到一千萬年，甚至於或許發生在不到五百萬年之前。基因的隨機累積速率可以代表變化過程，並可以作為物種間關係的可靠指標。無論你審視任何基因、蛋白質序列或 DNA 的任何片段，你都可以看出，大猩猩與黑猩猩的密碼拼寫差異，都大於黑猩猩與人類之間的差異。就以最淺顯的文字來說明，人類與黑猩猩的雜合 DNA，比黑猩猩與大猩猩的雜合 DNA 及大猩猩與人類的雜合 DNA，要在更高的溫度下才會分開成各自的 DNA 股。

要經由分子時鐘來精確判定黑猩猩和人類分離的年代，是相當困難的。由於類人猿的壽命較長，也在較為年長的時期才生育後代，因此牠們的分子時鐘運作相當遲緩（大多數密碼拼寫錯誤都是在複製之際，也就是在產生卵或精子之時出現）。不過我們並不知道，究竟應該對時鐘進行校正到什麼程度，再說也不是所有基因都會出現相同的情況。某些 DNA 片段似乎暗示黑猩猩與人類於遠古

時期便已分離，但其他片段（例如粒線體）則顯示出較近的年代。
現在大多數人可以接受的時間範圍，是五百萬年到一千萬年之間。[3]

和黑猩猩的親密關係

除了第 2 號染色體的融合之外，黑猩猩與人類之間幾乎沒有任
何顯而易見的差異，其中有十三對染色體甚至不存在任何可見的差
異。如果你隨機選擇黑猩猩基因組裡的任何「段落」，與人類基因
組裡的相對應「段落」相互比較，你便會發現出現差異的「字母」
是少之又少：平均而言只有不到百分之二有所不同。我們與黑猩猩
的相似程度達到約百分之九十八，也就是說，在百分之九十八的信
賴界限，牠們可以算是同一種人類。想想看，黑猩猩只有百分之九
十七與大猩猩雷同，人類也有百分之九十七與大猩猩雷同──希望
這不會減損你的自尊心。換句話說，我們與黑猩猩的雷同程度，超
過大猩猩與黑猩猩的相似性程度。

怎麼會這樣呢？我與黑猩猩的外表差異實在太大了。黑猩猩毛
髮較多，頭部形狀不同，軀體形態也有差異，四肢也不一樣，聲音
也不同。黑猩猩與我們根本沒有百分之九十八的相似性呀！噢，真
的如此嗎？那要看我們拿什麼相比。如果你拿兩具由塑膠泥製成的
鼠類模型，其中一具改塑成 一隻黑猩猩，另一具則改塑成人類，你
會發現要做的改變幾乎完全相同。如果你將兩具變形蟲的塑膠泥模
型，一具改塑成黑猩猩，另一具改塑成人類，你所要做的改變也幾
乎完全相同。兩具都會需要三十二顆牙齒、五根手指頭、兩個眼睛、
四肢與一個肝臟；兩具也都會需要毛髮、乾燥的皮膚、一條脊椎、
中耳內也都會需要三個小骨頭。從一隻變形蟲，或一顆受孕卵的觀

點言之，黑猩猩與人類是百分之九十八雷同的。黑猩猩軀體內的所有骨頭，在我的身體裡也都有相對的骨頭。所有黑猩猩頭腦裡的已知化學物質，在人類的腦部裡也一定可以發現。所有人類體內的已知免疫系統、消化系統、血液循環系統、淋巴系統或神經系統，在黑猩猩體內也必然具備，反之亦然。

　　黑猩猩腦部的任何腦葉，我們也都擁有相對應的腦葉。維多利亞時代的解剖學家理查・歐文爵士（Richard Owen），面對人類源自類人猿的理論時，為了防衛他所屬的物種，勉力做出最後一擊。他宣稱海馬（hippocampus minor）是人類腦部所獨有的腦葉，因此這個腦葉必然就是靈魂的所在，這也正是上帝創世的明證。歐文爵士研究探險家保羅・杜夏陸（Paul du Chaillu）由剛果帶回來的數隻大猩猩的新泡製腦部，並沒有找到海馬。湯瑪斯・赫胥黎（Thomas Henry Huxley）則做出激烈反應，宣稱類人猿腦部也有海馬。歐文則說道「不，才沒有」，赫胥黎回應說「有」。於是，這個「海馬問題」於一八六一年期間，在維多利亞時期的倫敦激起高昂的情緒，並成為《龐齊雜誌》（Punch）與查爾斯・京斯利（Charles Kingsley）的小說《水孩兒》（The Water Babies）所挖苦的對象。赫胥黎的想法在現代依然產生高度回響，他不只是從解剖學觀點審視：[4]「並不是我要讓人類尊嚴掃地，或暗示如果類人猿擁有海馬，我們就會喪失價值。事實正好相法，我是竭盡全力掃除這種虛榮心。」實際上，赫胥黎所言極為正確。

尋找失落的環節

　　畢竟，從這兩個物種的共同祖先存活於中非洲至今，總共也只

有不到三十萬代人類出現。如果你與你的母親手牽手，牠也與牠的母親手牽手，並以此類推，這個鎖鍊也只不過會由倫敦連到里茲市（Leeds）❶，接著你就會接觸到「失落的環節」（missing link）——也就是我們與黑猩猩的共同遠祖。五百萬年的時光相當久遠，不過演化不是以年份，而是以世代為單位。細菌只需要在二十五年時光，就可以產生那麼多個世代。

那個失落的環節到底是呈現何種形貌呢？科學家鑽研人類直系祖先的化石紀錄，已經逐漸發現事實真相。他們所能找到的最遠古人類，或許是一種生存年代回溯只達四百萬年之前的小型猿人骨骸，稱為 Ardipithecus（root hominid）。雖然有幾位科學家曾經揣測，Ardipithecus 比失落的環節還早，不過這個觀點似乎並不成立。Ardipithecus 的骨盤結構主要是適於直立行走，這種骨盤極不可能又變回黑猩猩世系那種類似大猩猩的骨盤結構。我們有必要找到一種更早數百萬年的化石，才能夠確信我們已經找到我們與黑猩猩的共同始祖。不過，我們可以由 Ardipithecus 來猜測失落環節的長相。牠的腦部或許會比現代黑猩猩還小，軀體至少能夠像現代的黑猩猩一樣以兩足靈活行動，至於吃的食物，或許也會類似現代黑猩猩：大半是水果與植物。而且，雄性應該比雌性大。從人類的眼光觀之，不難想像那個失落的環節會比較像黑猩猩，而比較不像人類。當然了，黑猩猩或許不會同意這個看法，不過無論如何，我們的世系所經歷的變遷應該比牠們更明顯。

那個失落的環節或許和所有曾經存活的類人猿一樣，也是居住在叢林裡頭，那是一種住在樹上的典型上新世（Pliocene，大約始

---

❶ 譯註：位於英格蘭北部。

於七百萬年前，延續約四百五十萬年）類人猿。隨後，牠們的族群在某個時期分為兩半。我們之所以知道這個事實，是由於通常在出現可以促成新種形成的事件之際，族群便會區分為兩半：兩個子族群的遺傳組成會逐漸出現分歧。或許這是由於一座山脈或一條河流，例如剛果河便將黑猩猩與其姊妹物種 —— 侏儒黑猩猩（bonobo）區隔開來，或者是由於西里大谷（West Rift Valley）在五百萬年前出現，促成這種分離現象，於是人類的祖先便留在東側乾燥地區。法國古生物學家伊維斯·庫朋斯（Yves Coppens）便曾經稱後面這個理論為「東側故事」（East Side Story）。如今也出現許多愈來愈牽強的理論。有人認為，或許是由於晚近出現的撒拉哈沙漠將我們的祖先隔離在北非，黑猩猩的祖先則留在南部。還有人認為，或許在五百萬年之前突然出現洪水，產生規模超過尼加拉瀑布一千倍的壯闊海水洪流，經由直布羅陀將當時還沒有水的地中海盆地淹沒，於是霎時將一小群失落的環節族群隔絕在地中海大型島嶼之上，牠們便只得涉水尋覓魚類與貝類維生。這種「水居假設」（aquatic hypothesis）眾說紛紜，卻缺乏確切證據。

離群造就戲劇化差異

無論其中緣由為何，我們都可以揣測，我們的祖先是一個與世隔絕的小族群，黑猩猩則是當時的主流族群。我們之所以這樣猜測是由基因中得知，人類曾經歷了較為緊張的遺傳瓶頸（genetic bottleneck，如：較小的族群規模），黑猩猩則從未經歷過這種變遷，因為人類的基因組裡所出現的隨機歧異現象，遠比黑猩猩少。[5]

讓我們想像一下這種隔絕在一個島嶼上（無論是實際上的島嶼

或是虛擬的島嶼）的動物形貌。牠們逐漸出現近親交配並瀕臨滅絕，就在此時承受了遺傳原祖效應（genetic founder effect，這種效應可以促使小族群內產生巨大的遺傳變異，這要歸功於機運），這個類人猿小型族群出現了高度突變：牠們的兩對染色體產生融合。結果，縱使「島嶼」與「大陸」重新結合，牠們也只能在同類間繁殖。牠們與大陸親屬所產生的後代，是不具生育能力的。（這是我的另一個揣測——不過科學家對於我們人種的繁殖隔絕現象，幾乎沒有表現出任何興趣：我們到底能不能與黑猩猩交配生育？）

到那時，其他令人吃驚的變遷也開始浮現。骨骼結構已經產生變化，因此牠們能夠採直立姿態以雙足行走，這種行動方式相當適合在平坦地形進行長距離移動；其他類人猿所採用的以指節著地的行走方式，則比較適合在較惡劣地形進行短距離移動。牠們的皮膚也已發生變化，毛髮較為稀少（對類人猿來說並不尋常），同時在高熱狀態下會大量排汗。除了這類特徵之外，牠們的頭上還保留了一塊有毛髮的區域來遮陽，頭皮上也有四通八達的散熱血管，這顯示我們的祖先不再是居住在雲霧繚繞的陰暗叢林之中，牠們已經在赤道豔陽下開闊地漫步。[6]

你可以任由思緒飛騰，構思究竟是何種生態環境，促成我們祖宗的骨骼出現這種戲劇性變化。目前我們還沒有任何定見，也沒有排除任何假設。不過導致這類變遷的最可能原因是，由於我們的祖宗被隔絕在較為乾燥開闊的草原環境。這種棲息地是自然地出現，並不是牠們主動去尋找，非洲的許多叢林區域便是在這個時候轉變成為大草原。在一段時期之後，大約在三百六十萬年前，如今的坦尚尼亞境內的沙弟門火山（Sadiman volcano）爆發平息之後，火山泥還未凝結之際，三個原始人類依據牠們的意志由南向北行走，由

軀體較大的那個領頭，中等體型者則踏著領隊的足跡前進，最小的則是在牠們兩個的稍左近旁大步跟上。行走一段時間之後，牠們暫停並向西行走一小段距離，隨後則繼續朝著先前的方向前進，牠們和你我一樣，都採直立行走姿態。這組發現於拉托里（Laetoli）的足跡化石，明白顯示我們的祖宗是以我們所期盼的直立姿態行動。

粗壯南猿出現

不過我們所知還是極為有限。拉托里猿人群究竟是包含一個雄性、一個雌性與一個孩子，或者是一個雄性與兩個雌性？牠們吃什麼？牠們偏好哪種棲息環境？由於里夫谷阻斷了潮濕西風，因此東非必然會逐漸乾燥，不過我們也不能就認定牠們喜歡乾燥地區。的確，我們需要水、我們容易流汗、我們偏好富含魚類脂肪的獨有食性及其他因素（甚至於我們喜愛海灘與水上運動），在在都顯示我們對於水的偏好習性。此外，我們相當擅長於游泳。我們不正是起源於河岸叢林或湖濱嗎？

人類在一段時期之後便產生出劇烈變化，並成為肉食性動物。拉托里一類生物的後裔在發展出肉食性之前，也出現了好幾種全新的猿人物種，不過牠們並不是人類的祖宗，或許是屬於純草食性物種，我們將之命名為「粗壯南猿」（robust australopithecines）。基因不能幫助我們解答這個問題，因為粗壯南猿完全消失了。如果不是由於我們能夠解讀基因，我們也同樣無法了解我們與黑猩猩的親密血緣關係；相同道理，如果當初我們沒有找到化石，我們也無從知道人類曾經存在有許多血緣相近的南猿親屬。這裡所說的「我們」，主要是指利基（Leakey）家族及唐納‧喬安森（Donald

Johanson）等人。❷ 雖然有「粗壯」之名（只是用來描述牠們的厚重雙顎），粗壯南猿實際上是體型很小的生物，身軀比黑猩猩小，智慧也不如黑猩猩，不過牠們已經採取直立姿態，臉龐也相當厚重：牠們的雙顎厚實，並擁有巨型肌肉。牠們能夠咀嚼，或許是以草類與其他堅硬植物為食。牠們的犬齒已經消失，也較能夠採左右橫移研磨咀嚼。牠們約在一百萬年前滅絕。我們或許永遠無法更深入了解牠們，更或許我們也曾經以牠們為食。

　　畢竟，我們當時的祖宗是較大型動物，可能與現代人體型一樣，或許還更大，魁偉的青年有可能長到將近六英尺高，如亞倫‧渥可（Alan Walker）與理查‧利基（Richard Leakey）所描述的，生存於一百六十萬年前的著名納里歐科特男孩（Nariokotome boy）。[7] 牠們已經開始使用石器來代替堅實的牙齒，並有能力殺害捕食無力自衛的粗壯南猿。在動物世界裡，親屬關係不能保障安全——獅子殺害豹，狼殺害草原狼。當時的人猿殺手擁有粗厚的頭顱與石頭武器，或許是兩者同時使用。某些競爭驅力開始推動這個物種邁向爆發性成功的未來——牠們的腦部體積持續增長。一些數學狂已經計算出，每隔十萬年，腦部便會增加一百五十萬個腦細胞，這類無用的統計結果卻深受一部蘇俄導遊書籍所樂於引用。大型腦部、肉食性、發展緩慢、幼童時期的「幼態化」（neotenised）特色得以保留到成年時期，例如裸露皮膚、小型雙顎與圓頂形頭顱，所有這類特色都同時出現。如果沒有肉類，需求大量蛋白質的腦部便會成為一項龐大負擔。如果沒有幼態化的頭顱，也不會有足夠空間來容納腦部。如果沒有出現緩慢發展的特色，也不會有足夠

---

❷ 譯註：利基家族的瑪麗與路易‧利基夫妻，首先在東非從事發掘人類遠祖化石的偉大事業，並由後代繼承這項志業。

的學習時間來充分發揮大型腦部的優勢。

一夫一妻模式隱然成形

　　這個過程或許完全是經由性選擇（sexual selection）來推動。除了腦部的變化之外，還出現了另一種明顯的變化。與雄性相比，雌性是愈長愈大。現代黑猩猩與南猿及其他最初期的猿人化石顯示，雄性尺寸大約是雌性的一倍半，現代人類的比例則遠低於此。我們的史前時期化石紀錄顯示，這種比例呈穩定遞減現象，但它卻是最為人所忽略的一項特徵。這個現象顯示物種的交配系統已經發生變化。性關係維繫期間短的雜交性黑猩猩，以及多配偶的大猩猩，都逐漸被一夫一妻的模式所取代。同物種之兩性體型相對比例遞減，正是這種變化的明確證據。不過，在偏向一夫一妻的系統裡，兩個性別都會比較謹慎選擇配偶；在多配偶系統中，只有雌性會採取選擇性交配。長期配對結合，會導致所有猿人在大半生育期間與其配偶束縛在一起，於是質的重要性突然之間超過量的重要性。突然之間，雄性必須選擇年輕的配偶，因為年輕的雌性擁有較長的生育期。這種兩性都偏好幼態的年輕特色也顯示，年輕形態的大型圓頂頭顱會占有優勢，因此會開始驅動促成較大的腦部與隨後所發生的一切現象。

　　此外，還有覓食行為的性別分工，也將我們推向一夫一妻習性，或至少是將我們進一步拉近那種習慣。地球上沒有任何其他物種有這個現象，我們發明了一種性別之間的獨特夥伴形態。由於男性可以分享婦女所採集的植物性食物，男性便可以騰出時間來從事狩獵肉食的風險活動。女性則可以分享男性所獵捕的肉食，於是她

們不需要離開幼兒從事狩獵，便可以取得易消化的高蛋白質食物。也就是說，我們的物種有能力在非洲乾燥平原上生存，得以在肉食稀少時期以植物性食物來補充，以降低饑荒的風險；至於在核果與水果稀少時期，則以肉食來補充。因此，我們得以獲得高蛋白質食物，並不需要像大型貓科動物一樣發展出特有的高度狩獵技能。

　　性別分工所導致的習慣，也擴散到生命的其他部分。我們已經相當擅長於分享，這已經成為我們的一種強制性心理現象，並還有新的好處，那就是每個個體都可以發展出專長。這種專業分工是我們這個物種的獨有特性，可以促成技術發展，並成為我們在生態上成功的關鍵。今天，我們所生存的社會分工愈來愈具有創意，也愈能擴及於全盤生活範疇。[8]

　　從當時當地開始，這種趨勢便出現了某個程度的協調現象：大型頭腦需要肉類（今日的純素食主義者為了避免蛋白質不足，必須攝取豆類食品）；我們則由於食物的分享，發展出肉食習性（分享使男性得以放心追逐獵物，並可以承受狩獵失敗的結果）；而擁有大型頭腦才得以分享食物（如果缺乏精細計算的記憶能力，你很容易會被吃白食的人欺騙）；性別分工促成一夫一妻習性（此時，配對結合便形成一個經濟單元）；一夫一妻習性促成幼態的性選擇（如果配偶年輕，便可以占優勢）。依此類推，這類理論推陳出新，我們也不斷從正反各個角度驗證我們的信念，並逐漸了解我們是如何發展成目前的現況。我們已經在最淺薄的實證根基上，建構了一套科學體系，不過我們有理由相信，這套體系有一天可以通過考驗成為事實。化石紀錄只能告訴我們極為有限的行為現象，不過遺傳紀錄卻可以透露更多事實。天擇是基因改變序列的過程。在這種改變過程裡，基因代表了我們在這四十億年過程裡的紀錄，這是生物世

系的一部自傳。只要我們懂得如何閱讀基因，其中所包含的資訊可
以讓我們了解過去，其價值也會高於聖畢得（Venerable Bede）❸的
手稿。我要特別強調：我們過去的紀錄正是刻畫在我們的基因之中。

我們的基因組裡有百分之二可以告訴我們，我們與黑猩猩在生
態與社會演化上的相互差異。一旦某位典型人類，以及某隻典型黑
猩猩的基因組，都經過完整轉錄並輸入我們的電腦之中；一旦我們
能夠將活化的基因由雜亂背景中抽取出來，同時評比列出其中差
異，我們就能夠對牠們生存於更新世（pleistocene）❹時期的共同祖
先投以一瞥，並得以探討當時這兩種來自同一起源的物種所承受的
各種壓力。我們或許會發現，二者所具有的相同基因正是基本生化
與軀體結構基因。或許我們會發現，兩個物種的唯一差異乃是調節
生長與荷爾蒙發展的基因。基於某種理由，牠們的數位式語言，也
就是這類基因會告訴人類胚胎的腳，要成長形成平板狀物體，並出
現一個腳後跟與一個大腳趾。至於黑猩猩的相同基因，則會告訴黑
猩猩胚胎的腳部，要長成較為彎曲的物體，後腳跟也較小，並出現
較長，較適於抓握的腳趾。

基因決定一切

我們在思索這種成形過程之時，很多是難以想像的，畢竟科學
還只是粗淺了解基因促成成長與形態的過程。不過，我們相當肯定
這正是基因所發揮的功能。人類與黑猩猩只有遺傳上的差別，其他

❸　譯註：約 672-735，盎格魯撒克遜神學家、歷史學家。其著作是研究盎格魯撒克遜各部族
　　信仰基督教歷史的重要資料。
❹　譯註：大約開始於二百五十至三百萬年以前，結束於一萬年前。

幾乎沒有任何差異。即使是著重於人類的文化向度，並否認或質疑人際之間或種族之間的遺傳差異重要性的人士，也都能夠接受我們與其他物種之間的差別主要是由遺傳而來。假定我們取出一顆人類的卵，將黑猩猩的某個細胞中的細胞核注入其中，並將那顆卵植入人類的子宮，如果胎兒還能生存，在嬰兒出生後也由人類家庭來撫育，這個嬰兒的長相會是如何？你甚至不需要進行這種（極為不道德的）實驗，就可以知道答案：那會是一隻黑猩猩。雖然牠是在人類細胞質裡開始發育，也著床於人類的胎盤上，最後由人類來養育，牠還是不會長成人的模樣。

我們可以拿照相來做個比擬。假設你拍一張黑猩猩照片，你要把底片泡在顯影劑裡一段時間，然而，無論你多麼努力嘗試，無論你如何改變顯影劑的配方，你還是無法把底片影像處理出一個人的形象。基因就是底片，子宮就是顯影劑，我們必須將底片浸泡在顯影劑裡，才能洗出影像，黑猩猩的配方也需要正確的環境，包含養分、液體、食物與照顧才能夠成長，黑猩猩的配方正是以數位形態寫在位於生殖細胞的基因裡面，這種配方已經具備了形成一隻黑猩猩的資訊。

然而就行為而言，並不見得如此。我們可以將一隻尋常黑猩猩的硬體，擺在另一個物種的子宮中，不過其軟體則不容許這樣做。如果我們將一隻黑猩猩嬰兒由人類來養育，牠會產生社會混淆，就如同由黑猩猩養大的泰山一樣。泰山便無法學會說話；由人類養大的黑猩猩也無法正確學會如何取悅優勢的個體，以及如何向社會階層較低的個體表現威嚇行為，或如何在樹上築巢、如何捕食白蟻。就以行為而言，光靠基因並不充分，至少對類人猿而言是如此。

不過，基因是必備要素。如果說，我們對於這種線性數位指令

中的微小的差異，究竟是如何促成人類與黑猩猩軀體的百分之二差異，已經覺得相當難解，如果我們還要去探討，這類指令中所出現的幾項變化竟然就可以精確地影響黑猩猩的行為，對此，恐怕我們將會更感到困惑。我曾經洋洋灑灑撰寫不同類人猿的交配系統，包括雜交性的黑猩猩、多配偶的大猩猩與長時期配對結合的人類。我在撰寫期間以更輕鬆的筆調假定，所有物種都有特殊的行為特徵，並進一步假定，至少在某個程度上是受到遺傳的限制或影響。以四個字母所組成的一串基因，究竟是如何促成動物形成多配偶性或一夫一妻制？我並不知道答案，但我確信它確實有這類功能。基因可以說是結構與行為的配方。

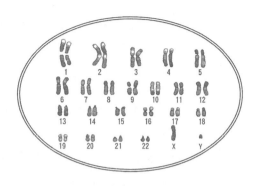

第3號染色體

歷 史

我們已經發現生命的祕密。

——法蘭西斯·克里克，1953年2月28日

加羅德的獨到見解

　　阿基博德‧加羅德（Archibald Garrod）在一九〇二年之時雖然只有四十五歲，卻已經是英國醫學體系的中流砥柱。他是著名的阿佛列德‧加羅德爵士（Sir Alfred Baring Garrod）暨教授的兒子。阿佛列德爵士曾經發表有關最常見於上層社會的痛風病症論文，並被視為是醫學研究的一項勝利。加羅德出身顯赫，並理所當然地被封為爵士（他在第一次世界大戰期間於馬爾他〔Malta〕從事醫療服務），隨後更取得最耀眼的光環——繼偉大的威廉‧奧斯勒爵士（Sir William Osler）之後——成為牛津大學的欽定講座教授。

　　你大概已經在想像加羅德是什麼樣子的人吧？那種拘泥形式、阻止科學進展的英王愛德華時代的死硬派人士，一個硬頸、言必道義、食古不化的人浮現你的腦海。你錯了。加羅德在一九〇二年大膽提出揣測，並終將證實他是一位超越時代的人，他幾乎是在不知不覺之中，解開古今以來生物學上的最大謎團——何謂基因？的確，他對於基因的見解實在相當精妙，恐怕要等到他的屍骨已寒之後許久，才會有人了解他所說的：基因是單一化學物質的配方。更精彩的是，他認為自己已經找到一個配方。

　　加羅德在倫敦的聖巴薩羅繆醫院（St Bartholomew's Hospital）及大奧蒙街（Great Ormond Street）醫院工作期間，遇到數位病人罹患了一種不太嚴重的罕見疾病，稱為「黑尿病」（alkaptonuria）。除了一些較不舒服的症狀（例如關節炎）外，這些病人的尿液與耳垢暴露於空氣中之後，會根據他們先前所攝取的食物種類而轉為紅色或黑色。病人裡頭有一個小男孩，他的父母在一九〇一年生下第

五個孩子時，新生兒也同樣罹患相同的病症。於是加羅德開始思考，這個問題是否存在於家族之中。他發現這兩個病童的父母為一等表親（first cousin）。因此他回頭重行檢查其他的病例：四個家庭裡有三對夫妻是一等表兄妹聯姻，他所檢視的十七個黑尿病病例之中，有八個是二等表親（second cousin）關係。然而，這種病痛並不只會由父母親傳遞給子代。多數病患都生育出正常的子女，只是這種疾病會在他們的後代之中再次出現。所幸，加羅德能夠跟上最新的生物學思潮。由於格里高·孟德爾（Gregor Mendel）曾經針對類似的課題從事系列實驗，加羅德在僅僅兩年之後，便重複獲得那些實驗的相同結果，因此他的朋友威廉·貝特森（William Bateson）得知更是倍感興奮，因為當時貝特森正著手撰寫鉅著，為孟德爾主義的新教條進行辯護。加羅德知道他所面對的是一種孟德爾隱性性狀——只有同時遺傳自父母雙方，子代才會攜帶這種症狀。他甚至於還採用孟德爾的植物學名詞，將這些人稱為是「化學變種」（chemical sport）。

「先天代謝異常」的大膽假設

於是，加羅德產生一個想法。他認為，那種疾病之所以只出現在具有雙重遺傳的人身上，是由於他們欠缺某種東西。加羅德不只在遺傳學上具有深厚的造詣，同時更精通化學，他知道黑尿與耳垢是由於某種物質的累積所造成的，這種物質稱為尿黑酸鹽（homogentisate）。尿黑酸鹽是一種身體化學反應的正常產物，多數正常人是可以將其分解排出。加羅德假定，這種物質之所以會累積，是由於應該將尿黑酸分解的觸媒沒有發揮作用。他認為，那種

觸媒必然是一種由蛋白質所形成的酶，同時也必然是某種遺傳因子（我們現在稱之為基因）的唯一產物。罹患此病的人，其基因會製造出有瑕疵的酶，但是帶有此種基因的人，並不見得會產生問題，因為他們可以由雙親的另一方獲得無瑕疵基因，而彌補這個缺憾。

　　加羅德提出「先天代謝異常」（inborn errors of metabolism）的大膽假設，並做出深遠的推測，認為基因的功能正是要製造化學觸媒，每個基因可以製造出一種高度特化的觸媒。或許那正是基因的本質——製造蛋白質的裝置。加羅德寫道：「先天代謝異常肇因於某一種酶欠缺或失靈，導致代謝過程裡出現某個步驟失效。」由於酶是由蛋白質所組成，各種酶必然是「個別化學物質的對號座位」。加羅德在一九〇九年所出版的書籍廣受好評，然而書評家卻完全沒有抓到重點。他們認為他所提出的只是一種罕見的疾病，並不是所有生命的普遍基本現象。加羅德理論被忽略長達三十五年，後來才有人重新提出這套觀點。那時，遺傳學已蓬勃發展，也出現各種新的觀點。可惜的是，加羅德卻在十年前謝世了。[1]

　　如今我們已經知道，基因的主要功能是用來貯藏製造蛋白質的配方。幾乎所有體內的結構與調節作用上的化學作用，都是經由蛋白質來執行：蛋白質能夠產生能量、對抗感染、消化食物、形成毛髮、攜帶氧氣等功能。體內的每單位蛋白質，都是經由某個基因轉譯遺傳密碼而來的。但是逆推則不盡然，因為：某些基因從不轉譯製造蛋白質，如第 1 號染色體上的核糖體 RNA 基因，不過這種基因會參與製造蛋白質。加羅德的揣測基本上是正確的。我們自雙親遺傳獲得龐大配方來製造蛋白質，以及產生能夠製造蛋白質的機器及其他。

孟德爾的戲劇人生

　　加羅德時代的人或許無法理解他的觀點，不過至少他們還認可他的成就。至於奠定他的研究的前輩——孟德爾卻沒有獲得應有的榮耀。我們實在想不出還有什麼人會像加羅德與孟德爾那樣，出身背景差異如此之大。孟德爾的教名為喬安·孟德爾（Johann Mendel），一八二二年誕生於北摩拉維亞（Northern Moravia）的海諾依斯（Hynöice，當時名為 Heinzendorf）的一座小村莊。他的父親，安東（Anton）是一位小佃農，為地主工作償付地租。喬安十六歲的時候還在位於特拉堡（Troppau）的小學就讀，功課也不錯。不幸父親卻被倒樹壓傷，一家生計頓時無以為繼。安東將農場賣給女婿以支付兒子的學費，隨後並將孟德爾送到位於奧爾穆茲（Olmütz）的大學就讀。然而，當時的處境很糟，孟德爾需要更多的財務支援，於是他加入羅馬天主教修道院成為修道士，並獲命名為格里高修士（Brother Gregor）。他歷經艱辛，完成布爾諾神學院（Brno，當時名為 Brünn）的學業，終於成為一位傳教士。他被分發到一個教區服務，但表現並不好。隨後，他希望進入維也納大學進修成為科學教師，卻沒有通過考試。

　　孟德爾回到布爾諾時已經三十一歲，依然默默無名，只好遁入修道院。他的數學相當好，並擅長西洋棋，他的性情豁達，數字概念也相當優異。此外，他也相當熱中於園藝，從父親那兒學得如何接枝培育果樹。他的卓絕識見，便是以這種農民文化通俗知識為根基的。當時培育牛隻與蘋果的農牧民，已經對遺傳物質有了基本了解，不過卻還沒有系統性的知識。孟德爾寫道：「之前從來沒有任

何（實驗）事例，能夠以這種作法深入進行，並根據它們的不同世代，判定不同形態的數目，以證實或確認其統計關係。」你可以想見，聽眾已經開始打瞌睡了。

於是，三十四歲的孟德爾神父，開始在修道院花園中進行歷時八年的一系列豆類實驗，期間他種植了三萬多株不同植物——光是在一八六〇年就培養了六千株，這些研究徹底改變了我們的世界。隨後，他體認到這個研究的重要性，於是將研究成果明確地發表於布爾諾的自然科學研究學會的會刊上——如今所有最好的圖書館都有收藏這份期刊。然而，他的研究卻始終沒有獲得讚譽。隨後孟德爾獲升修道院院長，並逐漸對園藝喪失興趣。他或許是一位不太虔誠的忙碌修道士（他在著作裡描述美食的次數還多過於讚美主）。他的最後一年完全奉獻於一場隻身對抗政府的痛苦抗爭，他堅持反對政府向修道院課徵新稅，歷經日益艱困的苦鬥，終於成為最後一位支付該項稅款的院長。或許終其一生所獲得的最高聲望，是來自於他提攜唱詩班裡一位極具天賦的十九歲男孩，讓他擔任布爾諾的唱詩班指揮。

孟德爾的著名研究

孟德爾在花園裡進行異種交配——將不同品種的豆科植物交叉配種——這可不是業餘園藝玩家所從事的科學實驗，這是一套經過仔細規畫的艱鉅系統實驗。孟德爾選定七對不同品種的豆類從事配種，包括有圓形豆與有皺紋的豆子、具有黃色子葉與綠色子葉者、具有飽滿的豆莢與有皺紋的豆莢者、具有灰色種殼與白色種殼者、綠色未成熟豆莢與黃色未成熟豆莢者、軸狀花序與頭狀花序者，以

及高莖與矮莖者。我們並不知道他還從事哪些實驗，不過由於所有這些品種不但都屬於純種，同時所有性狀也都是由單一基因而來，因此他必然已經進行過初步研究，才選定具有這些性狀的豌豆植物。所有這些實驗項目所得的雜交子代特徵，都只類似雙親之一，另一個親代品種要素似乎都消失不見。然而，事實並非真是如此。孟德爾讓雜交子代自體受精，並發現原先消失不見的祖代要素會重新出現，並以約略四分之一的比率呈現。他反覆計算，總共培育了 19,959 個第二代植株，其中呈現的顯性性狀超過隱性性狀，並為 14,949 與 5,010 之比（或 2.98 比 1）。羅納德‧費雪爵士（Ronald Fisher）便曾經指出，這個數字相當可疑，因為比值實在太接近於 3。讀者還記得吧，孟德爾的數學相當好，他在實驗之前或許早就知道他所選定的豌豆植物所遵循的方程式。[2]

孟德爾一頭栽入而無法自拔，他由豌豆轉而研究倒掛金鐘（fuschias）與玉蜀黍等其他植物，也發現相同的結果。於是，他知道自己已經發現遺傳學上的奧妙現象——性狀並不會混和。遺傳現象的核心具有一種不可分割、呈現量子與粒子特性的扎實基礎。遺傳物質不會出現像液體或血液那種混和現象，遺傳是採取類似許多小彈珠暫時性連結成串的作法。事後審視會發現這似乎是相當明顯，不然我們要如何解釋一個家庭會生出一個有藍色眼珠的孩子，另一個卻擁有褐色眼珠？採取混和遺傳觀點的達爾文，也曾多次針對這個問題間接提出見解。他在一八五七年給赫胥黎的信裡寫道：「這是相當粗略不明確的，純種受孕繁殖會出現某種混合現象，這並不真的是兩個不同個體的融合……對此我完全想不出其他觀點，雜交形態如何能夠以這麼高的程度回復祖代的形態。」[3]

達爾文對這個議題完全沒有感到不安。當時他才受到一位蘇格

蘭工程學教授的猛烈抨擊，那個人的名字叫作佛列明·詹金（Fleeming Jenkin）。詹金指出一項單純確鑿的事實，那就是天擇與雜交遺傳並不會混和。如果遺傳是一種混和液體，那麼達爾文的理論就會失效，因為這樣一來，各種改良的新變化便會在子代混雜消失。詹金以一個故事來描述他的論點，一位白人想要將黑人島民變成白色，他的唯一作法便是與他們交配，那麼他的白色血統便會一點一點地融入黑人的血統中。達爾文的心中了解詹金的觀點正確，即使是通常行事猛烈的赫胥黎，面對詹金的論點也只得沉默不語，然而，達爾文知道自己的理論也正確。如果當初他能讀到孟德爾的著作，他就可以面面俱到了。

埋下隱性基因的種子

　　回想起來，許多事情都相當明顯，不過還需要一份巧思才能夠豁然開朗。孟德爾的成就顯示，遺傳的表象之所以會出現混和現象，純粹是由於其中牽涉到不只一個成分。在十九世紀初葉，約翰·道爾頓（John Dalton）已經證實：水是由無數堅硬、不可化約的小東西所構成，這些小東西就稱為「原子」，並已經擊敗反面的連續性理論學者（continuity theorist）。現在孟德爾則證實生物學的原子理論。在過去，生物體的原子具有各種不同名稱。本世紀最初幾年所採用的名稱包括：因子（factor）、原芽（gemmule）、質體子（plastidule）、胚芽（pangene）、生原體（biophore）、遺傳基質（id）與遺子因（idant）等，最後沿用至今的名稱則是「基因」。

　　從一八六六年起的四年期間，孟德爾將他的研究報告與他的想法寄給慕尼黑大學的植物學教授——卡爾－威海姆·納傑里（Karl-

Wilhelm Nägeli）。孟德爾愈來愈有膽量對外指出他的發現的重要性。在這四年裡，納傑里卻始終無法掌握重點。他也不斷回信給那位固執的修道士，他在信裡以禮貌的語氣提出建議，告訴他去培育山柳菊（hawkweed）。納傑里的指教實在錯得離譜。山柳菊是單雌生殖的（apomictic），也就是說，這種植物需要受粉才能繁殖，卻不會將花粉粒的基因納入，因此雜交實驗產生奇怪的結果。孟德爾歷經挫折後終於放棄山柳菊，並改以蜜蜂為實驗對象。然而我們找不到他深入進行蜜蜂繁殖實驗的結果。不知道他有沒有發現蜜蜂奇異的單倍二倍體（haplodiploidy）遺傳現象？

納傑里則在同時發表了一篇遺傳學論文鉅著，卻沒有提到孟德爾的發現。那篇論文也提出一個完美的範例，並採納了納傑里本身的研究結果——他還是沒有掌握住重點。納傑里知道，如果他讓一隻安哥拉貓（angora cat）與另一個品種雜交，那麼安哥拉貓的毛皮形態在其子代身上完全不會出現，卻會在第三代小貓身上完整重現。這可以算是孟德爾的隱性基因最佳範例。

不過，孟德爾在其有生之涯，也算是受到了認可。達爾文相當勤於鑽研其他人的研究成果，他甚至還曾經向朋友推薦福克（W. O. Focke）所撰寫的一本書籍，這本書裡有十四處引用了孟德爾的報告。然而，達爾文卻似乎始終沒有注意到那些文獻。孟德爾的命運直到一九○○年才有了轉變，那時他與達爾文都已經辭世多年了。孟德爾的成果幾乎是同時在三個不同地方再度引人注目——雨果‧德佛里（Hugo de Vries）、卡爾‧庫倫斯（Carl Correns）與艾瑞奇‧馮徹邁（Erich von Tschermak）。這三位都是植物學家，他們都沒有事先閱讀過孟德爾的報告，卻都在不同物種的實驗上，得到和孟德爾一樣的研究成果。

近代的遺傳學論戰

　　孟德爾主義讓生物學深受震撼，演化理論完全沒有預料到遺傳會以「塊狀」（lumps）單位形式出現。的確，這種論調似乎是完全破壞達爾文所建立的體系。達爾文說過，演化是微細與隨機變化的累積。如果基因是一種「塊狀實體」，可以在某個世代隱藏不顯，卻重行出現在次一代中，那麼演化又怎麼能夠以漸次精細的方式產生變化？在二十世紀初葉，從許多方面而言，孟德爾主義都超越達爾文主義。貝特森曾經暗示，顆粒遺傳（particulate inheritance，在一個個體中具有分明的雙親性狀的遺傳）方式至少會對天擇的力量設定上限，這也是當時許多人的看法。貝特森是一位腦筋不清楚、風格單調枯燥的人。他認為演化會由某種形態出現大躍進式的演變，而不需出現中間形態。他曾經於一八九四年出版一本書來推廣這種非主流觀點，他在書中辯稱遺傳本身具有粒子性狀，並自此不斷受到「正牌的」達爾文主義者的猛烈攻訐。他毫不遲疑地擁抱孟德爾的學說，並首度將他的報告翻譯成英文。貝特森寫道：「孟德爾的發現與物種因天擇而興起的教條，並沒有任何牴觸。」他的話就好像是一位神學家宣稱自己才是聖保羅的真正詮釋者一樣。貝特森接著說：「然而，現代的調查結果卻無疑已經將這種超自然特性的原則予以排除，這些原則偶爾也用來支持這類特性……我們不能否認，達爾文的研究成果曾經出現一些論調，在某種程度上曾經支持這種天擇原則的濫用，不過我還是相當肯定，如果當時他手中持有孟德爾的研究報告，他會立刻修正那些論調。」[4]
　　然而，令人畏懼的貝特森竟然成為孟德爾主義的擁護者，這件

事情本身就會讓歐洲的演化學家產生質疑。這種孟德爾主義者與生物統計學家之間的仇視對立，在英國持續了二十年。這種論爭無可避免地傳到美國，不過還沒有到那麼極端對立的程度。一九○三年，美國的一位遺傳學家——沃特・沙頓（Walter Sutton）注意到染色體呈現出類似孟德爾所說的因子形式：染色體成對出現，並各得自雙親之一。美國的遺傳學之父——湯瑪斯・摩根（Thomas Hunt Morgan）也立刻成為支持孟德爾主義的最新擁護者，結果貝特森反而因為憎惡摩根而放棄正途，轉而對抗染色體理論。科學史經常是透過這種嚴重的紛爭來決定其命運。貝特森就此沉淪默默無名，摩根則發展成為一個活躍的遺傳學派創始者，後來遺傳距離單位也以他為名，稱為「分摩」（centimorgan）。在英國則一直要等到思想敏銳的數學專家——費雪提出他的觀點，才終於得以在一九一八年調停達爾文主義與孟德爾主義之間的紛爭。孟德爾與達爾文並沒有相左之處，孟德爾實際上是巧妙地為達爾文進行辯護。費雪說道：「孟德爾主義為達爾文所建構的體系增補缺失。」

米勒再掀風雲

然而，突變還是一個問題。達爾文主義是以歧異性為動力，孟德爾主義則是提供了穩定性。如果說基因是生物學的原子，那麼將基因的改變視為一種遺傳特性，倒不如稱之為一種煉金術。這個問題終於打破僵局，你絕對想不到是誰首度以人工方式成功誘發突變，他是全然不同的人，加羅德與孟德爾的差異與之相比只是小巫見大巫。除了那位愛德華時代的醫生及羅馬天主教神父之外，現在又出現一位好鬥的赫曼・米勒（Hermann Joe Muller）。米勒是一

位典型的猶太難民科學家，他和一九三〇年代許多才華橫溢、橫越大西洋的猶太人完全一樣，只不過他是由西向東越洋而去。他是土生土長的紐約客，父親擁有一家小型的金屬鍛鑄企業，他在哥倫比亞大學時期專攻遺傳學，卻因故與恩師摩根決裂，於一九二〇年轉到德州大學就讀。傳言摩根歧視猶太人，因此對具有高度才華的米勒不假辭色。不過這種傳言太樣板了，實際上，米勒終其一生都好與人鬥。他的婚姻於一九三二年觸礁，他的同事也一直剽竊他的想法（這是他自己說的），他試圖自殺，後來便離開德州前往歐洲。

　　米勒因可以經由人工而誘發基因突變的偉大發現，獲得諾貝爾獎，他的成就足以與爾尼斯特‧拉塞福（Ernest Rutherford）相提並論。拉塞福在幾年之前發現原子元素可以產生質變，因此原子（atom）所採用的希臘字源「不可分割」之意義，實際上並不恰當。米勒在一九二六年便曾自問：「突變是否為生物上的獨特過程，並無法予以改變或控制？其地位是否與直至最近的物理科學上的原子質變類似？」

　　隨後幾年，他也對該問題提出解答。米勒以 X 光照射果蠅，導致果蠅基因產生突變，於是子代出現新的畸型變種。米勒寫道：「突變並非由不可觸及的上帝自某種神聖不可侵犯的生殖細胞核堡壘，對我們進行戲謔的玩笑。」孟德爾的粒子也與原子一樣，必然具有某種內部結構。這些粒子可以經由 X 光促成變化。基因突變後仍為基因，只是與原先的基因不同了。

　　人工突變（artificial mutation）為現代遺傳學啟蒙。一九四〇年，兩位科學家，喬治‧比多（George Beadle）與艾德華‧達頓（Edward Tatum）採用米勒的 X 光來照射麵包黴菌（*Neurospora*）而產生突變體。隨後他們深入研究，並發現這種突變種欠缺某種活

性酶。他們提出一項生物學定律，並逐漸成為一種流行的正確學說：一種基因設定一種酶。遺傳學家開始傳唱這種論調：一個基因一種酶。這正是基於加羅德的原有推測，並建立於現代生化細節基礎。三年之後，林納‧鮑林（Linus Pauling）做出偉大的歸納，並發現一種經常發生在黑人的險惡貧血症，患者血液中的紅血球會變形成為鐮刀狀，起因則為製造血紅素蛋白質的基因出現缺陷，其性狀極似典型的孟德爾突變。於是真相逐漸顯現：基因是蛋白質的配方，突變是產生變化的基因製造出變異的蛋白質。

米勒的顛沛生涯

米勒則於此時忙於不相關的事情。他在一九三二年熱中於社會主義，並深信我們應該選擇性培育人類。由於他對於優生學的狂熱（他希望能夠根據馬克思或列寧的特質，細心培育出人類後代，不過他在後來的著作裡又明智地轉而認同林肯與笛卡兒），促使他跨越大西洋前往歐洲，於希特勒掌權之前幾個月抵達柏林。納粹將他的老闆奧斯卡‧佛格特（Oscar Vogt）的實驗室砸毀，因為佛格特不願意將轄下的猶太人辭退。他在驚恐之中親眼目睹這一幕。

米勒繼續向東抵達列寧格勒，並加入尼可萊‧華衛樂（Nikolay Vavilov）的實驗室。在他抵達之後，反孟德爾的特洛芬‧李森科（Trofim Lysenko）獲得史達林的器重，並為了推廣自己的鬼扯理論，開始對支持孟德爾學說的遺傳學者展開迫害。李森科瘋狂的理論中，認定麥類植物和俄羅斯人的靈魂一樣，不需經過培育，只需進行訓練便可以為新政權服務；同時他認為，對於抱持不同看法的人也不需要去說服他，只要通通槍斃就得了。華衛樂後來死於獄

中。米勒滿懷希望將他最新的優生學書籍寄一本給史達林，卻聽說
那本書沒有受到適當認可，於是他便找個藉口即時離開俄羅斯。他
加入西班牙內戰為國際軍團（International Brigade）血庫工作，並
因此而前往愛丁堡，他還是像往常一樣倒楣，抵達之時正好碰上第
二次世界大戰爆發。當時的蘇格蘭深受停電之苦，在寒冷的冬季裡
實在很難戴著手套進行實驗室工作，於是他想盡辦法要回到美國。
然而卻沒有人願意迎接一位好鬥成性的社會主義者，何況他不擅長
演講，又曾經在蘇聯居住。終於，印第安那大學為他安排了一個職
位。隨後一年，他發現人工突變而獲得諾貝爾獎。

華生和克里克的曠世大發現

　　然而，基因本身仍然是一種難以捉摸的神祕事物。如果說基因
是由蛋白質所組成，可是它竟然能記載蛋白質的精確配方，這一點
實在令人費解。從細胞中所含的東西來看，似乎不夠複雜到可以執
行這項功能。的確，在染色體裡執行這項功能的另有其他物質，那
就是遲鈍的核酸──DNA。這種物質是於一八六九年，由一位瑞
士醫生腓德烈克‧麥歇爾（Friedrich Miescher）在德國小鎮杜賓根
（Tübingen），從沾滿濃液的傷兵繃帶上首度分離成功。麥歇爾曾
猜測 DNA 或許是遺傳的關鍵，他於一八九二年寫信給他的叔叔時，
便表現出驚人的洞見。他認為，或許 DNA 可以傳達遺傳訊息，「就
好像是所有語言中的文字與概念，都可以運用二十四到三十個字母
來表達。」然而，卻幾乎沒有人相信 DNA 可以發揮這種功能，當
時一般認為 DNA 是相當單調、沒有變化的物質。這樣的物質怎麼
可能只藉由四種變化來傳達訊息呢？[5]

　　由於米勒身在印第安那州，吸引了一位具有高度自信的十九歲早熟年輕人來到布魯明頓（Bloomington），他叫作詹姆斯・華生（James Watson），當時已經取得學士學位。當時的他實在不像是能夠解答基因問題，不過他卻辦到了。他在印第安那大學接受一位義大利移民——薩爾瓦多・盧里亞（Salvador Luria）的訓練（我們可以想見，華生與米勒的相處並不融洽）。華生發展出固執的信念，認為基因是由 DNA 所組成，而非蛋白質。他為了尋找證明而前往丹麥，隨後即因不滿當地的同事而於一九五一年十月轉往劍橋。他時來運轉，在加文狄西實驗室（Cavendish Laboratory）碰到抱持相同信念的克里克，兩位都一樣才華橫溢，也都認定 DNA 具有高度重要性。

　　隨後就是眾所周知的歷史。克里克一點都不早發，他當時已經三十五歲，還沒有拿到博士學位。由於倫敦的大學學院（University College）遭德軍炸彈摧毀，他的物理學事業生涯因此被延誤（當時他正要測量高壓下熱水的黏性），改而轉行進入生物學，不過在那個時候也還沒有功成名就。他之前曾經在一所劍橋實驗室從事細胞攝取分子之黏性研究，由於那項工作過於沉悶，於是克里克離開該實驗室而加入加文狄西實驗室，當時他正忙於學習結晶學（crystallography）。不過他並沒有耐心投身於自己的問題，也不甘於只鑽研這種小問題。他的笑聲、他的智慧自信，以及他能夠為其他人提供學術問題答案的不二法門，在在都為卡文狄西實驗室注入活力。克里克對於學界過度執著於蛋白質的說法，感到些許不滿。他認為，基因的結構是最大的問題，DNA 則是問題的部分解答。他受到華生的吸引，放下自己的研究工作，並沉迷於 DNA 的重要研究課題。於是，科學史上最偉大的和平競爭、與最有成就的

合作夥伴誕生了：一位了解生物學、心思具有彈性、野心勃勃的年輕美國人，以及一位了解物理學、天賦異稟、卻不十分專注的較年長英國人，他們的互動滋生出一種勁爆的高熱反應。

在短短數月之間，他們運用其他人蒐羅到，卻沒有徹底分析的實驗室數據資料，找到了科學史上空前、最偉大的發現──DNA的結構。即使是阿基米德從浴缸跳出來所獲得的成就，也比不上這個發現那麼值得吹噓。克里克於一九五三年二月二十八日，在老鷹酒吧（Eagle pub）說道：「我們發現了生命的祕密。」華生則比較自制，他還是深恐他們有可能犯下某一項錯誤。

破解 DNA 的結構

他們沒有犯錯。突然之間，真相大白：DNA 包含一種密碼，並沿著一種呈螺旋梯形式相互交織成狹長雙螺旋，其長度可以延伸至無限。那種密碼可以經由化學親和性自行拷貝，並依照字母拼寫出蛋白質配方。至於由 DNA 產生出蛋白質的語法，則尚未得知。DNA 結構之所以具有高度重要性，乃是在於真相竟然可以如此單純而美麗。道金斯便曾經說過[6]：「後華生－克里克時代的分子生物學革命，其真正意義乃是在於數位化特性……這種基因的機器碼，竟然會這麼類似電腦碼。」

華生－克里克結構發表之後一個月，英國新女皇登基，同一天並有一個英國遠征隊成功攀登埃佛勒斯峰。除了《新聞記事報》（*News Chronicle*）以小篇幅刊登了雙螺旋的消息之外，這項結果並沒有引起媒體的重視。今天，多數科學家認為這是本世紀最重大的發現，甚至於還可能是本千禧年裡最偉大的發現。

　　DNA 結構發現之後，人們又經歷了許多年的挫折。基因對於用來展現其本身功能的語言密碼，還是守口如瓶不肯洩密。對華生與克里克而言，發現密碼幾乎可以算是輕而易舉──其中摻雜了揣測、優異的物理學與靈感。至於要破解密碼，則需要真正的才智。這明顯是一套四個字母的密碼：A、C、G 與 T，並經過轉譯成二十種胺基酸字母密碼，隨後則用來組成蛋白質，有關這一點我們也幾乎可以確定。問題是組成方式為何？在何處產生？以及其作法為何？

　　多數發展出解答的最好想法，都是克里克的功勞，包括他所稱的「轉接分子」（adaptor molecule），現在我們稱之為 tRNA。克里克在沒有證據的情況下，斷定這種分子必然存在，後來果然發現 tRNA 的存在。不過克里克還發展出一種概念，這個想法實在相當了不起，我們稱之為歷史上最偉大的錯誤理論。克里克的「無逗點」（comma-free）密碼比人自然所採用的還更為優雅，其作用如下。假定每個密碼文字都採用三個字母（若只使用兩個，便只能產生十六種組合，這樣實在太少了），假定這套密碼沒有逗點，各文字之間也不留間距。現在，假定我們將所有可能造成誤讀的文字，也就是若採用不同起始字母則會導致不同意義的文字予以排除。就以布萊恩・海斯（Brian Hayes）所採用的比喻為例，我們拿 A、S、E 與 T 四個字母，取其中任意三個字母來組成所有可能出現的英文文字，包括 ass, ate, eat, sat, sea, see, set, tat, tea 與 tee。現在將所有可能由於採用不同起始字母導致誤讀的文字刪除，例如 ateateat 這個句子有可能誤讀作「a tea tea t」或「at eat eat」或「ate ate at」。這三群文字組中只有一群可以存在於密碼之中。

　　克里克便是以 A、C、G 與 T 進行相同作法。首先，他將

AAA、CCC、GGG 與 TTT 刪除。隨後,他將剩餘的十六個文字組成三群,每群都包含了相同的三個字母,並以相同輪序方式出現。例如:ACT、CTA 與 TAC 是為一群,其中 A 之後為 C,C 之後為 T,同時 T 之後為 A。此外還有 ATC、TCA 與 CAT 組成另一群,每一群裡只有一個文字可以存在。結果總共剩下二十個——蛋白質的拼音符號也正是由二十個胺基酸字母所組成!四字母密碼可以形成二十個字母的拼音符號。

克里克原先極為謹慎,避免過度誇大其的重要性,卻還是無可避免。「我們所採用來歸納出這套密碼的論點與假設,實在是太過於武斷,我們並沒有十足信心,因為這些都純屬於理論。我們之所以敢於提出,只是由於出現了那個簡潔的魔術數字——20,它與合理的物質條件吻合。」不過,最初雙螺旋也並沒有提供多少證據,但激情逐漸累積。在五年期間,所有人都假定這是正確結論。

破解密碼

不過,理論發展時期已經過去。到了一九六一年,所有人都還在思考之際,馬歇爾·尼倫伯格(Marshall Nirenberg)與約翰·馬泰(Johann Matthaei)已經破解密碼中的一個文字。他們以簡單的方式從一個純尿嘧啶(代碼為 U,相當於是 DNA 裡的 T)製造出一段 RNA,並將其浸泡在胺基酸溶液中。於是,核糖體將許多苯丙胺酸(phenylalanine)編織在一起,形成一個蛋白質。第一個密碼文字就此破解:UUU 代表苯丙胺酸。無逗點密碼還是錯了。這套密碼最漂亮的特點是,其內不能含有所謂的「閱讀移位突變」(reading-shift mutation),換句話說,只要在文句中喪失一個字母,

便會讓隨後的所有文字都失去原意。至於大自然所選擇的版本，雖然沒有那麼優雅，卻比較能夠容忍其他類型的錯誤。這個版本具有大量冗餘，包含了代表相同意義的許多不同三字母文字。[7]

到了一九六〇年，我們已經了解全套密碼，並開啟了現代遺傳學的新紀元。一九六〇年代的尖端突破，到了一九九〇年代成了例行公事。於是，在一九九五年，科學界回溯加羅德那一群屍骨已寒的病患之時，已經可以了解他們的黑尿緣由，並相當有信心地明確指出，究竟是哪一個基因拼寫錯誤，才導致黑尿病。這個故事具體而微地道出二十世紀的遺傳學始末。請記得，黑尿病是相當罕見，但不是很危險的疾病，只要遵循飲食建議便無大礙，因此科學界多年以來都不予以重視。到了一九九五年，兩位西班牙人基於這種歷史上的重要意義，決定接受這項挑戰。他們採用麴菌屬（*Aspergillus*）的一個菌種為研究對象，終於產生出一個突變種，這個品種只要提供苯丙胺酸便可以累積一種紫色色素——尿黑酸鹽。加羅德便曾經揣測，這種突變種具有一種具有缺陷的蛋白質，稱為尿黑酸鹽二氧化酶（homogentisate dioxygenase）。他們採用特殊的酶將那個菌種的基因組分解，辨識其中的異常碎片，並閱讀其中所包含的密碼，終於找到有疑點的那個基因。隨後他們搜尋人類基因圖書館，希望能夠找到一個類似的基因，來植入菌種 DNA。他們在第 3 號染色體的一個長臂上找到這種基因，這個 DNA「字母」所組成的「句子」，有百分之五十二與那個菌種的基因雷同。他們將這個從罹患黑尿病人體內找到的基因，與沒有這種病症的人的基因相比，發現二者相差只有一個字母，或者是第六百九十個，或者是第九百零一個。也就是這單一字母的變化，導致蛋白質受到破壞而無法執行功能。[8]

　　這個基因正是在人體內的一個無聊部分，執行無聊的化學功能，也正是那個在損壞之後會滋生出一種無聊的疾病的無聊基因本尊。這個基因本身沒有什麼令人驚訝的獨特特性。它與 IQ 或同性戀也沒有什麼關連，也不能告訴我們生命的起源，它也不是自私基因，也不會違背孟德爾的定律，也不能導致死亡或傷殘。這個基因的功能與這個星球上所有生物的相對應基因完全一樣——即使是麵包上長的霉也有這個基因，所有生物都和我們一樣採用它來執行完全相同的功能。

　　然而，尿黑酸鹽二氧化酶基因卻由於它在人類遺傳學史上的角色，而得以在歷史上占有小小的一席之地。即使是這種無聊的小基因，如今也展現出其美麗之處，甚至於孟德爾都會為之眩惑，因為這是他抽象定律的具體表現。這個故事是在講一種顯微尺度的盤繞配對，並成對發揮功能的螺旋，它是一種四字母密碼，也就是生命的化學體。

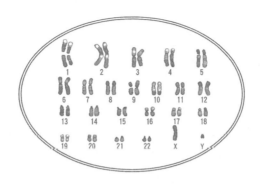

第4號染色體

命　運

先生，你所告訴我們的根本只是科學的喀爾文主義❶。

——某位不知名的蘇格蘭士兵在貝特森演講後的回應[1]

---

❶ 譯註：喀爾文教會的教義。主要內容為：選擇性救贖、限定贖罪、墮落者不能懺悔、絕對
　　恩寵與再生之靈魂永不消失等五個信條。

基因表就是病單嗎？

打開人類基因組內的任何目錄，你就會發現那並不是人類的潛在能力清單，而是一張疾病清單，而且大多數是以兩位默默無名的中歐醫師為名。譬如，這個基因會造成倪曼—皮克病（Niemann-Pick disease），那個則會形成渥夫—赫生宏症候群（Wolf-Hirschhorn syndrome）。因此而給人一個印象，好像基因就是為了造成疾病的。某個基因網站報導了下列頭條的媒體新聞，諸如發現了導致早發性肌張力不足、腎臟癌、阿茲海默症等新基因，以及自閉症與血清素傳送體基因（serotonin transporter gene）有關等消息。

然而，以所形成的疾病來定義基因，實在太過於荒謬，就好像是以各個器官所可能感染的疾病來定義體內器官一樣：肝臟的功能是產生肝硬化，心臟則是為了產生心臟病，而腦部是為了產生中風。這是一種衡量尺度的問題，並非基於我們的知識，而是由於我們的無知，才導致基因組的內容是以這種方式呈現。當然了，我們對於某些基因的唯一了解，正是由於它們出現故障並產生了某種疾病。從這種角度來看待基因實在太過於武斷，也是一種可怕的誤導。它使得我們做出危險的簡化論述：「某某人有了渥夫—赫生宏基因。」錯了！我們所有的人都有渥夫—赫生宏基因，諷刺的是，只有罹患渥夫—赫生宏症候群的人沒有這種基因，他們的疾病正是肇因於體內完全失去了那個基因。那個基因在我們體內是一種正向，而非負面的力量。造成疾病的是突變，而非基因。

渥夫—赫生宏症候群實在是太罕見了，也太嚴重了。其有關基因可說是攸關生死，受害者在年輕之時便已死亡。位於第 4 號染色

體的該基因，實際上就是最為著名的一種「疾病」基因，它還與一種截然不同的疾病發生關連──亨丁頓舞蹈症（Huntington's chorea）。這個基因如果發生突變，便會出現亨丁頓舞蹈症；如果是根本就失去了這個基因，那麼就會出現渥夫─赫生宏症候群。這個基因在我們日常生活上的作用為何所知甚少，不過我們卻知道這個基因出現問題之時的狀況、原因與出問題的地點，也知道這個狀況對身體的痛苦影響。這個基因內包含 CAG 這個「文字」，並不斷反覆出現：CAG、CAG、CAG、CAG……有時候只會反覆出現六次，有時候三十次，有時候則超過一百次。你的命運、你的健全神智、你的生命都寄託於這種反覆出現次數的多少。如果這個「文字」反覆出現十五次或更少，那麼你就不會有問題，大多數人會重複約十到十五次。如果這個「文字」反覆出現達三十九次或更多，那麼你就會在中年開始逐漸喪失平衡，並漸漸無法照顧自己，最後更會死亡。這種功能遞減狀況開始之時是智力機能衰退，隨後四肢開始顫抖並陷入極度憂鬱，偶爾還會出現幻覺或錯覺。目前沒有改善之道，這是一種不治之症，整個恐怖的過程要經歷達十五到二十五年。此外還有少數更恐怖的命運。病患的親屬即使沒有罹患這種疾病，也會出現許多同樣糟糕的早期心理症狀，這種等候發病的焦慮壓力實在太大了。

可怕的宿命：亨丁頓舞蹈症

　　產生這個疾病的唯一原因正位於基因內。亨丁頓突變是一種全有或全無的狀況，沒有中間情況。這是一種先天決定的命運，這是喀爾文主義者連做夢也想不到的情況。剛開始的時候，這似乎是一

種基因掌控一切的最明確證據，外力根本無能為力。無論你是否抽菸、吃維他命丸、從事健身運動或只會癱坐在沙發上看電視，這些都毫無影響。這種瘋狂症狀要在什麼年紀出現，則完全決定於這個CAG「文字」反覆出現於特定基因的特定地點的次數，毫無例外。如果你的情況是反覆出現三十九次，你便會有百分之九十的機會在七十五歲的時候變成癡呆，同時平均會在六十六歲的時候出現第一個症狀；如果是反覆出現四十次，那麼平均你會在五十九歲的時候沉淪；若為四十一次，則是在五十四歲；若為四十二次，則是在三十七歲。以此推演到那種「文字」重複出現五十次的情況時，約在二十七歲的時候喪失心神。這種衡量的尺度如下：如果你的染色體長度可以環繞整個赤道，那麼健康與失神的差異只有不到額外的一英寸長度。[2]

　　沒有任何占星術可以精確到這個程度。任何人類的因果關係理論、佛洛伊德信徒、馬克思主義者、基督徒或萬物有靈論者，都不可能達到這種精確程度。舊約裡的任何先知、古希臘的任何神諭祭師，無論是任何在博格諾里吉斯（Bognor Regis）[2]碼頭上的吉普賽水晶球算命師，都無法那麼精確地告訴別人：他們的生活何時會徹底崩潰，更無力告訴別人如何矯正。我們在這裡要面對的是一種恐怖、殘酷又無力回天的事實。你的基因組裡頭有十億個三字母「文字」。然而，光是這個小小片段長度，就足以判定我們的心智是否會出現毛病。

　　著名民歌手伍迪・格思里（Woody Guthrie）於一九六七年慘死於亨丁頓舞蹈症，這個疾病才聲名大噪。亨丁頓舞蹈症最初是由喬治・亨丁頓（George Huntington）醫師在長島東端診斷出來。他

---

❷　譯註：位於倫敦西南方的漁港。

注意到這種疾病似乎會在家族裡蔓延，隨後研究工作顯示，長島的案例是隸屬於一個源自於新英格蘭地區更大家族的一部分。在這支家族系譜的十二個世代之中，總共可以找到超過一千個病例，所有這些患者都是於一六三〇年由索夫克（Suffolk）❸ 移民至此的兩位兄弟的後裔。他們的數位後裔曾經於一六九三年在賽倫（Salem）被視為巫師而慘遭燒死，其原因或許正是由於這種疾病引人側目的特性。然而，由於這種突變性狀在中年之後才會顯現出來，這時患者早已傳宗接代，因此沒有任何天擇壓力會讓其自然消失。實際上，好幾項研究也顯示，出現突變的個體，顯然還比未受這種疾病侵害的手足生養出更多的子代。[3]

　　亨丁頓舞蹈症是第一個為人所了解的重要遺傳疾病。也就是說，這種疾病與黑尿病不同，後者必須同時出現兩份得自親代雙方的突變基因，才會罹患那種症狀，亨丁頓舞蹈症狀則只需要一份突變基因就會發病。如果患者是遺傳自父親，其突變症狀似乎會較嚴重，同時父親年紀愈大，其子代的基因反覆出現的長度似乎會愈長。

南西的感人事蹟

　　到了一九七〇年代晚期，一位女士下定決心要找出亨丁頓舞蹈症基因。由於伍迪・格思里罹患該疾病而慘死，他的遺孀創立了對抗亨丁頓舞蹈症委員會（Committee to Combat Huntington's Chorea），米爾頓・威克斯勒醫生（Milton Wexler）由於太太與太太的三位兄弟都罹患了這個症狀，也因此加入這個陣營。威克斯勒的女兒——南西（Nancy），知道自己有百分之五十帶有突變基因的機率，因

---

❸　譯註：位於英國英格蘭東部。

此也執著於要找到這個基因。別人告訴她不要浪費時間，這就像是要在美國一般大小的稻草堆裡找一根針，滄海一粟，根本不可能找到這個基因。她大可以等待幾年，靜候更好的技術與較可行的機會。但她寫道：「如果你得了亨丁頓舞蹈症，你根本沒有等候的時間。」她根據一位委內瑞拉的醫生 —— 亞美利科·奈格瑞特（Americo Negrette）的報告，於一九七九年飛到委內瑞拉的馬拉開波湖，去拜訪當地的三位鄉下村民：聖路易絲（San Luis）、巴蘭奇塔斯（Barranquitas）與拉古恩塔（Laguneta）。馬拉開波湖位於委內瑞拉最西端的梅里達平行山脈（Cordillera de Merida）外緣，是一個幾乎被陸地閉鎖的海灣。

這個地區裡住了一個大家族，具有極高的亨丁頓舞蹈症罹患率。他們之間流傳了一個故事，說這種病痛是來自於十八世紀的一位水手，南西也追溯出這種疾病的家族系譜，並回溯到十九世紀早期的一位女士，她的名字叫作瑪麗亞·坎塞普莘（Maria Concepcion）。她住在建築於水中的高腳屋所形成的水上村（Pueblos de Agua）。她是一位多產的祖先，她的八代後裔之中，總共有一萬一千名子孫，在一九八一年之時，有九千名還活著。南西首度拜訪他們的時候，其中有超過三百七十一名罹患了亨丁頓舞蹈症，同時還有三千六百名具有至少四分之一的發病機率。

南西的勇氣實在不凡，因為她本身也可能帶有這種突變。「看到這些生機蓬勃的孩子實在令人不忍，」她寫道[4]：「他們充滿了希望與展望，縱然如此貧窮、縱然不識字、縱然男孩們要搭乘小船在波濤洶湧的湖上捕魚，並承受風險與累人的工作，或甚至於小女孩也要從事家務並照料患病的父母親，縱然殘忍的疾病帶走他們的父母、祖父母、叔伯姨嬸與堂表親屬，他們仍然欣然享受生命的野

性喜樂，直到終於受到疾病的侵害。」

南西開始在稻草堆裡搜尋；她首先蒐集超過五百個人的血液樣品。隨後她將樣品送到吉姆・格塞拉（Jim Gusella）位於波士頓的實驗室，交由格塞拉測試遺傳標記（genetic marker），搜尋致病基因。首先，格塞拉隨機抽選出一團 DNA，在病患與非病患之間進行比較，不過並不一定能夠找出可靠的差異。他的運氣相當好，在一九八三年年中，他不但能夠在致病基因附近分離出一個遺傳標記，還能夠精確定位，找出位於第 4 號染色體短臂的頂端上的一個破綻，終於從百萬分之三的機率中，找出目標基因的所在位置。大功告成了？還早呢。那個基因位於一個長達一百萬個「字母」的區域內部。這個稻草堆已經算是較小了，不過還是異常龐大。八年之後，這個基因還是一個謎團。「這始終是極度艱辛的工作，」南西以維多利亞探險家的語調寫道[4]：「它就在第 4 號染色體頂端的險峻之地。過去的八年，就像在攀爬埃佛勒斯峰。」

揪出作怪的 CAG

有志者事竟成。這個基因終於在一九九三年為人發現，經過解讀內容並辨識出導致該疾病的突變。該基因是一種稱為「亨丁頓蛋白」（huntingtin）的蛋白質配方，這種蛋白質是在基因發現之後才發現的，因此以此為名。反覆出現於該基因中段的 CAG「文字」，會導致蛋白質中段出現長串的麩胺醯胺（glutamine，CAG 代表麩胺醯胺的遺傳文字）。以亨丁頓舞蹈症而言，這裡所出現的麩胺醯胺愈多，便會在生命的愈早階段發病。[5]

其上的說明仍無法清楚解釋這個疾病。如果亨丁頓蛋白基因已

經受損，為什麼還可以在生命的前三十年裡充分發揮功能？顯然，亨丁頓蛋白的突變形態是以緩慢速度逐漸累積形成團塊的。就好像阿茲海默症與牛海綿狀腦病一樣，由於細胞中出現這種逐日累積形成的黏性蛋白質團塊，導致細胞死亡，或許是由於這種現象誘使細胞自殺。亨丁頓舞蹈症主要是在腦部專司運動控制的部分產生這種情況，其結果是患者會愈來愈難以控制本身的運動能力。[6]

　　這種反覆出現的重複 CAG 文字最讓人驚訝的是，並不只是亨丁頓舞蹈症有這個情況。除此之外還有五種神經性疾病，也是由於在其他與此完全無關的基因上出現這種所謂的「不穩定 CAG 重複現象」所造成，小腦性失調症（cerebellar ataxia）就是其中之一。甚至於還有一份怪異的報告描述：將一長串重複 CAG 植入老鼠的任意一個基因，便會促成類似亨丁頓舞蹈症的晚發性神經性疾病。或許重複 CAG 出現在任何基因內部，都會產生神經性疾病。此外，其他的反覆出現的重複文字，只要其開頭是 C，尾端是 G，也全部都會促成神經退化（nerve degeneration）疾病。目前已知有六種不同的 CAG 疾病。X 染色體上一個基因開頭的地方，如果反覆出現超過二百次的 CCG 或 CGG 文字，便會導致「脆裂 X 症」（fragile X），這是一種常見而多變的心智障礙症（反覆少於六十次是正常，但也有可能高達一千次）。第 19 號染色體上的一個基因，如果出現 CTG 重複次數達到五十到一千次，便會形成肌肉強直營養不良症（myotonic dystrophy）。另外，有超過十二種人類疾病，是由於這種三字母文字過度重複現象，也就是所謂的多麩胺醯胺疾病群（polyglutamine diseases）。在所有的病例之中，這種增長了的蛋白質有一種傾向，那就是會累積無法消化的團塊，最後導致細胞死亡。同時，由於不同基因會在身體的不同部分啟動，因此也會產生

不同的症狀。[7]

早現遺傳

　　這種 C ＊ G 文字，除了代表麩胺醯胺之外，究竟還有什麼特色？有一種所謂的早現遺傳（anticipation，即遺傳病逐代早發）是一個線索。我們已經知道這種現象一段時期，出現嚴重亨丁頓舞蹈症或脆裂 X 症的人，其所生育的後代發病時間會比他們自己更早和更嚴重。早現的意思是，凡反覆出現的 C ＊ G 長度愈長，在拷貝產生下一代的時候，便可預期它會更長。我們知道，這類重複片段會形成細小的 DNA 環，我們稱之為「髮夾」（hairpin）。DNA會自相連接，形成一種類似髮夾的結構，並由 C ＊ G 文字內的 C和 G 鏈接而成。髮夾展開之時，拷貝機制便有可能出錯，於是便會插入更多的相同文字。[8]

　　下面的簡單比喻或許有助於了解。如果我在一個句子裡反覆出現六個文字——cag、cag、cag、cag、cag、cag，你可以很容易計算其次數。不過假使我重複三十六次——cag、cag、cag、cag、cag、cag、cag、cag、cag、cag、cag、cag、cag、cag、cag、cag、cag、cag、cag、cag、cag、cag、cag、cag、cag、cag、cag、cag、cag、cag、cag、cag、cag、cag、cag、cag，我敢打賭你會算不清楚。DNA 就是如此。反覆次數愈多，拷貝機制便愈可能意外多插入一個，這是由於失手導致內容出錯。另一個解釋（也可能是額外的解釋）是一種檢核系統的限制，這種配對錯誤修復系統（mismatch repair）雖然可以有效發現微小的變化，卻無法發現 C ＊ G 重複。[9]

　　這便可以解釋為什麼這種疾病會在生命晚期發病。倫敦蓋氏醫

院（Guy's Hospital）的勞拉‧曼吉亞里尼（Laura Mangiarini）曾經製造出一種基因移植的老鼠，老鼠體內具有重複超過一百次的部分亨丁頓基因。這些老鼠年歲漸長之後，牠們體內所有組織的基因長度也會全部增長，只有一個組織例外。其中增加最多的可以出現十個額外的 CAG 文字。唯一例外的是小腦，也就是控制運動的後腦部分。小腦的細胞在生命過程中不需要產生變化，因為一旦老鼠學會如何走路，這些細胞就不再分裂。只有在細胞與基因都產生分裂的時候，才會發現拷貝錯誤。就以人類而言，在小腦中的這種重複在生命期間會減少，在其他組織中則會增加。在製造精子的細胞中，CAG 的重複次數會增加，這樣就可以解釋為什麼亨丁頓舞蹈症的發病時間，與父親的年齡有其關連性：較老的父親所生育的兒子會在較年輕之時發病，並出現較嚴重的症狀。（此外，目前我們也已經知道，男性基因組的整體突變率是女性的五倍，這是由於終其一生都必須反覆複製新鮮的精細胞所致。）[10]

　　有些家庭似乎比其他家族更易自然發生亨丁頓突變。這個原因似乎不只是由於他們的重複次數正好低於門檻數目，例如在二十九與三十五之間，同時也由於他們要跳升到超過門檻數目的機率較高，大約是其他具有類似重複次數者的兩倍。其原因也相當單純，並與字母有關。試比較兩個人，一個具有三十五個 CAG，隨後則是一串 CCA 與 CCG。如果朗誦說溜了嘴，多唸出一個 CAG，便會增加一個重複次數。另一個人有三十五個 CAG，隨後則是一個 CAA 與兩個 CAG。如果朗誦者說溜了嘴，並將 CAA 誤讀為 CAG，其所引起的影響是增加不只一個重複次數而是三個，這是由於其後面已經有兩個 CAG 等在那裡。[11]

毫無用處的診斷

　　雖然我好像偏離主題，並讓你完全被亨丁頓蛋白基因的 CAG 細節所淹沒，不過請試想：這一切在五年之前，幾乎全部都是未知現象。當初基因尚未被發現，CAG 重複現象也尚未經過辨識，亨丁頓蛋白質也屬於未知，也沒有人猜得到這會與其他神經變性疾病具有關連性，突變率與起因也還是一個謎團，同時父親的年齡效應也無從解釋。從一八七二年到一九九三年之間，我們只知道亨丁頓舞蹈症與遺傳有關，除此之外幾乎一無所知。這種知識增長幾乎都在這段時期之後才突然出現，即使我們浸淫在圖書館裡好幾天，也僅只能夠跟上這種增長速率。自從一九九三年以來，曾經針對有關於亨丁頓基因公開發表報告的科學家接近一百人，而所有人都研究一個基因。這只是人類基因組裡所有三萬到八萬個基因中的一個。如果你原先對於華生與克里克在一九五三年的那一天，打開潘朵拉的盒子所引起的劇烈震撼還有所懷疑，亨丁頓舞蹈症的故事應該可以讓你信服。與我們從基因組所累積的知識相比，整個生物學的其他部分，相形之下只是九牛一毛。

　　然而，亨丁頓舞蹈症還沒有治癒的案例。我在這裡所稱頌的知識成就，並沒有對這種病痛提出治療之道。對於尋求治療處方的人而言，這種 CAG 的單純無情重複，只會為他們的前景帶來更蕭瑟的寒冬。腦部擁有一千億個細胞。我們要怎樣逐一進入其中，來刪減亨丁頓蛋白基因裡的 CAG 的重複次數？

　　南西‧威克斯勒曾敘述馬拉開波湖研究的一位女性對象的故事。這位女士到南西的研究中心來進行這種疾病的神經學徵兆測

試。她的情況似乎還好,不過南西知道,某些測試可以早在患者本身看出徵兆之前,便偵測到亨丁頓舞蹈症的細微徵象。這位女士果然顯現出類似徵兆。不過她和多數人不一樣,在醫師群做完測試之後,她詢問醫師們結果如何?她有沒有染病?醫師反問道:妳覺得呢?她以為自己沒事。醫師們避免說出自己的想法,並說明他們必須更深入了解患者之後,才會告知診斷結果。那位女士離開房間之後,她的朋友幾乎是歇斯底里地衝進來:「你們是怎樣告訴她?」醫師重述他們剛才說的話。那位朋友回答道:「感謝上帝,」並解釋道:「那位女士曾經告訴朋友,她要來進行診斷,如果結果是她有亨丁頓舞蹈症,她會立刻自殺。」

這個故事裡有幾件事情令人感到困擾。首先,這是由於謊報所產生的快樂結局。那位女士的確有突變,她所面對的是死刑判決,無論將來是出於自殺或更遲緩的方式都一樣。一旦她了解自己的狀況,也只能任她依照意願來做出反應。如果她在了解事實真相之後決定自殺,醫師又有什麼權力隱瞞資訊?不過,他們也表現出正確的作法,將結果冷酷地直接告訴別人,但對他們而言恐怕不是最好的作法,沒有經過心理諮詢的測試是會造成悲劇的。然而重點在於,這個故事顯示,沒有提示治癒方法的診斷實在毫無用處。那個女性認為自己沒事。假定她還可以在無知之中度過五年快樂光陰,也實在沒有必要告訴她五年之後要面對的難堪處境。

不是百分之百,就是零

一個看著自己母親死於亨丁頓舞蹈症的女士可以知道,她自己有百分之五十的患病機率。不過這並不正確。不是嗎?沒有人可以

感染百分之五十的這種疾病，她可能有百分之百的機率，或者根本就是零機率，出現這兩種結果的機率是一樣的。因此遺傳測試的功能只是呈現風險，並告訴她表面上的百分之五十機率，實際上是百分之百或者根本就是零。

南西・威克斯勒深恐科學如今已經是在扮演底比斯盲人先知——泰瑞色斯（Tiresias）的角色。泰瑞色斯因為無意間看到雅典娜 ❹ 洗澡，結果被雅典娜弄瞎了雙眼。後來，雅典娜對於自己的作為感到後悔，卻也無法恢復泰瑞色斯的視力，只好賦予他占卜預言的能力。然而，看到未來是一種恐怖的宿命，因為他可以預見未來，卻無力改變。「其中只有悲嘆，」泰瑞色斯告訴伊底帕斯：「具有智慧，智慧卻毫無助益。」或者就如同南西所言：「你要不要知道自己何時要死，尤其是當你無力改變結局？」許多具有罹患亨丁頓舞蹈症風險的人，從一九八六年開始就可以決定自己究竟是要接受突變測試，或是維持未知。其中只有大約百分之二十的人接受測試。奇怪的是（或許也可以理解），選擇維持未知的男性比例是女性的三倍，看來他們對自己的關切程度，遠甚於自己的後代。[12]

即使具有風險者選擇了解事實，其中也會牽涉到錯綜複雜的倫理道德。一個家庭的成員接受測試，實際上這個人是在對整個家庭進行測試。許多父母親不得不接受測試，目的是為了他們的孩子們。其中還充滿各種錯誤概念，即使是教科書與醫學通訊也是如此。這類資料在向父母親介紹突變的時候提到，你的半數孩子可能罹病。錯了！每個孩子各有百分之五十的機率，其中的差異很大。此外，測試結果的呈現方式也具有高度敏感性。心理學家發現，告訴一般人他們有約七成五的機會可以生育正常嬰兒，與告訴他們有

---

❹ 譯註：智慧與技藝的女神。

兩成五的機會生出受染病的小孩相比，前者會給人較好的感受，然而這兩者是一樣的。

亨丁頓舞蹈症位於遺傳學光譜上的一個極端。這種疾病完全是一種宿命，完全不會受到環境變數的影響。家境良好、高度醫療水準、健康飲食、恩愛家庭或龐大財富都沒有任何影響。你的命運就位於你的基因之內。就好像羅馬天主教信徒一樣，你只有在受到天主的恩寵才得以進入天堂，善行沒有任何用處。這也提醒我們，基因組固然是一本偉大的書籍，其所能帶給我們的，卻可能只是那種最淒涼的自知。有關於我們的命運的知識，並不是你可以據以做出回應措施的知識，它只是泰瑞色斯的咒語。

然而，南西之所以執著於發現那個基因，主要的動力是她希望在發現之後，能夠予以修補或治療。如今也毫無疑問，她已經比十年前更接近那個目標。「我是個樂觀主義者，」她寫道[4]：「即使我因為自己只能預測卻無力預防的落差而感到極度難過……我相信知識本身值得冒這種風險。」

南西‧威克斯勒本人又是如何？一九八〇年代末葉，她與她的姊姊艾莉絲（Alice）數度與父親米爾頓坐下討論她們是否應該接受測試。這幾次爭執相當緊張，充滿憤怒卻沒有獲得結論。米爾頓反對接受測試，強調其中包含不確定性，同時也有可能產生錯誤診斷。南西一向堅決希望接受測試，不過她的決心卻在必須面對事實可能性之際逐漸消散。艾莉絲在日記裡翔實記載這幾次討論過程，隨後成為一本心靈探詢的書籍，《勾勒出命運》（Mapping Fate）。結果是姊妹倆都沒有接受測試，而南西目前正好處於母親當初接受診斷、發現真相的年齡。[13]

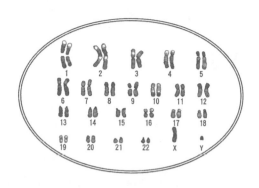

第5號染色體

環　境

錯誤就像稻草一樣浮現水面，
搜尋珍寶的人都必須深潛。

　　　　　　——約翰・德瑞登（John Dryden），〈都是為了愛〉

基因沒那麼單純

也該冷靜一下了。各位讀者，本書的作者已經誤導你了。他反覆使用「單純」這個詞，並滔滔不絕地訴說遺傳學核心讓人訝異的單純性。他說，一個基因只是以相當簡易的語言所寫成的小段散文，實際上他是用隱喻手法來整理思緒。位於第3號染色體上的一個基因，解體之後會導致黑尿病。位於第4號染色體上的另一個基因，延伸拉長之後會造成亨丁頓舞蹈症。你或許也會出現突變而罹患這種遺傳疾病，或者你可能完全沒事。沒有必要東拉西扯談一些統計數字。這是一種數位世界，遺傳學上的東西通通是顆粒遺傳。你的豆子要不然就是有皺紋，要不然就是平滑的。

你已經被誤導了，這個世界並不是這樣。這是一個有中間灰色漸層，或具有資格設限，或要「視情況而定」的世界。孟德爾遺傳學無法幫助我們了解真實世界裡的遺傳性，歐氏幾何學也一樣無法幫助我們了解櫟樹的形狀。除非你相當不幸，罹患非常罕見、嚴重的遺傳性疾病。不然基因對於我們的生活，只能產生漸進、局部的，以及與其他事物混和的衝擊。你並非只能像孟德爾的豌豆植物那樣，不是身材高大就是矮小如侏儒，你是位於兩極端之間。你並非只能呈現皺紋或平滑，你是介於兩者之間。這一點也不會讓人意外，因為即使我們設想水是由許多小彈珠球狀的原子所組成的，對我們並沒有任何幫助；相同道理，設想我們的身體是由單一分離的基因所製成的，對我們也毫無益處。我們藉由常識便知道，基因是一團混亂。你的臉有你父親形貌的影子，不過卻還會與你母親的長相混和，並與你的姊妹有些不一樣——你的長相具有某些獨特性。

　　歡迎進入基因多效性（pleiotropy）暨多元性（pluralism）。能夠對你的長相產生影響的因素，不只是單一長相基因，事實上有許多基因會影響你的長相，此外還有一些非遺傳影響因素，風尚與自由意志正是其中的重要因素。第 5 號染色體就是涉入這種遺傳混水池的很好起點。我們可以嘗試建構一個較為複雜的相貌，並比我之前所構築的架構更為微妙，也比較不會那麼截然分明。不過，目前我還不想涉入過深。我要一步一步來，因此我還是要繼續談到一種疾病，卻不會那麼斬釘截鐵，當然也不會是一種「遺傳性」疾病。

　　在第 5 號染色體上，可能是幾個所謂「氣喘基因」（asthma gene）的所在地。不過所有與之相關的事例，都明顯展現出「基因多效性」，也就是說它具有多重基因的多重效用性。氣喘證實我們無法為基因精確定位，這個現象完全違背了單純性。幾乎所有人都有氣喘，或是在生命裡的某個階段出現過敏。你可以用這個例子的現象與原因來支持任何理論。同時這裡也有足夠的空間，可以讓你的政治立場來影響你的科學見解。對抗污染的人士可以提出犀利的意見，將氣喘病例增加歸咎於污染。認為我們已經逐漸軟弱的人士，則可以將氣喘歸罪於中央空調與到處都是的地毯。質疑義務教育的人士，可以將氣喘歸咎於在遊樂場感染的風寒。不喜歡洗手的人，則可以怪罪於過度重視清潔。換句話說，氣喘與我們的實際生活世界相當類似。

以氣喘為例

　　氣喘只是「特異反應性」（atopy）的冰山一角。多數罹患氣喘的人，同時也會對某些物品過敏。氣喘、濕疹、過敏與過敏性反

應，都是屬於相同症候群的一部分，都是由體內的同一種「肥大細胞」（mast cell）所引發，都是由同一種免疫球蛋白E分子（immunoglobulin-E molecules）所引起的警訊與反應。每十個人裡就有一人具有某種形式的過敏反應，並在不同人身上引發不同的結果，包括從乾草熱所引起的輕微不便，到蜜蜂螫刺或花生所引起的足以致死的全身癱瘓。無論我們要以何種因素來解釋氣喘病例增加的原因，都必須能夠同時解釋其他遺傳性過敏症的發生。對花生具有嚴重過敏現象的兒童，如果在長大之後過敏症也跟著消退，那麼他們就比較不會出現氣喘。

　　然而，你對於氣喘所做的任何論點都可能受到挑戰，包括斷言情況已經惡化的主張。有一項研究斷言，氣喘發生機率在過去十年裡已經增加百分之六十，同時氣喘致死的案例也增加到三倍，花生過敏症在過去十年裡也已經增加至百分之七十。然而，僅只幾個月之後，另一項研究卻一樣自信地斷定：這種增加情況只是一種錯覺。我們對於氣喘的了解日深，出現輕微症狀的病患也比較會前往就醫，也較傾向於將過去視為感冒的症狀定義為氣喘。阿曼‧特勞蘇（Armand Trousseau）在一八七〇年代，在他的《臨床醫學》（*Clinique Médicale*）著作裡特闢一章討論氣喘。他描述一對雙生兄弟在馬賽❶與其他地方時，氣喘症顯得相當嚴重，一旦他們前往土倫❷卻得以痊癒。特勞蘇認為這是個奇怪的現象。他所專注的重點顯示，這並非罕見疾病。還有，機率顯示氣喘與過敏情況會逐漸惡化，其原因可以一言以蔽之——污染。

　　不過是哪一種污染？我們現在吸入的煙量，其實已經遠少於我

---

❶　譯註：法國東南部地中海沿岸都市。
❷　譯註：位於馬賽東南方的港都。

們的祖先，從前的人不但以木材為燃料，而且煙囪的設計也沒有現代好，因此煙應該不是造成最近比率提昇的原因。有些現代合成化學物品，也可能造成劇烈且危險的氣喘發病情況。這類化學物品在鄉間地區以油罐車往來運輸，並在製造塑膠的產程中被釋放入我們所呼吸的大氣中，這些新的化學污染物質包括了異氰酸鹽（isocyanate）、三金屬酐（trimetallic anhydride）與酞酸酐（phthalic anhydride），它們都有可能導致氣喘。有一次，美國有一輛這類油罐車所運載的異氰酸鹽逸出，在事故現場周邊指揮交通的警員，就因此引發痛苦的急性氣喘症狀，並終其一生無法改善。不過，這種急性的大量暴露與日常尋常程度的接觸，還是有所不同的。目前我們並沒有發現低程度暴露於這種化學物質之下，與氣喘有任何關連性。事實上，從前所發現的氣喘症狀病例，幾乎都和化學物質無關。感染職業性氣喘的，反而是那些低科技傳統式的從業人員，例如：馬伕、咖啡烘焙人員、美髮師或研磨員。目前已經確定有超過二百五十種引發職業性氣喘的病原，最常見的氣喘原（大約占了所有病例的半數）是不顯眼的塵蟎。這種生物喜歡通風不良的室內環境，我們所偏好的中央空調，在冬天便會形成這種情況，於是牠們便在我們家裡的地毯與床舖中定居。

氣喘的可能過敏原

美國肺臟學會（American Lung Association）所列出的氣喘原清單包括生活中的各項事物：花粉、羽毛、霉菌、食物、感冒、情緒壓力、激烈運動、冷空氣、塑膠、金屬性揮發氣體、木材、汽車廢氣、抽菸、疼痛、噴霧劑、阿斯匹靈、心臟藥物，甚至於睡覺也

會引發某種氣喘。千奇百怪的物質可以對各種人產生影響。例如：氣喘大多數是一種都市裡的問題，某個地方首度發展形成都市之際，會突然出現氣喘病例便是一個明證。衣索匹亞西南部的吉馬（Jimma）在過去十年裡，急速發展成為一個小都市，當地的氣喘流行就是在這十年裡才出現的。然而，我們仍然不清楚造成這個事實的確實原因。都市中心通常的確會產生較嚴重的汽車廢氣與臭氧污染，不過這些地方也比較衛生。

有一個理論認為，在童年時期自己洗澡，或日常生活裡比較少接觸泥土的人，便較有可能成為氣喘病患者。也就是說，衛生本身才是問題，不衛生反而沒有問題。有兄姊的兒童比較不會罹患氣喘症狀，或許是由於他們的手足會將塵土帶到屋子裡。在布里斯托（Bristol）❸ 附近針對一萬四千名兒童進行的研究顯示，每天洗手至少五次、洗澡兩次的兒童，染患氣喘的比例為百分之二十五；至於每日洗手不到三次、每隔一天洗一次澡的兒童，其氣喘罹患機率則只略為超過前述比例的一半。那個理論繼續說明，塵土含有的細菌，尤其是分枝桿菌（mycobacteria），會刺激免疫系統的某一個部分，而例行性疫苗注射則會刺激免疫系統的另一個部分。由於免疫系統的這兩個部分（依序為 Th1 及 Th2 細胞）通常會彼此相互抑制，兒童處於現代的衛生殺菌環境，加上疫苗注射，導致他們的 Th2 系統過度活躍，尤其是 Th2 系統的功能是要清除腸壁上的寄生性生物，因此會釋出大量組織胺（histamine），也因此而導致乾草熱、氣喘與濕疹的發生。我們的免疫系統的原先規畫是「預期」要在童年早期接受土壤裡的分枝桿菌的調教；如果沒有經歷這個過

---

❸ 譯註：英國西南部的一個城市，為重要貿易港。

程，便會導致系統不平衡而較易產生過敏。這個理論有一項實驗證據支持。首先，對老鼠進行處置，使牠們對蛋白產生過敏，隨後在療程裡只需要強迫老鼠吸入分枝桿菌，便可以延緩氣喘發作。所有的日本學童都必須接受卡介苗接種以預防肺結核，其中卻只有百分之六十會產生免疫力，而產生免疫力的學童出現過敏與氣喘的機率，則遠低於沒有出現免疫力者。這或許也顯示，進行分枝桿菌接種、給 Th1 細胞一些刺激，便可以促使牠們抑制 Th2 系統引發氣喘的效應。因此，把奶瓶消毒器丟掉，去找分枝桿菌吧！[1]

過敏原理論百家爭鳴

另一個類似的理論則認為，氣喘是為了對抗蠕蟲的免疫系統功能挫折後的宣洩反應。回溯石器時代（或就以中世紀時期為例），免疫球蛋白 E 系統（immunoglobulin-E system）忙於對抗線蟲、條蟲、蠱蟲與肝蛭，根本沒有時間擔心塵蟎或貓毛。這個系統在今天就沒有這麼忙了，因此轉而開始惡作劇。這個理論對於體內免疫系統功能的假設基礎並不明確，不過卻有許多支持證據。這樣一來，是不是免疫系統產生失衡之時，便必須靠乾草熱來矯正？事實上乾草熱能發揮的功能，一條好條蟲也一樣辦得到，問題是你寧願感染哪一種症狀？

此外還有一項理論，認為氣喘與都市化之所以有關連，實際上是肇因於繁榮。富裕的人待在室內，打造他們的房子，並睡在染有塵蟎的羽毛枕頭上。另一項理論卻是基於一項確切的事實。在無意間接觸到病毒所引起的輕微症狀（例如感冒）之所以會日漸普遍，是肇因於交通方便與義務教育。學童在遊樂場感染新病毒的速率已

經高得令人心驚,所有的父母親都知道這一點。如果沒有人經常旅行,新病毒很快就會消失,不過,今天做父母親的人搭乘噴射機到遙遠地區或經常在工作上與陌生人接觸,新的病毒便會不斷出現在到處是口水、適合細菌繁衍的基地,也就是小學校園。超過兩百種不同病毒可以引發感冒。兒童是否易受氣喘侵襲,以及是否易感染溫和的病毒,例如呼吸道融合病毒(respiratory syncitial virus),兩者之間具有相當明確的關係。最近流行的一項理論顯示,細菌感染可以造成女性的一般尿道炎,並以與氣喘相同的比率逐漸普及。細菌感染很可能會影響免疫系統,促使民眾在往後日子裡,對敏感原產生強烈的反應。你喜歡哪個理論?至於我本人的偏好(姑且不論真偽)則是衛生假說,不過我卻不想親自冒險驗證。有一點不可否認,氣喘的確有增加的趨勢,因為「氣喘基因」已經逐漸增加。這種基因在過去變化並沒有那麼迅速。

為什麼有那麼多科學家強調並堅持道:氣喘至少有部分可以稱為是一種「遺傳疾病」?他們究竟是什麼意思?氣喘是一種由組織胺所引發的氣道收縮現象,組織胺則是由肥大細胞所釋出,後者的質變則是由其免疫球蛋白 E 蛋白質所觸動。由於這種蛋白質一旦曾經對某種特定分子產生敏感性,在日後接觸到這種分子之際便會再度被啟動。就是這種生物學因果連鎖反應,引發這一連串事件。這種多元成因是由免疫球蛋白 E──一種會出現多種形態蛋白質的特殊結構──所引發。幾乎任何一種蛋白質形態,都能在外在環境中找到可以相互搭配的分子或過敏原。或許有人是由於塵蟎而引起氣喘,有人則是由於咖啡豆,但其最基本的機制都是一樣的──免疫球蛋白系統之活化作用。

和遺傳脫不了干係

任何生化單純連鎖事件都有相對應的基因。這個連鎖事件裡的所有蛋白質都是由基因所製成，或者如免疫球蛋白 E 一樣，與兩個基因有關。有些人天生具有或後天發展出極度敏感的免疫觸動機制，或許是由於他們的基因與其他人的略為不同，這就要歸因於某種突變。

很明顯的，氣喘有家族遺傳傾向，這是十二世紀時克多巴地方的猶太哲人麥穆尼地斯（Maimonides）意外發現的事實。根據某些歷史文獻記載，某些地方的氣喘還曾經出現反常的頻繁突變，其中的一個地方是孤懸海中的特里斯丹達空哈島（Tristan da Cunha），當初必然有某位易受氣喘侵襲的人在此繁衍後代。縱然當地擁有合宜的海洋性氣候，超過百分之二十的居民卻出現明顯的氣喘症狀。一群遺傳學者在一家生物科技公司的贊助下，於一九九七年由海路遠道前往該島，從當地的三百位島民中的二百七十人身上取得血液樣本，試圖尋找造成這個現象的突變。

只要找出這種突變基因，你就可以找到氣喘的潛藏機制，以及各種潛在治療方式。雖然衛生或塵蟎也可以解釋：為什麼就平均而言氣喘有增加的趨勢；針對基因進行研究卻還能夠解釋：為什麼一個家庭裡的某位成員會罹患氣喘，而另一位卻不會。

當然了，這裡我們還首度面對一個文字定義上的問題，例如：什麼叫作「正常人」（normal）與「突變體」（mutant）。就以黑尿病而言，這一點相當明確，一個基因是正常的，另一個則是異常的。然而就氣喘而言，就沒有這麼明確。回溯到石器時代，在沒有

羽毛枕頭之時，就算免疫系統會被塵蟎引發反應，也不算是太大的問題，因為在當時大草原上的暫時性狩獵營地裡，塵蟎問題沒那麼嚴重。同時，如果這一套免疫系統還能夠有效殺死腸道蠕蟲，那麼這種理論上的「氣喘傾向」，應當是屬於正常的自然現象，其他人反而是不正常的突變體，因為他們的基因會讓他們容易感染蠕蟲。當時，擁有敏感的免疫球蛋白 E 系統的人，或許會比沒有這種系統的人，更能夠對抗蠕蟲感染。我們一直到最近數十年裡才逐漸了解，所謂的正常人與突變體的定義竟然會這麼困難。

一九八〇年代末葉，許多科學家團隊以高度信心開始著手鑽研「氣喘基因」。到了一九九八年中，他們不只找到一個，而是十五個。光是第 5 號染色體上就有八個可能的基因，第 6 號與第 12 號染色體上各有兩個，第 11 號、第 13 號與第 14 號染色體上則各有一個。這還沒有將另一個因素算在內。造成氣喘的核心分子——免疫球蛋白 E 的兩個部分，是分別由位於第 1 號染色體的兩個基因所組成。氣喘遺傳現象是由所有這些基因以不同重要性次序，或由這些基因之間，甚至於還加上其他基因的任意組合所形成。

基因論點攻防戰

每個基因都各有激昂的熱切擁護者。一位牛津的遺傳學家威廉·庫克森（William Cookson）便曾經描述他的對手是如何針對他的發現做出回應。庫克森的研究發現：氣喘易感染程度與第 11 號染色體上的一個遺傳標記具有關連性。研究發表後，有些人向他表達祝賀之意，有人則火速發表文章予以駁斥（通常只是根據有瑕疵的樣本或小樣本研究）。有一位還在醫學期刊的社論中，以傲慢的

筆調嘲笑他發現的是「邏輯不通」的「牛津派基因」。有一、兩位
公開發表相當刻薄的評論，更有一位匿名指控他造假（對於學界之
外的人而言，科學界這種為批評而批評的爭議現象，實在有些令人
意外。若是發生於政治界，大家就比較會認為這種事情還算是客氣
的）。有一次，某份週日新聞以誇張的感性筆調刊出庫克森的發現，
結果一樣慘遭激烈攻擊，隨後一家電視台在節目中攻擊該報所刊出
的新聞，報社則向廣播主管機關提出抱怨。庫克森溫和地表示：「經
過四年的持續質疑與不信任，我們都感到相當疲累。」[2]

　　這是基因搜尋過程的真相。象牙塔裡的衛道之士都有蔑視這類
科學家的傾向，他們會認為對方只是一群想要挖金礦追逐名利的
人。有關酒精中毒與精神分裂基因的論點，也一直為人嘲弄，因為
這些論點後來又全都撤消。實際上，撤回論點的原因多半不是因為
有足以顯示遺傳論點不成立的證據，真正的原因反而是整個學界對
此所提出的非難。不過，批評者有時也有中肯的論點。平面媒體的
簡潔標題相當容易產生誤導，然而，任何人如果發現疾病與基因具
有關連性，就有義務必須公開發表。即使事後證實為誤解，也不會
有什麼損失。錯誤否定（由於不充分的數據而過早排斥掉正確基
因）所造成的損害，反而高於錯誤肯定（經察覺的關連性隨後證實
為誤）。

　　庫克森與其同事最後終於找到目標基因，並在他們的氣喘症狀
患者身上發現一種發生頻率高於其他人的突變。它可以算是一種氣
喘基因。不過，這個發現只能解釋足以導致氣喘的百分之十五因
素，同時以其他受試者為對象的研究也已證實，我們很難重複取得
相同的結果。這是氣喘基因搜尋工作的一種瘋狂特色——無法重複
發現相同研究結果，這個現象一再出現而讓人感到沮喪。到了一九

九四年，庫克森的一位對手，大衛・馬許（David Marsh）根據十一個清教徒家庭的研究為基礎，認為氣喘與第 5 號染色體上的白血球間素 4（interleukin 4）基因具有密切關連。隨後又證實，類似研究也難以重複發現相同的結果。到了一九九七年，一群芬蘭人以簡潔的方式，排除了氣喘與該種基因之間的關連性。同一年在美國，一個針對多種族群樣本的研究得到的結論顯示，染色體裡有十一個區域與氣喘易感染性具有關連，其中的十個只與一個人種或族裔群體有關。換句話說，決定黑人的氣喘易感染性的主要基因，與決定白人的氣喘易感染性的主要基因並不相同，同時跟決定拉丁裔族群的氣喘易感染性的主要基因也有所不同。[3]

第 5 號染色體上的些微差異

性別之間的差異也與種族差異一樣明顯。根據美國肺臟學會的研究顯示，燃燒汽油的汽車所產生的臭氧會觸發男性的氣喘，柴油引擎所產生的粒子則較會觸發女性的氣喘。我們發現一項規則，男性似乎會在生命早期產生過敏，長大之後則會消失，而女性則會在二十五歲上下，或接近三十歲之時發展出氣喘症狀，即使年齡增長也不會消失（不過有規則就有例外，包括「有規則就有例外」這項規則亦然）。這一點可以解釋氣喘遺傳性的某些特殊現象。一般人似乎比較會從過敏的母親遺傳到這種體質，卻很少由父親方面遺傳而來。實際上這個現象只是顯示，父親的氣喘發生於早期年輕時代，大部分人也許早就忘記有這一回事了。

問題似乎在於，有許多方法可以在引發症狀的連鎖反應過程裡，改變身體對於氣喘觸動物質的敏感度，雖然有各式各樣的基因

同時被歸為「氣喘基因」，卻沒有任何一個基因可以解釋較多的案例。其中的一個例子，是位於第 5 號染色體長臂上的 *ADRB2*。這是一種名為 β2 腎上腺素激導受體（beta-2-adrenergic receptor）的蛋白質配方，這種蛋白質負責控制支氣管擴張與收縮——氣喘的直接症狀正是氣道緊縮。最普遍的抗氣喘藥，就是藉由攻擊這種感受體來發揮功能。因此，*ADRB2* 所發生的突變，是不是就必然是一種主要的「氣喘基因」？這種基因首度被發現於中國倉鼠（Chinese hamster）的細胞中，它是一種由一千二百三十九個字母所組成的尋常 DNA。當然了，我們也很快就發現了具有高度潛在意義的差別，某些出現嚴重夜間發作型氣喘患者，與非夜間發作型氣喘患者之間，出現了字母拼寫差異——第四十六個字母是 G，而非原有的 A。然而，這個結果距離下定論還早得很。大約有百分之八的夜間型氣喘症患者具有一個 G，非夜間型氣喘症患者中則有百分之五十二出現 G。科學家認為這種差異，已經足以讓常發生於夜間的過敏性系統無法得到紓緩。[4]

然而，夜間型氣喘症患者只占極少數。此外，還有更混亂的情況，同樣這種拼寫差異還經過證實與另一種氣喘問題有關連，那就是對氣喘藥物的抗藥性。在兩套第 5 號染色體的相同基因上，同樣在第四十六個位置上都出現字母 G 的人，與兩套染色體上都出現字母 A 的人相比，前者比較容易在幾個星期或幾個月內，逐漸對他們的過敏藥——如乙型交感神經興奮劑（formoterol）——產生抗藥性。

「比較會」……「或許」……「其中有部分」，這種語氣與我在說明第 4 號染色體上的亨丁頓舞蹈症時，所採用的肯定語氣截然不同。位於 *ADRB2* 基因上的第四十六位址的 A 與 G 變化，顯然與

氣喘易感染性有某種關連,然而這個基因卻不能歸入「氣喘基因」,也不能用來解釋為什麼氣喘會侵襲某些人,卻放過其他人。充其量,這只是整個故事裡的很小部分,只能運用在極少數人身上,或只能產生小幅度影響,卻很容易被其他因素掩蓋過去。你最好習慣這種猶疑不定的狀況。我們愈深入探究基因組,便愈會發現,似乎宿命的成分也愈少。模稜兩可、可變的因果關連與含糊的易患病體質,都是這個系統的基本特質。這並不是由於我在前面幾個章節所說的單純、顆粒遺傳現象是錯誤的,而是由於各種單純性逐漸堆疊,終於產生複雜性。基因組與日常生活一樣,都具有複雜的、猶疑不定的特性,因為這正是日常生活的本質。這樣一來,我們可以鬆一口氣了;因為對於喜歡自由意志的人士而言,無論是遺傳或環境方面的單純決定論,都會讓人對未來展望感到沮喪。

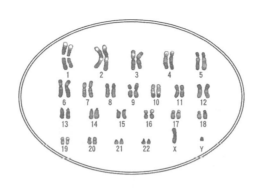

第6號染色體

智　力

　　遺傳學家的謬誤，不只在於他們宣稱智商在某個程度上是「可遺傳的」，同時也在於他們把「可遺傳的」與「不可避免的」之間畫上等號。

——史帝芬・古爾德（Stephen Jay Gould）

挑戰智力基因

　　我一直在誤導你，同時也一直在違背自己的規則。我應該接受處罰抄寫一百次：**基因的作用不是為了產生疾病**。即使某個基因會因為損壞而產生疾病，但我們體內的大多數基因都不會出現損壞現象，它們只是呈現出不同形態。藍眼睛的基因，並不是由於褐色眼睛基因損壞後出現的產物；紅髮基因也不是褐髮基因損壞後的產物。若以術語來描述，它們是對偶基因（allele）❶，也就是同一個遺傳語言的不同版本。所有這些對偶基因都具有相同的適應力、有效性與合法性，它們都屬於正常基因。不過，所謂的正常性，也沒有單一的定義。

　　我也不想再咬文嚼字。我要快刀斬亂麻，深入最艱澀、最不可穿透、也最難以破解的遺傳叢林謎團，那就是：智力的遺傳現象。

　　第 6 號染色體正是突破這種密林的最好地點。一九九七年接近年終之際，一位勇敢的，或許也可以說是有勇無謀的科學家，首度向全世界宣布他已經找到一個「智力基因」，那個基因正是位於第 6 號染色體上。他的確相當勇敢，因為無論他的證據有多扎實，還是有許多人根本就不願意承認真的有這種東西，更不用說是已經被人找到。他們抱持懷疑論的基本原因，並不只是一種惹人厭煩的質疑，同時也是一種相當扎實的常識。大自然根本就不會將我們的智慧能力付託給一個或幾個基因，大自然賦予我們雙親、學習、語言、文化與教育，讓我們得以藉此自行產生出智慧。

---

❶　譯註：在同源染色體上占有相對應位置的遺傳因子。

　　羅伯特‧普羅明（Robert Plomin）卻宣稱他與同事已經發現了智力基因。他們從全美選出一群學業能力接近天才程度的資賦優異少年，每個夏天將學童們帶到愛荷華州。這群學童的年齡從十二歲到十四歲不等，在五年之前曾經接受測試，成績都名列全美前百分之一，他們的智商約為一百六十。普羅明團隊認為，這群學童所擁有的影響智力的基因，必然都是人中極品。他們從這群孩子身上抽取血液樣品，並在他們血液中的第 6 號染色體內尋找片段 DNA（他基於過去的研究工作成果而得到靈感，因此才會選定第 6 號染色體）。不久，他就在這群聰明孩童的第 6 號染色體長臂上，找到一個經常會異於其他人的序列片段。其他人的特定排序與這群聰明的孩子的情況略為不同，雖然不是百分之百，不過差異頻率已經足以引人注目。這種序列位於 *IGF2R* 基因的中段。[1]

從測量智商的歷史談起

　　智商的歷史不是什麼光彩的事情，科學史上沒有任何論爭會比有關於智力的爭議還更愚蠢。許多人（包括我）都帶著不信任的偏見來研究這個主題。我不知道自己的智商有多高，我在學校期間接受過測驗，卻從沒有人將結果告訴我。我當時並不知道那是一種速度測驗，我只答完小部分問題，想必分數是很低。不過，既然我沒有想到那個測驗是一種速度測驗，想必也聰明不到哪裡去。那次經驗讓我對那種測驗完全無法認同，以一個數字來衡量人類智力，實在不是什麼高明的作法。要在半個小時裡對那種難以捉摸的東西進行測量，也實在相當荒謬。

　　的確，智力的早期測量方法實在不夠成熟，因為動機多半基於

歧視。研究雙胞胎以區隔先天賦予與後天獲致才能的先驅——法蘭西斯·高爾頓（Francis Galton），便曾經發表以下毫無根據的言論：[2]

我的全盤目標，一向是希望能夠記錄不同人的各種遺傳能力，並記錄不同家庭與種族之間的各種大幅度差異。歷史演變至今是否顯示能夠以較佳的人類系譜來取代無能的血統？並考慮我們是否有責任來這樣做，以及努力找出是否有合理的作法。我們要發揮加速演化的進展方式，而不是讓事件自然發展，並減少其中的困頓情況。

換句話說，他希望能夠像是挑選牛隻一樣來選擇培育人類。

然而，智力測驗卻是在美國發展成最劣質化的程度。哥達爾（H. H. Goddard）採用法國人阿爾弗列·比奈（Alfred Binet）所發明的智力測驗，應用在美國人身上與打算移居美國的人身上，他的結論相當荒謬：認為許多移居到美國的人都是蠢蛋，甚至於還認為經過訓練的觀察員一眼就可以看出誰是蠢蛋。他的智商測驗實在主觀得可笑，也包含強烈的歧視態度，並完全以中產階級或西方文化價值觀為主軸。試想，來自波蘭的猶太人裡，有多少人會知道網球場中央有一道網？他當時堅信智力是天賦能力：[3]「每一個人的智力或心理層級的評分結果，是由染色體決定，這是由生殖細胞結合所產生的結果，很少會受到任何的後天影響，除非嚴重的意外事件（好比有許多人的部分這種機制有受損狀況）。」

哥達爾竟然抱持這種觀點，實在是個怪胎。然而他卻能夠取得國家政策的認同，還獲准在移民抵達艾利斯島時進行測試。❷ 隨後

❷ 譯註：艾利斯島是位於美國紐約港內的一座小島，一九五四年之前設有移民局。目前島上設有移民博物館，有許多美國人至此尋根。

還有抱持更極端觀點的人員繼續這項工作。羅伯特·雅克斯（Robert Yerkes）就說服美國陸軍，讓他在第一次世界大戰期間，對數百萬新兵進行智力測驗。雖然陸軍單位根本不太在意結果，但雅克斯等人卻從這次經驗建立一個基礎，並以數據來支持他們的立論。他們認為智力測驗可以產生商業價值，並普及全國，成為一種可以迅速將人群分類的簡易作法。這項陸軍測驗在一九二四年國會針對一項移民限制法案（Immigration Restriction Act）進行辯論之時，產生了重大影響。這項法案對南歐與東歐移民限定配額，其立論基礎是來自於這些區域的人比北歐日耳曼族裔愚笨，後者正是一八九〇年之前美國人口中的優勢族裔。這個法案的目標與科學無關，充其量也只是種族歧視與工會保護的宣示；它只不過是以智力測驗的偽科學為藉口罷了。

智商是一種多元能力

我們在隨後各章節還會提到優生學的故事，不過也難怪這個智力測驗的故事讓多數的學界人士（尤其是社會科學領域的學者）對智商測驗抱持高度的不信任。到了第二次世界大戰前夕，種族主義與優生學已經不再是顯學，智力的遺傳學觀點幾乎成為一項禁忌。雅克斯與哥達爾等人當時完全忽略環境對於能力的影響，他們以英文測驗來測試非英語使用者，並要求文盲們在一生中首度揮舞鉛筆時便是接受測驗。他們對於遺傳的信念已經產生預設立場，難怪隨後的批評家會假設他們的研究根本是毫無立論根據。畢竟，人類是具學習能力的物種，智商會受到教育的影響。或許心理學應該由這個假設開始：那就是智力裡根本沒有遺傳元素——完全是由訓練而來。

　　科學應該先建立假設，然後著手進行檢驗以推翻假設，如此才能促成進展。事實卻不然。就如同一九二〇年代的遺傳決定論者，只是試圖證實他們的想法，卻從來不希望予以推翻。而一九六〇年代的環境決定論者，也只是尋求支持證據，並對於相左的證據視若無睹——他們實在應該主動尋求反對的證據。矛盾的是，這正是科學領域裡「專家」總是比普通人錯得更離譜的原因。一般人都知道教育有其影響，他們也都相信我們具有某些天賦能力。而專家卻只是在這兩個極端之中，採取其中一個極為荒謬的立場。

　　目前，智力並沒有廣為人接受的定義。到底有智慧的人是指他們的思考速度、理解能力、記憶、語彙、心理算術、心理能量？或者只是某些人對於智慧的追求欲望？聰明的人可以對某些事情產生驚人的高度領悟，例如普通知識、機巧、懂得避開燈柱等。一個美式足球隊員即使在校成績不好，還是可以在剎那間找出機會切入得分。音樂、語言流暢，還有甚至於能夠理解其他人想法的能力，這類能力與才智不見得都會同時出現。霍華·加德納（Howard Gardner）便曾經強烈主張一項理論，他認為智力是一種多元能力，個別的才智可以經由不同的能力來予以界定。羅伯特·史登伯格（Robert Sternberg）也曾經提出不同看法，他認為基本上智力可以區分為三個不同類別——分析的、創造的與實用的智力。分析性的問題是由其他人所提出、定義明確，同時提供所有足以提出解答的必備資訊，其中只有一種正確答案，並與平常經驗無關，也不帶有先天的興趣成分，簡言之就是學校測驗。實際的問題則是：需要你自行辨識並提出問題、定義不明確、欠缺部分相關資訊，而且答案可能只有一個或有許多個，並存在日常生活之中。巴西街頭的兒童雖然數學功課表現不佳，卻能夠精通他們日常生活所需的數學運

算。若以智商來預測專業賽馬等級裁判人員的表現，結果實在是慘不忍睹。尚比亞兒童如果接受線材模型（wire models）智力測驗，他們的表現會相當優秀，但是一旦他們接受紙筆測驗，成績就很差──講英文的兒童則相反。

智力也需要後天刺激

　　從定義幾乎就可以斷言，學校專注於分析性問題，智商測驗也是如此。無論智商測驗具有哪些不同形態與內容，基本上都是有利於某種心智能力的測驗，而且這類測驗也都明顯可以測量某種東西。如果你比較人們在不同智力測驗上的表現，你會發現這些測驗結果會出現共變（co-vary）的傾向。統計學家查爾斯・史畢爾曼（Charles Spearman）於一九〇四年首先注意到這個現象。某個兒童如果在某個學科上表現不錯，他比較有可能在其他學科上也得到不錯的成績，不同智力似乎不是個別獨立，而是彼此相關的。史畢爾曼稱之為「普通智力」（general intelligence），或簡稱為「g」。有些統計學家認為，g 只是統計上的一種俏皮的代名詞。我們在測量各種能力表現之時，會出現許多問題，g 只是其中的一種可能解答。其他人則認為這是一種民俗知識的直接測量工具，多數人能夠同意誰是「聰明的」，而誰則否。不過 g 卻真的能夠發揮功能，這個方式能夠預測一個兒童的往後學業成就，並優於其他所有的測量方式。目前也已經有足以證實 g 的扎實證據，我們所從事的工作項目，如果與瀏覽及取得資訊有關，其速度表現便與智商有關。不同年齡層的一般智商，也維持令人驚訝的穩定情況。你在六到八歲之時的智力會迅速提昇，這一點是無庸置疑，不過你的智商與你的同

儕夥伴之間的變化卻微乎其微。同時，嬰兒能夠習慣於一項新刺激的速度，也與隨後的智商具有高度相關，似乎我們可以在嬰兒只有幾個月大的時候，就可以預測其成年之後的智商，不過要先假設其教育會維持某種常態。智商與學校測驗結果之間具有高相關。具有高智商的學童，似乎較能夠吸收學校所教的東西。[4]

這個結論並不是要替教育的宿命論辯護。學校之間與國際間在數學等學科的平均表現差異也顯示，教學可以產生多大的成果。「智力基因」絕對不能為無米之炊，這些基因需要環境刺激才能發展。

因此就讓我們接受目前對於智力的純然愚蠢定義，並認定智力就是數種智力測驗——g——的平均測量結果，讓我們看看這種作法可以將我們引向何方。由於過去智力測驗相當粗糙，表現也相當差勁，也無法真正指出正確的客觀事項。在這個情況下，g 的表現實在相當耀眼，更何況這些指標還能夠如此前後一致。如果智商與某些基因之間的關係，能夠穿透馬克・菲爾帕特（Mark Philpott）所說的「不完美的測驗迷霧」[5]，那麼我們便較有可能發現具有高度遺傳性的智力元素。除此之外，現代測驗已經大幅度改良，並能提昇其客觀性與降低文化背景或特定知識的敏感度。

基因不可忽視的影響力

一九二〇年代是優生學智力測驗的全盛時期，當時並沒有證據顯示智商具有遺傳性。當時這只是業者的一種假設。今日的情況已不同往昔。智商的遺傳性（無論智商是什麼）是驗證兩種人群（雙胞胎與養子）後的假設。無論你是以何種觀點來看，這些結果都是

相當驚人的；所有從事智力成因的研究，全部都發現了扎實的可遺傳性。

　　一九六〇年代曾經掀起一波雙胞胎出生之後予以分開撫養的風潮，尤其是在需要認養的情況下。許多這類個案並不是基於任何特別考量，另有一些則是基於科學研究動機，暗中刻意安排，想要測試並（期望能夠）展示當時盛行的觀點——後天養育與環境可以塑造人格，基因則否。當時最著名的案例是紐約的兩位女孩子——貝絲與艾咪（Beth and Amy），她們出生後由一位佛洛伊德學派的心理學家為從事研究而安排分開養育。艾咪由一位貧窮、體重過重、沒有安全感、也沒有愛心的母親帶回家中養育。當然了，艾咪長大之後具有神經質的內向性格，正符合佛洛伊德理論的預測。然而，仔細深入探討之後，卻發現貝絲也是如此。貝絲的養母卻是一位富裕、輕鬆、具有愛心的愉悅母親。艾咪與貝絲在二十年後重逢，彼此的人格特質卻幾乎沒有任何差異。當初從事那個研究的目的，是為了展示養育過程在塑造我們心靈上的影響威力，結果卻證實了反面觀點——本能的威力。[6]

　　環境決定論者所啟發的雙胞胎研究，經過分開養育之後所得的結果，卻被抱持另一個觀點的學者所接收，尤其是明尼蘇達大學的湯瑪士‧波查德（Thomas Bouchard）。他在一九七九年開始從世界各地尋找分離的雙胞胎，安排讓他們重逢並測驗他們的人格特質與智商。同時，其他研究則專注於比較被認養者的智商與他們的養父母、生身父母或手足之間的異同。統整所有這類研究結果，我們整理得到如下的結論。在每個案例中的數字代表相關百分比，百分之百相關代表完全相同，百分之零相關代表隨機差異。

同一個人進行兩次測驗	87[3]
一起養育的同卵雙胞胎	86
分開養育的同卵雙胞胎	76
一起養育的異卵雙胞胎	55
親生手足	47
父母親與子女住在一起	40
父母親與子女分開居住	31
住在一起的養子女們	0
住在一起的不相干的人	0

　　當然了，數字最高的是共同居住的同卵雙胞胎。他們擁有相同的基因、來自同一個子宮與相同的家庭，他們與同一個人重複進行測驗的結果沒有兩樣。異卵雙胞胎來自同一個子宮，不過在遺傳相似性上不會比親生手足更高，彼此的相似性低於同卵雙胞胎，不過他們之間的相似性卻高於一般兄弟，顯示在子宮裡的經驗，或早期家庭生活可以產生些微影響。不過，最驚人的結果是在一起長大的養子女們的測驗分數是零。在同一個家庭長大這個事實，對智商竟然沒有任何明顯可見的影響。[7]

先天與後天的對搏

　　我們直到最近才體認到子宮的重要性。根據一項研究結果，雙胞胎之間的智力相似性中，有百分之二十的成分是肇因於子宮裡的

---

[3]　譯註：這個數字代表測驗的一種信度指標，可以作為測驗良窳的一項標準。

經歷；至於親生手足之中，則只有百分之五的智力成分是肇因於子宮裡的經歷。其中的差異是由於雙胞胎在同時間分享同一個子宮，手足則否。子宮裡所發生的事件，對我們的智力影響程度，三倍於我們的雙親在我們出生後所賦予的任何影響。即使我們的智力中有些部分可以歸因於「後天培育」，而非先天因素，這種可以受到後天培育形態影響的決定因素卻是早已成形，並且是完全不可改變的。就另一方面而言，先天因素則是繼續在年輕時期展現基因的功能。由於這類的先天因素，我們才不至於過早對兒童的智力做出嚴重的錯誤決定——因為後天的培育實際上是無能為力的。[8]

　　這真是太奇怪了，完全違背我們的常識。我們的智力真的會受到書本以及童年時期的家庭對話影響，不是嗎？正確，但是問題不在於此。如同智力的研究，遺傳也能夠解釋為什麼來自同一個家庭的雙親與他們的子女，都樂於追求知識。除了有關於雙胞胎與認養的研究之外，目前還沒有任何研究可以針對遺傳與雙親家庭分野的歸因進行區分。目前，雙胞胎與認養研究結果對於雙親與子女智商之間的關連性，無疑是偏向於遺傳的解釋。不過雙胞胎與認養研究還是有可能出現誤導，因為他們都是來自於範圍極為有限的家庭。這些人多半來自於白人、中產階級家庭，只有極少數窮人或黑人家庭被納入研究樣本。或許也正是由於所有美國中產階級白人的家庭裡，閱讀的書籍與交談的方式都大略相同。有一項研究是以跨種族認養案例為研究對象，他們發現兒童與他們的養父母之間的智商出現小幅度相關（百分之十九）。

　　不過這還只是小幅度效應。我們將所有這些研究結果整合起來，並得到一個結論：你的智商裡有大約一半是來自於遺傳，不到五分之一則是由於你與手足所分享的環境——家庭的影響，其餘的

則是來自於子宮、學校與同儕團體等外來影響。然而,即使如此也是一項誤導。你的智商不但會隨年齡變化,其可遺傳性也會有所變動。等到你年歲漸長並累積了更多的經驗後,你的基因影響力也會提昇。什麼?後天影響力還要遞減?沒錯,兒童的智商的遺傳性大約為百分之四十五,在青春期晚期則提昇到百分之七十五。你長大之後,會逐漸表現出本身的天賦智慧,並將其他人對於你的影響拋在腦後。你會根據你的先天傾向選擇適合的環境,你並不會調整你的自我先天傾向來適應環境。這個現象證實了兩件重要事例:遺傳影響並不是在受孕之際就固著,環境的影響也不是毫不改變地累積。可遺傳性並不代表不可變異性。

真的能贏在起跑點嗎?

　　法蘭西斯‧高爾頓在這個漫長辯論之中,曾經提出一個相當適切的比喻。他寫道:「許多人都曾經享受過這種樂趣,將一些樹枝拋入小溪中,然後觀察它們是如何被攔截的。第一個障礙物出現了,隨後是另一個,接著又一個,它們的前進路徑受到各種環境因素的推動影響。然而,所有樹枝卻都能夠成功漂向下游,從整個歷程來看,它們也幾乎是以相等速率移動。」證據顯示,讓兒童密集接觸到更好的學校教育,對他們的智商會產生重大影響,不過只有暫時性的效應。到了小學畢業之時,參加「啟智計畫」(Head Start Program)❹的兒童,與沒有參加計畫的學童相比,已經沒有領

---

❹　譯註:一九六五年美國國會通過的改善貧困兒童學前教育環境的方案。啟智計畫的目的,旨在改善貧困家庭中二到五歲幼兒的教育文化環境,使之在入學前的心智發展,不至於因文化刺激貧乏而較一般兒童落後,從而減少其六歲入學時學習的困難。

先優勢了。

　　有些人批評這類研究，認為接受研究的對象都是來自於單一社會階層的家庭，因此研究結果對遺傳性有略為誇張的現象。如果你接受這種批評論調，便可以據以引申出一個觀點，平等主義社會的遺傳性會高於不平等的社會。的確，根據定義，完美的賢能體系卻是眾人的成就要由他們的基因來決定，因為他們的環境都是相同，真是諷刺。就身高而言，我們很快就要接近這種狀態。在過去，許多兒童由於營養不良，因此無法在成年時期長到他們的「遺傳」身高。今天，就一般而言，兒童的營養都已經改善，人群之間的身高差異多半是由於基因的因素。因此我推斷，身高的遺傳性會逐漸提高。不過，我們卻不能以同樣的肯定論調套在智力議題之上，因為環境狀況不同，例如：學校品質、家庭習慣或富裕程度，在某些社會裡有可能會逐漸形成不均，而非更為平等。不過，前述說法卻是一項矛盾——在平等主義社會裡，基因會發揮較高的影響。

　　這些可遺傳性估計，是針對於每個人之間的差異，並不適用於團體之間。表面上，不同族群或種族之間的智商之可遺傳性似乎約略相同，然而事實或許並非如此。如果我們看到某個人與另一個人之間的智商差異，有大約百分之五十是經由遺傳而來，便據以推論黑人與白人之間，或白人與亞洲人之間的智商平均差異都肇因於基因，這在邏輯上又說不通了。的確，這種引申不只是在邏輯上錯誤，就目前而言，在實證經驗上也是錯的。這樣一來，最近出版的一本書籍《鐘型曲線》（The Bell Curve）[9]的部分論述的重要支持力量，便會因此而崩潰。黑人與白人的平均智商並不相同，卻沒有任何證據顯示，這些差異是由遺傳而來。的確，由跨種族收養的案例得到的證據顯示，經由白人撫養，並在白人圈子裡長大的黑人，其平均

智商與白人相比並無差異。

第 6 號染色體與智力的相關性

　　假使從個體角度觀之，百分之五十的智商是經由遺傳而來，那麼必然有某些基因對此發揮影響力，不過我們不可能知道到底有多少。有一點我們很有把握，那就是對此具有影響力的某些基因是可變異的，也就是說，不同個體的這類基因可能有不同版本存在。遺傳力與決定論是極為不同的事情。實際上，最重要的智力影響基因，極有可能是不可變的，如此一來，這些基因便不會造成遺傳力的差異，因為這種差異性根本不存在。例如，我的每隻手上各有五根手指頭，多數人也是如此。然而，如果我環遊世界尋找擁有四根手指頭的人，那麼我所找到的人裡頭，會有大約百分之九十五是由於意外事件而喪失手指頭。我便會發現，擁有四根手指頭具有相當低的遺傳力，這種性狀幾乎完全是由環境所造成。不過，這並不代表基因不能決定手指頭的數目。基因可以決定我們的身體的某項特徵，讓不同的人之間產生差異，同樣地，一個基因也可以決定某項特徵，讓我們與其他人彼此完全相同。普羅明的智商基因狩獵遠征行動，必然只能夠找到具有變異性的基因，而無法找到沒有表現出變異性的基因。因此，他們有可能錯過部分重要的基因。

　　普羅明的第一個基因，位於第 6 號染色體長臂上的 *IGF2R* 基因，乍看之下似乎不像是一種智力基因。這個基因在普羅明發現它與智力之間具有關係之前，主要是以與肝癌有關而出名。若非普羅明的發現，這個基因很可能被稱為是「肝癌基因」。這個例子也簡潔地顯示，以基因所能造成的疾病來進行辨識，實在是件愚蠢的

事。或許我們有必要去斷定，癌症抑制功能是這種基因的主要工作，至於對智力的影響力則是一種副作用，或者正好相反。實際上，這兩種效應都可能只是副作用。這種蛋白質的密碼功能實在無趣得令人難解——它負責「細胞內的運輸，從高爾基體（Golgi complex）與細胞表面，把磷酸化溶酶體酶（phosphorylated lysosomal enzymes）輸送到溶酶體（lysosome）」。這是一種分子輸送管道，與提昇腦波速率這件事，實在是八竿子打不著。

IGF2R 是一個龐大的基因，總共包含了七千四百七十三個字母，不過此等有意義的訊息，則是散布在由九萬八千個字母所組成的基因組片段裡頭，其中並有四十八次被稱為「插入序列」的無意義序列打斷（就好像是閱讀雜誌時，被四十八則廣告干擾的情況）。基因中段還有不同長度的重複性序列，或許會導致不同人之間的智力出現差異。由於這個基因似乎與類似胰島素的蛋白質，以及糖類燃燒之間具有模糊的關係，說不定它與另一個研究的發現也具有關連性。在那個研究裡，發現具有高度智商的人，其腦部的葡萄糖使用效率較高。高智商的人在學習俄羅斯方塊電腦遊戲，並經過多次練習之後，他們的腦中的葡萄糖消耗量遞減幅度，會高於具有低智商的人。不過，這只是試圖抓住的一根稻草。即使我們能夠證明普羅明的基因是真的，那也只不過是以不同方式影響智力的眾多基因之一。[10]

智力測驗的真正用意

普羅明的發現的主要價值是在於，就算人們可以不採信以雙胞胎與養子女為對象的研究（因為這些研究太過於間接，無法證實遺

傳對於智力的影響），然而他們卻無法駁斥直接針對一個基因與智力的共變現象進行研究的結果。在具有超高智力的一群愛荷華州兒童身上找到這個基因的某一型的機會，兩倍於其他的人，我們很難將這種極端的結果視為是一種偶然現象。不過其效應必然很小：這種基因平均只能將你的智商提昇四分。就實證上而言，這並非一種「天才基因」。普羅明根據他的愛荷華聰明孩童研究所獲得的結果，暗示未來還可以發現另外十個智力基因。然而，科學界再度重視智商的可遺傳性，卻在許多方面引發驚惶反應。這個現象讓人想起當初在一九二〇與一九三〇年代的優生學濫用現象。古爾德便對極端遺傳主義大加撻伐，他曾經說過：「或許部分遺傳而來的低智商，可以透過適當教育來進行大幅改進。不過也可能辦不到。這種性狀是遺傳而來的這件事實，並無法得出結論。」確實如此，不過這正是問題之所在。人們看到遺傳證據之後，還是有可能不會產生宿命論觀點。當初我們發現造成閱讀障礙（dyslexia）的遺傳突變時，並沒有促使教師放棄罹患這種不治症狀的兒童。結果正好相反，這項發現卻產生激勵作用，促使他們單獨針對患有閱讀障礙的學童進行特殊教學。[11]

最有名的智力測驗先驅，法國人阿弗瑞德·比奈（Alfred Binet）便曾經熱切地闡述，測驗的目的不在於獎勵資賦優異的兒童，而是要對天資較差的兒童提供特殊照料。普羅明以自己為最好的例子，來說明這個系統的效用。他來自於芝加哥的一個大家庭，三十二位堂表手足只有他進入大學就讀，他認為自己之所以這麼幸運，正是由於他在一次智力測驗裡獲得優異的成績，雙親才因此將他送入一所學術性較高的學校。美國人極為偏好這種測驗，英國則是完全相反，他們極為畏懼這類測驗。英國唯一的強制性智力測驗

是一種十一歲兒童入學考試（eleven-plus exam），這種惡名昭彰的測驗的沿用時期甚短，是根據西瑞爾·伯特（Cyril Burt）所建立的數據編擬完成，同時這個數據還可能是假造的。英國人認為十一歲兒童入學考試是造成災難的措施，將具有智慧的兒童推入次級學校；至於推崇賢能精英主義的美國，則是將這一類測驗視為資賦優異的貧窮學童取得學業成就的護照。

全球智商普遍提高

或許智商遺傳力隱含了完全不一樣的事物，或許這些事項可以證實高爾頓完全錯了，意圖區分先天與後天是一種錯誤的構想。想想以下這個毫無道理的事實。就平均而言，具有高智商的人，他們的耳朵對稱性比低智商者高。他們的身體也似乎較為對稱，無論足寬、腳踝寬、手指長度、手腕與寬手肘之寬度，在在都與智商有關。

一九九〇年代早期，由於身體對稱性可以顯示身體在生命早期的發展，因此重燃大眾對此議題的興趣。某些身體對稱性項目相當一致，好比多數人的心臟是位於胸腔偏左部位。不過，其他較小的非對稱性事項，則會隨機偏向各個方向。某些人的左耳比右耳大，其他人則相反。這種所謂的變動非對稱性（fluctuating asymmetry），是身體在發展過程中所承受的各種壓力所產生的後果，包括感染所引起的壓力、毒物或營養不良，變動非對稱性的幅度可以當作一種相當敏銳的壓力程度指標。具有高智商的人，身體對稱性較高，顯示他們在子宮或童年發展期間，所承受的壓力較低，不過也有可能是由於他們的抗壓能力較高。抗壓能力也有可能是遺傳而來。因此，或許智商的遺傳性，根本就不是肇因於「智力基因」這項直接

因素，而是經由抗拒毒物或感染的間接基因影響，也就是與環境互動的基因。你並非經由遺傳獲得智商，你所獲得的是在某種環境情況下發展出高智商的能力。如此一來，我們要如何將先天與後天分野套入一個模式？老實講，這根本就辦不到。[12]

　　這個想法受到所謂的佛林效應（Flynn effect）的支持。詹姆斯·佛林（James Flynn）是以紐西蘭為活動舞台的政治學者，他在一九八○年代注意到，所有國家的智商不斷地在提昇，平均每十年提高大約三分。我們很難斷定其原因。或許是肇因於身高提高的相同原因──兒童營養之改善。瓜地馬拉的兩個村莊在好幾年期間，不定期接受補充性蛋白質食品，十年之後，對當地兒童的智商測驗分數明顯提昇，這便是具體而微的佛林效應。不過，營養充足的西方國家的智商分數，卻也是同樣迅速提昇。這種現象不可能是由學校造成，因為證據顯示，中斷學校教育只會對智商產生暫時性效果，分數提昇最迅速的測驗類別，反而是與學校教學關係最低的項目。在所有能力測試項目中，以抽象理解能力的改善幅度最大。一位名叫優里克·奈瑟爾（Ulric Neisser）的科學家認為，產生佛林效應的原因，是由於現代日常生活裡充斥各種精妙的視覺影像，像是卡通、廣告、影片、海報、圖形與其他視覺展示項目，通常這些會對文字訊息產生不良影響。兒童經歷比過去更豐富的視覺環境，這有助於他們的視覺拼圖技能，這種技能正是構成智商測驗的最主要部分。[13]

　　不過乍看之下，這種環境效應似乎與雙胞胎研究的智商高遺傳力結果不符合。佛林自己就曾經說明，智商分數在五十年裡提昇十五分，這顯示一九五○年代的世界充斥傻蛋，要不然就是現代世界裡到處都是天才。由於現代並沒有出現文藝復興，他的結論是，智

商根本就沒有測量出任何先天特質。不過，假使奈瑟爾的看法是真的，那麼現代世界的環境便可以激發一類智力的發展——對視覺符號的靈敏度。對於 g 而言，這是一項打擊，不過還不能否定至少在這些不同智力類別中，有部分是經由遺傳而來的構想。經過兩百萬年的文化發展，我們的祖宗將後天習得的地方傳統一脈相傳，人類腦部或許已經（透過天擇）獲得足以發現並專精於特定技能的能力，並透過地方文化教導，個體乃得以發展出這類專長。兒童所經驗的環境會受到外來因素影響，同時也會受到兒童基因的引導，他們會尋找並創造出自己的環境。如果他偏好機械，他便會練習機械技能；如果他是一位書蟲，他便會找書來讀。基因會創造出一種胃口，而非性向。畢竟，近視的高遺傳力並非肇因於眼球形狀的遺傳力，而是歸因於學習閱讀習慣的遺傳力。因此，或許智力的遺傳力，會同時受到相同程度的後天學習傾向之遺傳力和先天本質之遺傳力的共同影響。真是沒想到，高爾頓所啟迪的世紀爭論，竟然會產生這麼豐盛可觀的結果。

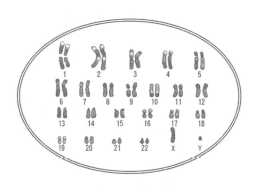

第7號染色體

本　能

人類的天性向來都不是一張白紙。

——漢米爾敦（W. D. Hamilton）

本能也會遺傳？

　　沒有人會懷疑基因可以塑造外型結構。至於它們還會塑造行為這一點，就需要較多斟酌。不過，我希望能夠讓你信服，第 7 號染色體中有一個基因，在賦予人類的某種本能上扮演重要角色，同時，這種本能也是所有人類文化的核心。

　　提到本能就會讓人聯想到動物。鮭魚會尋找自己誕生的河川，穴居胡蜂會重複早已死亡的雙親的行為，燕子會向南遷徙過冬等等，這些都是本能。人類不需要藉助於本能，人類採取學習方式，他們是具有創意、文化與自覺意識的物種。他們所做的任何事情，都是根據自由意志、碩大的腦部與父母親洗腦的結果。

　　因此，在二十世紀主宰心理學與其他所有社會科學的傳統智慧，便要被掃地出門。如果我們抱持有違前述思潮的想法，或相信人類的先天行為，便等於是落入決定論的陷阱，並讓個體沉淪於無情的命運。這些命運在他們誕生之前便寫在他們的基因之中，無論社會科學還要再產生出多少發人深省的不同形態的決定論，來取代遺傳決定論，包括佛洛伊德的雙親決定論、馬克思的社會經濟決定論、列寧的政治決定論、弗蘭茲‧波亞（Franz Boas）與瑪格麗特‧米德（Margaret Mead）的同儕壓力文化決定論、約翰‧華生（John Watson）與史金納（B. F. Skinner）的刺激反應決定論、艾德華‧沙皮洛（Edward Sapir）與班傑明‧渥夫（Benjamin Whorf）的語言決定論，其結果也都無關宏旨。在有史以來變遷最多的近一個世紀裡，社會科學家得以說服許多思想家，認為生物學上的因果關係是一種決定論，而環境上的因果關係則可以保存自由意志；同時動

物具有本能，人類則否。

在一九五〇年與一九九〇年之間，環境決定論的架構整個傾圮崩毀。一位曾經接受二十年精神分析治療而無功的躁鬱症病患，改服鋰之後竟然痊癒，佛洛伊德理論也因此完全崩潰。有位女士曾於一九九五年控訴她的前任治療師，因為她服用三個星期的百憂解（Prozac）所產生的效果，超過三年的治療。馬克思主義在柏林圍牆建成之際已經傾頹，縱然還有部分人士是在圍牆倒塌之後，才理解到為全能政府服務並不能帶來幸福，就算是有龐大的宣傳機器輔佐也無力回天。文化決定主義也無法倖免。在德瑞克・佛里曼（Derek Freeman）發現米德的結論（青少年行為對於文化具有無限的適應能力），不僅是一種預設立場的歧視、不良的資料蒐集，也是她調查的青少年對象的惡作劇所產生的結果之後，文化決定論便因此而崩潰。行為主義在一九五〇年代，於威斯康辛州進行的著名實驗之後也完全崩毀。這項實驗發現，猴子的孤兒在只能從鐵絲紮成的模型取得食物的情況下，卻對布製母親模型產生情緒倚賴，因此違背了我們哺乳類都可以藉由制約作用（conditioning）學會對供應我們食物的任何物件產生偏好的理論。這種對柔軟母親的偏好，或許正是一種先天特性。[1]

喬姆斯基的語言論

就語言而言，這個後天文化架構在諾曼・喬姆斯基（Noam Chomsky）出版《句法結構》（*Syntactic Structures*）一書之際首度出現裂痕。他在這本書中寫道，語言這種最為絢麗，也最具文化性的人類行為，固然應該歸功於文化，同時也是由本能而來。喬姆斯

基重新喚醒了有關於語言的一種古老觀點，也就是達爾文所描述的
「獲取一門藝術的本能傾向」。早期心理學家威廉·詹姆斯（William
James），也就是小說家亨利的兄弟，他是極為熱心推動一種觀點
的主要人物。他認為經由人類行為的證據顯示，人類比動物具有更
多，而非更少的不同本能。不過他的觀點在二十世紀的大半時期
裡，都為人所忽略。喬姆斯基則重新提出這些觀點。

　　喬姆斯基在研究人類的講話方式後總結地認為，所有語言都有
基本的相似之處，並顯示出所有人類所共同遵守的文法規則。我們
都知道如何使用文法規則，卻很少意識到自己的這項能力。這必然
是由於人類腦部處理語言的部分，經由基因產生出學習語言的特化
能力。當然了，字彙本身不可能是自然天成，否則我們都會使用同
一種不會產生變化的語言。不過，或許在兒童學會成長的社會的用
語之後，會將這些文字納入一種先天的心理規則之中。喬姆斯基針
對這種觀點所取得的證據，是屬於語言學的範疇。他發現我們的說
話方式之中的規律性，都不是經由父母親傳授習得，也無法經由日
常語言運用的範例中引申出來，真要這樣做也實在是相當困難。例
如：要造出英文疑問句，必須將句子裡的主動詞移到陳述句的前端。
不過，我們要如何知道要移動哪一個動詞？就以下面這個句子為
例：「A unicorn that is eating a flower is in the garden.」（花園裡有
一隻正在吃一朵花的獨角獸）。你只要將第二個「is」挪到前面，
就可以將這個句子轉換成為一個疑問句：「Is a unicorn that is eating
a flower in the garden?」如果你將第一個「is」挪到前面，整個句子
就毫無意義：「Is a unicorn that eating a flower is in the garden?」其
中的差別是，第一個「is」是屬於一個名詞片語的一部分，並隱藏
在一隻獨角獸的意象裡，而這隻獨角獸不是任意一隻獨角獸，而是

正在吃一朵花的那隻獨角獸。四歲的兒童卻都可以相當自在地使用
這個規則，也從來沒有人教他們學習名詞片語。他們似乎就是知道
這條規則。即使他們從來沒有聽過「一隻正在吃一朵花的獨角獸」
這個片語，他們也會知道如何使用。這就是語言的美妙之處。我們
所做的任何一個陳述句，都是全新的文字組合。

支持喬姆斯基的不同理論

　　喬姆斯基的推測已經在隨後數十年裡，成功經過各個不同學門
的各種驗證支持。所有證據都集中支持一項結論，那就是學習人類
語言必須具備一個條件 —— 引述心理語言學家史迪芬・平克
（Steven Pinker）❶的用詞是——一種人類的語言本能。平克蒐集到
支持語言技能為先天能力的各類可信證據。首先，語言具有普遍
性。所有人類所使用的語言的文法都具有相當程度的複雜性，即使
是孤立於紐幾內亞高地的民眾，從石器時代以來也都是如此。所有
民族都會仔細遵循隱含的文法規則，這一點是相當一致，即使沒有
受過教育並運用被貶為「俚語」方言的人也是如此。城市中心區的
黑人「黑語」（Ebonics），與「皇后的高尚英語」都遵循同樣理
性的規則。對於任一種表示偏好，也算是一種歧視。例如，複式否
定語「Don't nobody do this to me......」在法文是可以接受的用法，
在英文卻是屬於俚語。不過，文法規則在這兩種語法裡卻完全一致。
　　第二，如果這類規則與字彙一樣，都是經由模仿學習而來，那
麼為什麼四歲大、講英語的兒童，剛開始會很快樂地正確使用「go」

---

❶　譯註：被譽為第一位能夠寫出平易近人文章的語言學家，其著作《語言本能》，請見商周
　　出版，1998。

的過去式「went」，一年之後卻突然開始使用「goed」這種錯誤的
過去式拼法？事實是，雖然我們必須教導我們的孩童在沒有特化的
本能基礎之上，學習閱讀與書寫技巧，他們卻能夠在更小的年齡、
在我們提供極為有限的協助之下，自行學會說話。沒有任何父母親
會使用「goed」這個字，多數兒童卻在同一個年齡這樣說話。沒有
任何父母親會向孩子解釋「杯子」這個詞代表所有類似杯子的物
體，而非這個特定的杯子，也不只是指杯子把手，或製造杯子的材
料，也不是那種指向杯子的動作，或杯子的這個抽象概念，更不是
指稱杯子的尺寸或溫度。如果我們要一具電腦學習語言，便需要先
費力寫出一個能夠忽略所有這些愚蠢項目的程式，換句話說，要先
讓電腦具備本能。兒童都有先天的程式，一種讓他們只會做出某類
猜測的先天限制。

洋涇濱變新語言

　　不過有關於語言本能上，最令人咋舌的證據卻是來自於一系列
未經刻意安排的實驗，在這些過程中，兒童會為欠缺文法的語言添
加規則。最有名的案例是德瑞克·平克頓（Derek Bickerton）的研
究，他研究的對象是十九世紀一群外國勞工被帶到夏威夷後所發展
出的一種土洋混雜語言——一種讓他們可以互相溝通的混合文字與
片語。這種語言與多數洋涇濱語一樣，都欠缺一貫的文法規則，在
形式上也是相當複雜而難以表達意念，只能夠表達較為單純的觀
點。然而，等到下一代的兒童在童年時期學會那種語言，這種洋涇
濱便開始出現字形變化規則、文字次序與文法，於是這種語言的效
率便開始提高，也較為有效，並形成一種所謂的「克里奧爾語」

（Creole）。簡言之，如同平克頓的結論所言，洋涇濱只有在經由新一代兒童學習之後，才得以成為克里奧爾語，他們會根據本能來影響這種轉換歷程。

平克頓的假設也受到手語研究結果的高度支持。尼加拉瓜有一個聽障特殊學校，這種學校自一九八〇年代首度出現後，促成了一種全新語言的出現。學校的唇語教學並不成功，不過，兒童卻將他們在家裡所使用的手語帶到遊樂場，並建立了一套粗略的洋涇濱語言。幾年之後，較年幼的兒童學會了這一套洋涇濱，便將其轉化成為真正的手語，並具備了可以與口語語言相提並論的複雜性、經濟性、效率與文法規則。兒童又一次創造出一種語言，這個事實也似乎足以顯示，我們的語言本能在達到成人階段之後便會關閉。

這個說法也可以解釋為什麼我們成年人在學習一種新的語言，甚至於一種新的腔調之時會碰到困難。我們已經喪失了那種本能（這也同樣可以解釋，為什麼兒童在課堂上學習法文會比較困難，在假期到法國學習則相對較為容易。這種本能是在聽到對話的時候發揮功能，而不是在於記憶規則）。我們在那段敏感時期可以學習事物，超過這個時期便無法學習，多數動物本能都是如此。例如：蒼頭燕雀只能在特定年紀的時候，藉著聽到同類歌唱來學習本族的真正鳴聲。相同現象也發生在人類身上，吉妮（Genie）的悲慘故事可以證實這個現象。吉妮在洛杉磯一棟公寓中被人發現的時候已經十三歲，這個女孩子被監禁在一間只有少數家具的房間裡，也幾乎沒有機會與其他人接觸。她只學到兩句話——「不准做」與「不准再這樣做」。她從這個地獄釋放出來之後，很快就學會大量字彙，卻永遠無法學會文法，因為她已經超過本能可以發揮功能的敏感時期了。

影響語言能力的因素

然而，要撲滅差勁的觀念也相當費力，所謂語言是一種文化形態，它可以塑造我們腦部的觀點，延續漫長一段時光後才逐漸凋零。即使某些正史上的案例也造成誤解，例如：我們一度認為赫皮族（Hopi）❷ 所使用的語言欠缺時間概念，因此赫皮族人也沒有這種觀念。隨後被人揭穿是一種謊言，這些事例卻讓我們誤認為語言是人類腦部能力運作的影響因素，而非其結果。時至今日，這個想法卻依然存在於許多社會科學學門。如果我們說，由於我們的語言裡並沒有與德文中「Schadenfreude」❸ 相對應的字眼，因此只有德國人能夠了解「損害快樂」的概念，這也未免太過於牽強。沒有這種字眼，並不代表我們就對這種概念一無所知。[2]

語言本能也從許多不同領域獲得更進一步的證據，其中還包括了針對兒童出生後第二年發展語言期間的多項詳細研究。無論對他們直接講話，或教導他們使用文字的程度有多高，他們都是以可預期的次序與形態發展出語言技巧。針對雙胞胎進行的研究，也發現語言發展延遲的傾向同樣具有高度遺傳性。不過對許多人而言，語言本能最可信的證據，是來自於扎實的科學學門——神經學與遺傳學。我們在面對中風病患與其基因之時，很難提出反駁意見。腦部的某個部分固定是用來處理語言（多數人是位於腦部左側），即使是使用手語的聽障人士也是如此，不過手語還要使用到部分右腦。[3]

如果腦部的這些特定部位受損，便會產生所謂的「布洛卡失語

---

❷ 譯註：美國亞利桑那州東北的印第安部族。
❸ 譯註：直譯為「損害快樂」。

症」（Broca's aphasia），這是一種只能使用或了解最單純文法的症狀，不過患者對於事物的了解能力並未受到影響。例如，布洛卡失語症患者可以輕易回答諸如「你是不是使用鐵鎚來切東西？」的問題，他們卻難以回答「老虎把獅子殺了，那麼哪一隻死掉了？」這種問題。回答第二個問題需要具備文法的敏感度，其密碼便是寄託於文字之出現次序，並只能經由腦部的這個部分來進行理解。如果是另一個地區，也就是威尼克區（Wernicke's area）受損，則會產生相反的效應，出現這種損傷的人會說出一串豐富的無意義文字。似乎是布洛卡區負責說話，威尼克區則負責指導布洛卡區發表講話。然而這還不是全貌，語言處理過程中還有其他區域會產生作用，尤其是腦島（insula），它正是受損後會引發誦讀困難症狀的區域。[4]

遺傳與語言

有兩種遺傳狀況會影響語言能力。其中之一是威廉斯症候群（Williams syndrome），肇因於第 11 號染色體上的一個基因所產生的變化。罹患這種症候群的兒童一般智力極低，卻會沉溺於多嘴饒舌的習慣，並擁有相當生動、豐富的語言運用能力。他們會使用長文字、長句子，並會運用精妙的語法不斷說話。如果有人要他們談談動物，他們很可能會選擇很奇怪的動物，例如：土豚，而非貓或狗。他們的語言學習能力高度提升，理解能力卻大幅降低，他們具有嚴重的心智障礙。

另一個遺傳上的狀況，則會出現相反的效應。這個症狀會降低語言能力，不過並不會明顯影響智力，或至少並不總是如此。這就

是所謂的「特定語言損傷」（specific language impairment, SLI），
這個狀況是科學激烈論戰的一個核心。它是演化心理學這門新科學
及舊有社會科學的戰場，也是行為遺傳論與環境論的戰場。這個基
因就是位於第 7 號染色體上。

　　基因是否存在並不是重點。針對雙胞胎的詳細分析，已經明確
指出特定語言損傷的高度遺傳性。這種狀況與生產期間的神經損害
無關，也與成長期的語言培育不足無關，更不是尋常心智障礙所造
成。根據某些測試，這種遺傳力接近百分之百。也就是說，同卵雙
胞胎同時出現這種狀況的比例，是異卵雙胞胎的兩倍。[5]

　　這種基因是否位於第 7 號染色體上，也沒有受到多少質疑。一
九九七年，牛津的一組科學家在第 7 號染色體的長臂上，定出一個
遺傳標記，這個標記的某種形態會與特定語言損傷症狀同時出現。
雖然這項證據只是基於英國的一個大家庭，卻相當扎實並毫無疑
點。[6]

　　那麼，為什麼會產生論戰？這場爭論的焦點是，究竟特定語言
損傷是指什麼？某些人認為，這只是一種腦部的一般問題，並會影
響語言發表能力的許多向度，包括最基本的說清楚、聽明白的能
力。根據這項理論，罹患這種症狀的患者會經驗到知覺問題，因此
才會出現語言上的問題。其他人則認為這種觀點實在是一種誤導。
知覺與聲音的問題都的確存在，許多這種症狀的受害者也的確有這
些困擾，不過這裡有一個奇異的狀況：理解與使用文法的實際問題，
與任何知覺缺陷沒有什麼關係。唯一讓這兩方面的支持者都同意的
觀點是，媒體將這種基因稱為一種「文法基因」。這實在是令人汗
顏，同時也是太過於煽情、過度簡化的作法。

著名的 K 家族實驗

這個故事的核心是英國的一個大家庭，稱為 K 氏家族，總共有三代成員。一位出現這種症狀的女性，嫁給一位沒有出現這種症狀的男性，並生育了四個女兒與一個兒子，其中只有一個女兒沒有受到影響。這五位手足總共生育出二十四個子女，其中有十位出現這種症狀。這個家庭在心理學界頗為知名，他們受到不同陣營的包圍，爭著要替他們進行系列測驗。牛津團隊就是經由研究他們的血液樣品，才發現第 7 號染色體上的那個基因。牛津團隊與倫敦的兒童健康研究所（Institute of Child Health）進行合作，他們隸屬於特定語言損傷的寬鬆學派，並認為 K 氏家族成員的文法技能缺陷，是來自於他們在講話與聽講能力上的問題。他們的主要對手是加拿大的「文法理論」領導倡言者——莫娜·哥普尼克（Myrna Gopnik）。

哥普尼克於一九九〇年首度提議，認為 K 氏家族與其他產生類似狀況的人，對於了解英文文法的基本規則會出現問題。這並不是由於他們無法了解規則，而是他們必須專心、認真學習才能夠學會，他們無法根據本能將規則內化。例如，如果哥普尼克出示一張某種虛擬動物的卡通圖片給某個人看，同時也出現一串文字「這是一隻烏格」，隨後則顯示一張有兩隻這種動物的照片，以及一串文字「這些動物是……」，多數人會在剎那間迅速地回答：「烏格。」具有特定語言損傷的人則很少能夠辦到，即使他們能夠辦到，也必須經過仔細思索。英文的複數規則裡，多數文字後面要加上一個「s」，他們似乎無法了解這項規則。不過，多數具有特定語言損

傷的人，還是可以了解多數文字的複數形態，只是他們碰到過去沒有見過的新字時，便會碰到困難，他們也會錯誤將虛擬字加上「s」，例如：「saess」，這是我們其他多數人不會犯的錯誤。哥普尼克提出一項假設，認為他們將英文複數，當作是一個獨立的單字儲存在心中，就好像我們儲存單數單字的方式；他們並不是儲存文法規則。[7]

當然了，這個問題並不只限於複數。過去式、被動語法、各種文字次序規則、字尾、文字組合規則與所有英文定律都是如此，我們所有人都能夠在無意識中理解的項目，對出現特定語言損傷的人卻會發生困難。哥普尼克研究那個英國家庭，並首度發表這些發現時，立刻受到猛烈的抨擊。一位批評者說道，更合理的結論應該是，這些不同的表現問題是肇因於語言處理系統，而非隱藏於底層的文法。對於出現說話有缺陷人而言，英文裡的複數與過去式，是特別容易受到影響的文法形態。另外兩位批評者認為，哥普尼克的報告裡忽略了一點，因而造成誤導：K氏家族具有嚴重的先天語言失常，因此除了語法有問題之外，他們的話語、音素、字彙與語意能力也同時受損，此外他們對於其他許多種句法結構形態的了解能力也出現問題，例如：可逆被動語態、後修飾主詞、關係子句及內嵌句。[8]

哥普尼克的再努力

這些批評帶有一股地盤領域的味道。這個家庭並不是哥普尼克發現的，她竟然斗膽針對他們發表新的議題？不過，至少有一些評論是部分支持她的觀點，認為這種失常狀況可以適用於所有的語法

形態。至於有人辯稱，由於說話上的問題與文法困難同時出現，因此文法上的困難必然是由於說話上的問題所造成的，這根本就是循環論證。

哥普尼克不會就這樣放棄。她也將研究擴大到希臘人與日本人身上，並藉這些接受研究的對象來進行各種聰明的實驗，由此來顯示同一種現象。例如：希臘文裡的「likos」代表狼，「likanthropos」則代表狼人。狼的字根「lik」不會單獨出現。不過多數講希臘語的人都會自動了解，如果他們要找出字根，與另一個以母音為起始的文字組成另一個字，例如：「anthropos」，這時他們便需要先排除「os」，或者當他們要與另一個以子音為起始的文字組成另一個字時，他們便只需要將「s」排除，成為「liko-」。乍看之下似乎是相當複雜的規則，不過即使是慣用英文的人，也很快就可以熟悉這個規則。就如哥普尼克指出，我們在英文的新創單字裡，例如：「technophobia」（科技恐懼症），便經常使用這個作法。

出現特定語言損傷的希臘人則無法使用這套規則。他們能夠學會「likophobia」或「likanthropos」這一類字眼，卻難以辨識出這類文字具有複雜結構，也很難發現這些字是由不同字根與字尾所組成。結果，他們便需要比其他人記誦更多文字，才能彌補這個缺失。哥普尼克說過：「你要把他們想像成一種沒有母語的人。」他們學習母語的情形，和我們在成年時期學習外國語言的情況一樣辛苦，必須努力吸收規則與字彙。[9]

哥普尼克了解，出現特定語言損傷的人接受非語言測驗時，會出現低智商結果，不過也有些人擁有高過平均數的智商。在一對異卵雙胞胎裡，有一位出現特定語言損傷，這位出現症狀的人在非語言智商測驗上的表現，卻高於沒有特定語言損傷的手足。哥普尼克

也了解，大多數出現特定語言損傷的人，都有說話及聽講上的問題，不過她辯稱，這個情況並沒有出現在所有個案上，這種同時出現的狀況只是巧合，並沒有關連性。例如，出現特定語言損傷的人在學習「ball」與「bell」的差別時，並不會遭遇什麼困難，然而，他們卻經常在想要使用「fell」的時候，脫口說出「fall」。這是一種文法上，而非用語上的差別。同樣地，他們在辨識押韻的字彙，好比「nose」與「rose」之時，也不會遭遇任何困難。有一位持反對意見的人士敘述道，外人很難理解 K 氏家族成員所說的話。哥普尼克為此而勃然大怒。她與 K 氏家族相處相當長的時間，與他們交談、一起吃披薩並參加家族慶典聚會，她說，他們絕對可以讓人了解。她為了證實講話與聽講困難並無關連，因此還設計了紙筆測驗。就以下列兩個句子為例：「He was very happy last week when he was first.」以及「He was very happy last week when he is first.」多數人立刻就辨識出第一個句子符合文法，第二句則否。出現特定語言損傷的人則認為，這兩個陳述都可以接受。我們很難想像，這個現象怎麼可能是由於聽講或講話上的困難所引起的。[10]

從猴子的腦部找線索

　　無論如何，聽講理論者還是沒有棄械投降。他們在近期也已經能夠顯示，出現特定語言損傷的人在「聲音遮蔽」（sound masking）的狀況下，會出現聽講困難。如果一段「純正音調」（pure tone）前後也出現聲音並將其遮蔽，這時他們就無法聽到純正音調。其他人在這個狀況下所能夠偵測到的純正音調音量，必須再提高四十五分貝，才能被他們察覺。換句話說，出現特定語言損傷的人，

比較難以從一連串較大聲的語音中分辨出較細膩的聲音，因此，他們就有可能聽不到字彙後面所附加的「-ed」音。

這些證據還是無法顯示出特定語言損傷症狀的全貌，包括在文法規則上所出現的困難，不過，這些解釋卻能夠強化更有趣的演化詮釋。腦部負責聽與講的部分都與負責文法的部分交壤，二者都由於特定語言損傷而受損。特定語言損傷是由於一種位於第 7 號染色體上的特殊版本基因，在懷孕期的第七到第九個月份期間，對腦部形成損傷所造成的結果。核磁共振顯像結果證實，腦部已經出現損害，並找出約略的位置。當然了，這種損害出現於負責講話與語言處理的兩個區域之一，也就是所謂的布洛卡區及威尼克區。

猴子的腦部中有兩個與這些區域完全相當的區域。布洛卡對應區負責控制猴子的臉部肌肉、喉頭、舌頭與口部；威尼克對應區則是負責辨識其他猴子的聲音序列與吼聲。這些正是許多出現特定語言損傷的人，所遭遇的非語言學上的問題：控制臉部肌肉與清楚聽取聲音。換句話說，我們人類的祖先首度演化出一種語言本能之時，這種本能便是位於負責產生聲音與處理聲音的區域。那種產生聲音與處理聲音的模組還是存在，並與臉部肌肉與耳朵具有關連性。至於語言本能模組，則是基於這項能力而繼續發展，並出現一種先天能力，促使我們能夠運用本物種成員所使用的聲音字彙的文法規則。因此，雖然沒有任何其他靈長類能夠學習具有文法的語言（我們還是應該感謝許多辛勤、有時候容易被誤導、同時也當然具有預設立場的黑猩猩與大猩猩訓練師，他們竭盡心力使用所有可能的方式，最後還是無功而返），語言與產生聲音、處理聲音的過程還是具有緊密關連的（不過也沒有那麼緊密，聽障人士便能夠將語言的輸入與輸出模組，轉移到眼睛與手部來與之對應）。因此，在

腦部的那個部位出現遺傳上的損害,才會影響到文法、講話與聽講的能力。[11]

先天加後天的雙重效應

威廉·詹姆斯在十九世紀時代的猜測,至此獲得最好的舉證,人類是在祖先的本能基礎上增添更多本能,因此而演化出複雜的行為,他們並不是以學習來取代本能。詹姆斯的理論在一九八〇年代,經由一群自稱為演化心理學家(evolutionary psychologist)的科學家之力,才得以復興。其中最負聲名的則是人類學家約翰·托比(John Tooby)、心理學家林達·寇斯密達斯(Leda Cosmides)與心理語言學家平克。在此簡單總結他們的論述如下:二十世紀社會科學的主要目標,是要不斷探索我們的行為是如何受到社會環境的影響,結果我們卻可以轉而探討另一個問題,並探索社會環境是如何受到我們的天生本能的影響,同時也成為其產物。因此,所有人類在快樂時微笑,在擔憂時皺眉,或是所有文化的男性,都會認為女性的年輕化特徵具有高度的性吸引力,這些或許都是本能的展現,而非文化的現象。我們也可以舉浪漫愛情與宗教信仰為例,並認為這些都是受到本能的影響高於傳統影響的例子。托比與寇斯密達斯便曾經假設,文化是個體心理現象的產物,因果倒置的成分較低。此外,我們絕對不應該將天生與後天視為兩極對立的課題,因為所有的學習過程都必須依賴先天能力才能成功,先天能力也會限制所能學會的事項。例如:要教會一隻猴子(和一個人)害怕蛇比較容易,要教他們害怕一朵花就沒有那麼容易了。不過我們還是必須從事教學。怕蛇本身是一種必須經過學習的本能。[12]

演化心理學裡的「演化」一詞，並不是用來指稱他們對於系譜修改的興趣，也不是說明他們對於天擇過程的專注（這個課題相當有趣，不過目前我們還無法針對人類心靈進行這類研究，因為演化過程太過於緩慢），演化一詞是指達爾文學說背景典範中的第三個特徵——適應的概念。複雜的生物器官，可以經由逆向工程，辨識出當初「設計」的功能，我們也可以針對複雜的機器，進行相同的作法來從事研究。平克就喜歡從口袋裡掏出一具複雜的橄欖去核器，來解釋逆向工程的處理過程。寇斯密達斯則喜歡以瑞士刀來說明類似的觀點。除非我們能夠描述機械裝置的功能，例如：這個刀片是做什麼用的？否則機械本身並沒有任何意義。就猶如除非我們提示照相機的功能是要攝製圖像，否則光是描述其運作過程也根本毫無意義。同樣地，除非我們提示人類（或動物）的眼睛是用來發揮類似功能，否則只是描述其結構也毫無意義。

先天設計的證據愈來愈多

平克與寇斯密達斯都辯稱，相同道理也可以適用於人類腦部。其中的各個模組，就好像是瑞士刀的不同刀片，都是設計來發揮不同的特定功能。另一種觀點是，腦部具備了隨機複雜性，並經由複雜的物理現象，隨機出現副作用而產生出不同的功能，喬姆斯基就偏好這個觀點。不過，它卻違反了所有的證據，根本就沒有任何證據可以支持這種揣測，也就是說，微處理器網路的安排愈詳細，它們便愈會出現更多功能的這種觀點是完全錯誤的。神經網路的「聯結學派」多半誤認為：腦部是一種具有普遍性功能的神經元與突觸網路，他們針對這種想法進行詳盡測試，卻發現仍有不足之處。要

解決先天預設的問題，必須擁有預設的架構。

　　這裡還有一個具有相當歷史諷刺意味的事例。當初這種先天設計的概念，竟然一度是反對演化論的最有力論證。設計論是導致演化觀點在十九世紀前半葉一直處於挨打局面的最主要論點，它的最有力宣揚者是威廉・培利（William Paley）。他提出的著名說法是，如果你在地面找到一顆石頭，你並不能推論石頭是如何來到這個位置。不過如果你找到一支手錶，那麼你就必須做出結論，某個時期必然曾經有一位製造手錶的工匠；因此生物的細膩功能設計，必然是出自於上帝之手。達爾文卻能夠巧妙地運用設計論觀點，以同樣明確的推論來做出反證，顯示培利的觀點錯了。如果以某位「盲眼鐘錶匠」（引述理查・道金斯的用詞）來代表天擇，在歷經數百萬年的時光和數百萬個個體後，便得以逐步促成生物體內的自然變遷，他自然也能夠輕易造就出複雜的適應現象。各種證據不斷出現並支持達爾文的假設，如今我們認為複雜的適應現象，正是天擇能夠發揮效用的最主要證據。[13]

　　我們所有人都具有的語言本能，正是這種複雜適應現象的一個實例，這是個體之間從事清楚細膩溝通的一種漂亮設計。我們很容易就可以看出，我們的祖先所具有的這種能力可以造成優勢，他們在非洲平原上彼此分享詳細精確的資訊，並可以達到其他物種所無法企及的成熟程度。「沿著峽谷向上走一小段距離，在水池前面的樹旁邊左轉，你就會看到我們剛才殺死的那隻長頸鹿屍體。要避開結了果實的那棵樹右邊的亂草叢，因為我們看到一隻獅子走進草堆裡頭。」這兩句話對於聽取資訊的人，便可以產生存活的價值，這是兩張天擇的彩券。然而對於不能了解文法與其他許多事項的人而言，則完全無法理解。

各式各樣的證據排山倒海而來，在在都顯示文法是一種先天能力。在胚胎的腦部發育過程裡，位於第 7 號染色體上某處的一個基因，通常會扮演建立那種本能的角色，這項證據相當扎實，不過我們還不知道那個基因所扮演的角色究竟有多重要。多數社會科學家卻繼續激烈地抗拒這個觀點——那就是有某些基因的主要功能似乎是要直接促成文法發展。就以第 7 號染色體上這個基因的明確案例而言，許多社會科學家都無視於現有證據，並辯稱基因在語言上的影響效應只是一種副作用，其對於腦部功能的主要影響效應，乃是在於了解說話。經過一個世紀優勢典範的影響，大家一直都認為只有「動物」才具有本能，人類並沒有這種東西。也難怪他們會這樣心不甘情不願，一旦你將詹姆斯的觀點納入，並考慮到如果沒有學習（也就是沒有外在的輸入），部分本能根本就無從發展，那麼整個典範便會崩潰。

借助演化心理學

本章延續演化心理學的論點，採取人類行為的逆向工程作法來試圖了解，當初行為所欲解決的是哪一項特定問題。演化心理學是一門相當成功的新學門，為許多研究人類行為的領域引入新的見解。第 6 號染色體那一章所討論的主題是行為遺傳學，也大略是以此為目標焦點。不過，達到目標的方法差別相當大，行為遺傳學與演化心理學是朝著對撞路線前進。問題是，行為遺傳學是在探索個體之間的變異，並探詢那種變異與基因之間的關連性。演化心理學則是在探索普遍性人類行為——人類共通性，所有人都具有的相同特徵，並探詢這類行為是如何，並為何必然是部分肇因於本能。因

此，這個學派假設個別差異並不存在，至少就某些重要行為而言是
如此。這是由於天擇已經將變異去除，這就是天擇的功能。如果一
個版本的基因遠比另一版本優秀，那麼較好的版本就會很快普及於
這個物種，較差的版本會很快滅絕。因此，演化心理學所獲的結論
是，如果行為遺傳學家找到一個經常出現變異性的基因，那麼這個
基因或許並不是非常重要的基因，而只是一種輔助性基因。行為遺
傳學家則反駁道，目前我們所發現的所有人類基因都具有變異性，
因此演化心理學界的論點必然有某些謬誤之處。

　　實際上，我們或許會逐漸發現，這兩個學派之間的相左之處或
許有誇張之嫌。一個學派是研究尋常、普遍性、物種特有特徵之遺
傳現象；另一個則是研究個別差異的遺傳現象。二者都發現部分事
實。所有人類都具有語言本能，所有的猿類則都沒有，不過所有人
類的本能發展也不會完全相同。出現特定語言損傷的人還是具備語
言學習能力，也比華修、可可、尼姆這些受過訓練的黑猩猩與大猩
猩更為優異。

　　就許多非科學家而言，行為遺傳學與演化心理學所得到的結論
還是難以令人接受，普通人最重要的目標是要能夠獲得顯而易見、
並沒有任何可疑的論點。為什麼基因這種 DNA 連續字串可以造就
一種行為？究竟有哪種可以理解的機制，能夠將一種蛋白質配方與
運用英文的過去式規則的學習能力串連起來？我承認乍看之下，這
似乎是一種大幅度跳躍式推理，需要信心的成分多過於理性。不過
情況也可以改善，因為就基本上而言，行為的遺傳現象與胚胎發展
的遺傳現象並沒有任何差異。假使腦部裡的任一個模組，都會參照
處於發展期的胚胎腦中所鋪陳的序列化學階梯步驟，並將其視為一
種神經元的化學地圖，以成長為成人的形態。那些化學階梯步驟本

身，也可以是遺傳機制的產物。雖然我們很難想像，基因與蛋白質能夠顯示出那些階梯步驟究竟是位於胚胎的哪一個位置，不過它們的確存在。我在討論第 12 號染色體的時候便會揭示這一點，這類基因是現代遺傳學研究最精彩的發現之一。如果我們將行為基因與發展基因並列之時，前者的觀點就不會顯得那麼怪異了。縱然這二者都讓人感到不解，不過大自然也從來不會因為人類無法理解而改變它的作法。

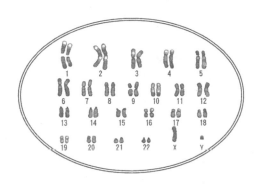

X 和 Y 的對立

Xq28——感謝你的基因。

——同性戀書店T恤拍賣會，於一九九〇年代中期

性別的關鍵——X 與 Y

　　語言讓我們見識到了演化心理學所蘊涵的驚人意義。如果因此而讓你感到心神不定，懷疑尚有其他因素，諸如你在語言和心理上的能力，受到本能決定的程度遠超過你的想像，那麼接下來的事情還會更糟。這一章的故事，可能是整個遺傳史上最令人意想不到的一段。我們已經習慣於把基因想成像是烹飪食譜一樣，被動地等著生物體在需要時轉錄出來，也就是把基因當成身體的僕人。現在我們可遇上了完全不同的事實。身體才是在基因野心下的受害者、犧牲者、玩物、戰場，以及交通工具。

　　大小僅次於第 7 號染色體的染色體，叫作 X 染色體。X 是一個奇特、有點不太適應環境的染色體。它的對偶染色體——Y 染色體，和它長得不太一樣，Y 染色體是一個又小又粗又短又不活潑的東西，它是遺傳的追加物。至少在雄性哺乳動物和蠅類，以及在雌性蝴蝶和鳥類都是這樣。雌性哺乳動物或雄性鳥類，有兩條 X 染色體，但這兩條染色體有點古怪。在生物體的每一個細胞裡，這兩條 X 染色體上的基因並不會同時而等量地表現，其中有一條 X 會隨機把自己包成一束構造緊密的巴爾體（Barr Body），然後停留在不活動的狀態。

　　大家都知道 X 和 Y 染色體就是性染色體，理由很明顯，因為它們的宿命就是決定身體的性別。每個人都會從他或她的母親那兒得到一條 X 染色體；接下來如果你從父親那兒遺傳到一條 Y 染色體，你便是個男人；如果從妳的父親那兒遺傳到一條 X 染色體，妳便是個女人。有幾個非常稀少的例外，就是有些表面上看來是女

性的人卻具有一條 X 和一條 Y，而她們這些例外顯示：這些人的 Y 染色體上，使人具有男性特徵的基因不是消失了，就是受損了。

　　大多數人不用花太多功夫去學校上生物學課，就會知道有 X 和 Y 染色體這回事。大部分人還知道色盲、血友病和一些其他失調症，之所以都比較常發生於男人身上，就是因為這些基因都在 X 染色體上。由於男人沒有「備用的」X 染色體，因此他們比女人更容易得到這些隱性的毛病。正如一位生物學家曾說，男人體內 X 染色體上的基因，就好像沒有副駕駛般地飛翔。但這裡還有一些有關 X 和 Y 染色體的事情，是大部分人都不知道的，而這些專門搞亂又奇怪的事情，已經使得生物學的最基礎部分開始混亂。

染色體裡的戰爭

　　在像《皇家學會哲學會刊》（*Philosophical Transactions of the Royal Society*）這樣認真嚴肅的科學刊物中，應該很少會出現像以下這樣的文字，但這的確是該刊物中的一段文字：「哺乳動物的 Y 染色體，就好像在戰場上交戰時被對手擊退一樣。合理的對策是，Y 染色體逃走並躲起來，而且散落了一些已轉錄完成，但非必要的序列。」[1]「戰場」、「擊退」、「對手」、「逃走」？這些都不太像是我們所想像的 DNA 會做的事情。然而類似的文字，以稍微更技術性一點的說法，出現在另一份有關 Y 染色體的科學報告上，題目是〈內在的敵人：基因組內的衝突、基因座間的競爭演化，以及種內的紅心皇后〉（The enemies within: intergenomic conflict, interlocus contest evolution〔ICE〕, and the intraspecific Red Queen）[2]。這篇報告中寫道：「在基因組內，Y 染色體上的基因和其餘染色體上的基

因不斷進行基因座間的競爭演化，日積月累那些不良但非嚴重的突
變，終致 Y 染色體的遺傳品質每況愈下。Y 染色體的衰敗，就是
因為有這種遺傳上的搭便車，而基因座間的競爭演化過程，則是驅
使男性和女性對立的共同演化。」即使你對這些內容一點也不了
解，但一定還是有某些字眼會吸引住你的目光，像「敵人」和「對
抗」。最近有一本教科書上也有著一樣的內文，它的書名相當簡單，
就是《演化：四十億年的戰爭》（*Evolution: the four billion year
war*）³。這是怎麼回事？

　　在我們過去的某些時間點上，我們的祖先決定性別的方式，從
一般的爬蟲類習慣以蛋的溫度來決定性別，轉換為以遺傳基因來決
定。造成這種轉換的原因，可能是如此一來就能在一開始懷胎時，
便能為個別的性別開始進行訓練。就以我們來說，性別決定基因
（sex-determining gene）使我們變成男性，沒有這個基因便是女性，
在鳥類則是以相反的方式決定性別。這種基因很快地便引來其他對
男性有利的基因在自己的旁邊，像是製造巨大肌肉的基因，或是有
積極傾向的基因。女性並不想要這些基因，她們寧願把能量耗在生
育子女上，於是這些次要基因發現自己在某一種性別中比較有利，
而在另一種性別中比較不利。內行人稱這些基因為性別對抗基因
（sexually antagonistic genes）。

　　這種進退兩難的困境，直到另一個突變基因抑制了兩條對偶染
色體間遺傳物質的正常交換過程後才解決。現在性別對抗基因已經
分道揚鑣各走各的路。Y 染色體這邊的故事，是它可以利用鈣來製
造頭上的角；X 染色體這邊的故事，則是它可以利用鈣來製造奶水。
於是，一對中等尺寸的染色體，曾經是所有各種「正常」基因的發
源地，現在已被性別決定過程挾持，並成為性染色體，也各自吸引

了不同的基因。在 Y 染色體上，累積了對男性有利，但通常對女性不利的基因；在 X 染色體上，累積了對女性有好處，但對男性有害處的基因。舉例來說，有一條在 X 染色體上新發現的基因——叫作 *DAX*。少數人在出生時雖有一條 X 染色體和一條 Y 染色體，卻在 X 染色體上有兩套 *DAX* 基因；結果，雖然這些人在遺傳上是男性，但他們會發育成一般的女性。原因便是 *DAX* 基因和 *SRY* 基因。*SRY* 基因位在 Y 染色體上，它可以使男人成為男人。而 *DAX* 基因和 *SRY* 基因彼此互相對抗。一個 *SRY* 基因可以擊敗一個 *DAX* 基因，但兩個 *DAX* 基因則會打敗一個 *SRY* 基因。[4]

Y 染色體引發的連鎖效應

在基因之間爆發這種對抗作用是很危險的狀態。在此可以打個比方，X 和 Y 這兩條染色體實際上已經對彼此不再感興趣，更不用說使整個物種都有著共同的目標了。或者更正確地說，散布某一基因在 X 染色體上可能會有些好處，但這麼做卻會傷害 Y 染色體，反之亦然。

舉例來說，在 X 染色體上出現的某基因，是某種具有致命毒素的配方，這種毒素只會殺帶有 Y 染色體的精子。如果某個男人有這樣的基因，他的孩子數量不會比其他男人少，卻都是女兒而沒有兒子。而所有的女兒都帶有這個新的基因；反之，如果他有了兒子，那麼沒有一個兒子會帶有這個基因。於是，這個基因在下一代會比原來常見兩倍，而且會散布非常快。這樣的一種基因，可能只有在當它已經滅絕了太多的男性，使得同一種類中僅存的生存者已處於危險狀態，而男性已成為供不應求的高度懸賞品時，它才會停

止散布。[5]

　　話扯得太遠了？一點兒也不。這正是發生在一種叫作 *Acrea encedon* 的蝴蝶身上的故事，牠們的性別有百分之九十七都是雌性。這只是眾多演化對立的形式之一，一種以性染色體驅動的形式之一。大部分已知的例子都局限在昆蟲上，但這只是因為科學家對昆蟲的觀察比較仔細。我在前面所引述別人的話中，談到對立時所使用的奇特文字，現在漸漸容易懂了。看看一則簡單的統計數字。由於女性有兩條 X 染色體，而男性有一條 X 染色體和一條 Y 染色體，所以所有的性染色體中有四分之三是 X 染色體，四分之一是 Y 染色體。或者換個方式說，一條 X 染色體會花三分之二的時間在女性上，而只有三分之一的時間在男性上。因此，X 染色體有三倍的時間可以演化出盲目攻擊 Y 染色體的能力，而 Y 染色體也會演化出接招的能力。對新演化出來精力旺盛的 X 基因而言，任何在 Y 染色體上的基因都是不堪一擊的。結果是 Y 染色體盡量四處散布基因，並將剩下的基因關閉，以「逃跑並躲起來」（根據劍橋大學威廉·阿默斯〔William Amos〕所使用的技術性語言）。

　　人類的 Y 染色體非常有效率地關閉了它大部分的基因，使得整條 Y 染色體中含有大量沒有意義（non-coding）的 DNA。目的無他，只是製造一些目標，好讓 X 染色體基因去瞄準攻擊。最近，似乎有一小區基因從 X 染色體插枝到 Y 染色體上，這個基因區被稱為「擬似常染色體區」（pseudo-autosomal region），於是便相應出現了一個非常重要的基因，也就是前面已經提過的 *SRY* 基因。這段基因會啟動一整系列的連鎖反應，使得胚胎具有男性特徵；很少有單獨一段基因有著如此大的能耐。雖然它只是啟動一個開關，但會有許多其他動作跟隨其後。生殖系統便會長得看起來像陰莖和

睪丸，身體的形狀和組成會自女性改變得像男性（在我們人類中是如此，但在鳥類和蝴蝶中並不是這樣），還有各種荷爾蒙也開始在腦中工作。幾年前在《科學》期刊上發表了一篇Y染色體的玩笑圖，大意是把這些過度重複而缺乏變化的男性特徵基因，表現得像是在我們每天飛快轉換的電視頻道一樣，像是記得笑話和說笑話的能力、對報紙中運動內頁的興趣、對冒險和毀滅性電影成癮，以及不善於透過電話表達感情——尤其以此則為最。雖然這個玩笑很有趣，但那只是因為我們認同這些習慣是屬於男性的，因此完全沒想到這種習慣是遺傳上就決定好的，而這個笑話強化了這個想法。圖中唯一的一個錯誤就是：這些男性行為並不是個別來自於特定的基因，而是由一些荷爾蒙（如睪脂酮等）使得腦部男性化，然後在環境中表現出這種行為傾向。如此，就某種意義來說，許多男子氣概的行為，都是 SRY 基因本身的產物，SRY 基因設下一系列的事件，導致腦部及身體的男性化。

細說 SRY 基因

　　SRY 基因是很獨特的，它的序列在不同的男人之間也非常一致。實際上，在人類中它根本就沒有任何點突變（point mutation），也就是說，沒有一個字母拼得不一樣。SRY 基因就上述意義來說，是一個沒有變化的基因，而且可能從大約二十萬年前，所有人類的共同祖先開始，SRY 基因就幾乎沒什麼變化。然而，我們的 SRY 基因和黑猩猩的差距極大，而且也和大猩猩的不一樣：也就是說，在不同的物種之間，相較於其他基因的典型模式，這個基因有達十倍的變異性。而相較於和其他活化的（或表現的）基因，

SRY 基因是最快速演化的一個。

我們該如何解釋這種自相矛盾的議論？根據阿默斯和約翰‧哈伍德（John Harwood）的說法，答案解釋就在逃離和躲避的過程中，他們稱這種過程為「選擇性的清除」。有時，X 染色體上一個精力旺盛的基因，會以辨識出由 *SRY* 基因所製造出來的蛋白質的方式，而去攻擊 Y 染色體。但這對少數的 *SRY* 突變基因來說，卻是一個選擇性的優勢，因為這種突變基因有足夠的差異性不被辨識出來。於是這種突變基因，開始以男性為目標散布開來。精力旺盛的 X 染色體，將性別比率扭曲成偏向女性，但也散布了新的突變 *SRY* 基因，使得比率回復平衡。結果，是該同一物種的所有成員都有一段全新的 *SRY* 基因序列，而且幾乎沒有變異。這個演化上突然爆發事件的效應（由它在演化紀錄上所留下的少數線索來看，這種演化應該發生得很快），會使得所製造出來的 *SRY* 基因，在不同物種之間非常不一樣，但在同種之間卻非常相似。如果阿默斯和哈伍德是對的，那麼從五百萬到一千萬年前黑猩猩的祖先和人類的祖先開始分家起，一定已經至少發生過一次這樣的清除。但在過去二十萬年中，也就是人類共同祖先出現之後，這樣的清除就未再發生。[6]

你可能會覺得有點失望。我在這一章開頭時曾承諾的暴力和抗爭，在此和一本詳盡的分子演化學也差不了多少。別怕，我還沒結束呢，而且很快地我還要把這些分子和真實的人類衝突連結在一起。

在聖他克魯茲的加州大學（University of California at Santa Cruz）的威廉‧萊斯（William Rice）是一位研究性別對抗作用的一流學者。他完成了一系列精彩的實驗，以詳盡說明性別對抗作用。讓我們先回到我們想像中的老祖宗生物，這位老祖宗剛獲得了

一條不同的 Y 染色體，正在進行將其上許多基因關閉的過程，以逃脫精力旺盛的 X 染色體上的基因。以萊斯的說法，這條初期而未成熟的 Y 染色體，此刻正是所有對男性有利基因的熱門地點。因為 Y 染色體絕對不會在女性中出現，所以 Y 染色體正好可以自由地獲得一些長久以來對女性非常不利，但至少對男性有一點點好處的基因（如果你還以為演化只因為對某個物種有好處而發生的話，現在請立刻停止這種想法）。就以這個觀點而言，在果蠅和人類中，雄性射精時，精細胞懸浮在一種叫作精液的濃濃湯液中。精液含有蛋白質及基因產物，它們的目的完全不知道，但是萊斯有個機靈的想法。在果蠅交配時，那些蛋白質會進入雌性的血流中，然後再移至牠的腦中。那些蛋白質在腦中造成效應，以降低雌性的性慾，並增加牠的排卵率。若是在三十年前，我們會把排卵率增加解釋成「就某些方面而言對該物種是有利的」。對雌性而言，則是停止尋找性伴侶、去尋找築巢地方的意思。雄性的精液會使雌蠅的行為改變為那樣的結果。但你可以聽聽《國家地理雜誌》的評論。現今，這種訊息帶著一種陰險邪惡的氣氛。雄性在試著操縱雌性，使牠們不會再和其他雄性交配，而轉變成為了牠的精子產下更多的卵，而牠之所以這麼做，可能是基於 Y 染色體上性對抗基因的命令（或是由 Y 染色體上的基因使它啟動）。雌性則基於選擇性的壓力，變得愈來愈抗拒這樣的操縱。結果就演變成這種僵持狀態。

兩性間的對抗演化

　　萊斯設計了一個巧妙的實驗來測試他的想法。在果蠅連續二十九個世代中，他設法防止雌蠅在對抗上的演化，方法是保持一個雌

蠅的獨立株，如此該株雌蠅就不會發生演化上的變化。同時，他又以抗拒性愈來愈強的雌蠅，使雄蠅產生愈來愈強效的精液蛋白質。在二十九代之後，他再將這隻雄蠅和獨立株的雌蠅放在一起。結果雄蠅可說是輕易取勝。雄蠅精液現在在操縱雌蠅行為上已是非常有效，甚至可說是有效的毒藥──它可以殺死雌蠅。[7]

　　萊斯現在相信性別對抗在各種環境皆然。性別對抗基因會將自己的特徵，以快速演化基因的模式留下來。以貝類生物的鮑魚為例，牠的精子用以鑽破卵子的細胞膜醣蛋白基質（glycoprotein matrix）的細胞溶解素蛋白質（lysin protein），便是由一個改變得非常快速的基因所製造出來的（在我們之間大概也是如此），細胞溶解素和基質之間則可能會有一場爭鬥。快速穿透對精子有利，但對卵子不利，因為這會使得寄生物或第二個精子也容易穿過。回頭來看看人類，胎盤是由快速演化的基因（在這裡還有父系基因）所控制的。以黑格為主的現代演化理論學家們，現在認為胎盤比較像是父系基因接收母體的寄生性工具。胎盤試著對抗母體的抗拒，以便將母體的血糖值和血壓控制在對胎兒有利的狀態。[8]這在第 15 號染色體的那一章會有更多說明。

　　但求偶行為又是怎麼回事？以傳統觀點來看，孔雀美麗的尾部是設計來引誘雌性的設備，所以它是依照祖先母孔雀的喜好而有效設計出來的。萊斯的同僚布里特‧赫蘭（Brett Holland）卻對此有不同解釋。他認為孔雀確實演化出長尾巴來引誘母孔雀，但牠們之所以這麼做，是因為母孔雀變得愈來愈抗拒被引誘。公孔雀確實會以求偶展示（courtship display）作為生理上的強勢，而母孔雀則以差別待遇讓自己保留控制交配的步調和時機。這也解釋了發生在兩個不同種類狼蜘蛛（wolf spider）身上的驚人事實。其中一個種類

前腿有用來求偶的幾簇刺毛。對母蜘蛛放映公蜘蛛展示刺毛的影像，母蜘蛛會以牠的行為表示這場刺毛展示是否引起牠的興趣。如果改變影像內容，而使公蜘蛛的刺毛消失，母蜘蛛似乎還是覺得放映的內容會喚起牠的情慾。但另一個種類，牠們本身沒有刺毛，但以人工方式加在公蜘蛛身上並放映給母蜘蛛看，結果會使母蜘蛛的接受度加倍。換句話說，母蜘蛛終究會演化成不易被同種類公蜘蛛引起情慾的形態，而不是演化成容易引起興趣的形態。因此，性別選擇是「用來引誘的基因和用來抗拒的基因之間性別對抗的表現」。[9]

　　萊斯和赫蘭下了個混淆以前知識的結論，認為一個物種愈社會化、愈善於溝通，這個物種的性別對抗基因就表現得愈強烈，因為性別間的溝通，提供了性別對抗基因活動旺盛的溫床。而地球上最社會化、最善於溝通的種類，就是人類了。難怪男人和女人之間的關係如此詭譎多變，也難怪男人和女人之間對性騷擾的解釋有這麼大的差異。以演化的觀點來說，性關係並不是被什麼是對男人或對女人有利所驅動，而是被什麼對他（她）們的染色體有利所驅動。過去引誘女人的能力對 Y 染色體有利，而過去抗拒男人引誘的能力，則對 X 染色體有利。

　　這種基因複合體（Y 染色體便是一個這樣的複合體）之間的對立，並不只適用於性別上。現在，我們假設有一種基因會增加說謊（這不是一個很實際的說法，但倒可能有一大堆基因會間接地影響信任）。這樣的基因可能會使擁有這種基因的人變成超級大騙子，進而使基因本身茁壯。那麼再假設還有另一種不一樣的基因（或是一組基因），可以增進偵測謊言的能力，而且還可能是位在另一條染色體上。這種基因會成長茁壯到使它的持有人可以避免被超級大

騙子騙倒。這兩種基因會相互對立地演化，彼此激勵，甚至還相當可能是同一個人有這兩種基因。它們之間有著萊斯和赫蘭所稱的「基因座間的競爭演化」。這樣的競爭過程，確實可能在過去的二、三百萬年來驅動人類智能的成長。從此，「人類的腦部變大是為了幫助製造工具，或在大草原上起火」的想法，便失去了支持，取而代之的是，大部分演化學家相信的權謀政治家理論——較大的腦在操縱和抗拒被操縱之間的鬥爭是必須的。「我們認為（用白話來說）：智能可能是基因在攻擊和防範之間，所產生的基因組間對立的副產品。」萊斯和赫蘭如此寫道。[10]

同性戀基因的論戰

抱歉，又離題談到智能去了，讓我們再回到性別上。狄恩·哈默（Dean Hamer）於一九九三年發表他在 X 染色體上找到的一個基因，對性傾向有強烈影響，或者，正如媒體很快地便開始稱之為的「同性戀基因」（a gay gene）[11]。這可能是遺傳學上最轟動、最具爭議性、最被熱烈爭論的發現之一。哈默的研究是當時數篇同時發表的研究報告之一，而所有的研究都指向同性戀行為是「生物學」的結果，而非文化壓力或故意選擇造成的。有些研究是由本身是同性戀的人完成的，像是沙克研究所（Salk Institute）的神經科學家西蒙·利衛（Simon LeVay），他致力將他們自身所相信的告訴社會大眾：同性戀是「天生如此」。他們相信，只要有些許正義，對這種並非故意「選擇」的生活方式的偏見便能夠減少，因為這是與生俱來的傾向，同時，也使父母清楚了解，同性戀角色形象不會使青少年變成同性戀，除非他們本來就有這個傾向。這種基因上的

因素，也會使父母覺得同性戀行為不那麼嚇人。然而，對同性戀行為採取保守、不寬容態度的人，近來卻開始攻擊有關同性戀基因的證據。「我們對於接受聲稱有些人是『天生的同性戀』的說法，應採取小心的態度，不只因為它是不真實的，還因為它對同性戀人權組織提供了影響力。」英國保守黨員楊女士（Lady Young）在一九九八年七月二十九日的《每日電訊報》如此寫道。

　　儘管有不少研究人員渴望找到不一樣的結果，但研究結果是客觀而合理的。毫無疑問地，同性戀是高度可遺傳的。舉例來說，有一份研究指出，在五十四位異卵雙胞胎兄弟的同性戀者中，其中有十二位他們的兄弟也是同性戀者；在五十六位同卵雙胞胎兄弟的同性戀者中，有二十九位他們的兄弟也是同性戀者。雙胞胎有著一樣的環境，所以不論他們是異卵還是同卵，這個結果都指出：男人是否有同性戀傾向，基因占了大約一半的原因。還有許多其他研究，也都支持這個結論。[12]

　　哈默在好奇之餘，決定找出與同性戀有關的基因。他和他的同僚與一百一十個有男同性戀成員的家庭訪談後，注意到一些不尋常之處——同性戀行為似乎是順著女性的系譜而來。如果有一個男人是同性戀，他上一代中最有可能是同性戀的人，不是他父親的兄弟，而是他母親的兄弟。

　　這立刻讓哈默聯想到：這個基因可能是在 X 染色體上，也就是男人唯一自他母親細胞核遺傳而來的一組基因。在比對樣本家庭中的同性戀男人和非同性戀男人的一套遺傳基因標記後，他很快地便在 Xq28 區，也就是 X 染色體長臂的尖端，找到一段可能的基因。當時有百分之七十五的同性戀男人都同樣有這個基因標記，而百分之七十五的非同性戀男人，則同樣有著另一個不一樣的基因標記。

就統計學來說，如此便可有百分之九十九的信度可以將巧合的機率排除。後續的結果也強化了這個效應，並排除同一區基因和女同性戀傾向的任何關連。[13]

兄長愈多，同性戀傾向愈強

對機敏的演化生物學家，如羅伯特・特利弗斯（Robert Trivers）來說，這種基因可能是在X染色體上的想法立即獲得回響。性傾向基因發生問題而造成同性戀行為的說法，很快便絕跡了。而這也清楚顯示出：現代人口中同性戀人口占了重大比例，大概有百分之四的男人肯定是同性戀（還有較低的百分比是雙性戀）。因為平均而論，同性戀男人較非同性戀男人更容易沒有後代，長時間後，同性戀基因註定會從頻率減少至消失，除非它帶有一些補償性的利益。特利弗斯提出理由爭論說，因為X染色體在女人體內的機會是男人的二倍，所以對女性繁殖有利的性別對抗基因，即使對男性繁殖有大到二倍的有害作用，也仍能生存。舉例來說，假設哈默所發現的基因決定了女性的青春期或甚至乳房尺寸（記住，這只是個想像的實驗），而這些特性都會影響女性繁殖力。回到中古世紀，大乳房可能代表更多乳汁，或者可能吸引到一個有錢的丈夫，他的小孩也較不會死於嬰兒期。甚至如果同一個基因由於生下的兒子會吸引其他男性而減少生育後代的機會，仍可因為它所賦予女兒的優勢而得以生存。

直到哈默聲稱的基因被發現並解碼後，同性戀行為和性別對抗之間的關係，才不再是憑空想像。實際上，這讓人了解Xq28和性行為之間的關連，有可能是誤導。麥可・貝里（Michael Bailey）最

近對同性戀家譜的研究，無法找出成為母系傾向的共同特色，其他
科學家也是一樣無法找到哈默聲稱的基因和 Xq28 之間的連結。目
前看起來，這個結果似乎只限於在哈默研究的那些家庭中。哈默本
人則提出預警說，除非該基因已是十拿九穩，否則要妄加其他猜測
是錯誤的。[14]

　　此外，現在還有一個更複雜的因素，對同性戀行為有著完全不
同的解釋。「性傾向和出生順序有關」的想法，愈來愈明確。有一
位或多位哥哥的男人，比沒有兄弟或只有弟妹，或有一位或多位姊
姊的男人，更容易成為同性戀。出生順序的效應非常強烈，每增加
一位哥哥，同性戀行為的可能性就增加約三分之一。這個效應目前
已在英國、荷蘭、加拿大、美國，以及許多不同的人群樣本都有報
告提出。[15]

　　對大部分人來說，第一個想法應該是類似佛洛伊德學說的說
法。在一個有哥哥的家庭中的成長動力（dynamics of growing
up），使你有朝同性戀發展的傾向。但是，佛洛伊德反應幾乎常常
是錯的（老式佛洛伊德想法是說，同性戀行為是由於保護性強的母
親及有距離的父親所造成的，這種想法幾乎想當然耳地將原因和效
應搞混了。娘娘腔的男孩排拒父親，而母親因補償心理而變得過度
保護）。再一次提醒，答案可能就在性別對抗的領域中。

子宮內的 H-Y 抗原效應

　　在這些事實中，有一項很重要的線索，就是女同性戀沒有出生
順序的效應，她們會隨機分布在她們的家中。此外，姊姊的數量也
和預測男同性戀行為的模式無關。一個已經懷有男性的子宮，可能

會增加同性戀行為的說法，也漸漸有了具體而特定的證據。說得準確點，是和 H-Y 組織相容抗原（H-Y minor histocompatibility antigen）的三個基因有關。它們都是 Y 染色體上的活性基因。其中一個基因所製造出來的蛋白質叫作「抗苗勒氏荷爾蒙」（anti-Mullerian hormone），是使人體具有男性特徵的極重要物質。它會造成男性胚胎中苗勒氏管的退化，而苗勒氏管是子宮和輸卵管的前驅物。其他兩個基因的作用則尚不確定。它們對生殖器的男性化並非必須，生殖器的男性化是由睪脂酮和抗苗勒氏荷爾蒙完成的。這部分的重要性現在開始浮現。

　　這些基因產物之所以被稱為抗原，是因為它們會激發母親的免疫系統反應。結果，免疫反應在連續懷男性胎兒時會更加強烈（女性嬰兒不會製造 H-Y 抗原，因此不會引起免疫反應）。雷‧布蘭查（Ray Blanchard）是研究出生順序效應中的一位，他爭辯 H-Y 抗原的工作是在特定組織中（尤其是腦部）啟動其他基因，而實際上確實有強而有力的證據顯示，在老鼠身上也如此。如果是這樣的話，母親對這些蛋白質的強烈免疫反應效應，可能有部分是為了防止腦部的男性化，卻不會防止生殖器的男性化。如此可能會使他們為其他男人吸引，或至少對女性不感興趣。在一項實驗中，對曾被刺激過 H-Y 抗原免疫反應的幼鼠，長大後和對照組相較，牠們大部分無法成功地交配，但是令人遺憾的是，這個實驗並沒有報告原因。同樣地，若在雄果蠅發育的關鍵點，啟動一個叫作「轉型者」（transformer）的基因，會使其不可逆地只展現雌果蠅的性別行為。[16]

　　人類並不是老鼠或果蠅，而且還有許多證據指出，人類腦部在出生後還繼續進行性別分化（sexual differentiation）。除了非常少

的幾個個案，同性戀男人顯然並非「女人心」受困於「男人身」。他們的腦部一定至少有部分已被荷爾蒙男性化。然而，可能在一些早期而重要又敏感的時期，他們損失某些荷爾蒙，而永久地影響某些功能，包括性傾向。

漢米爾敦的體認

第一個開始有性別對抗想法的人——比爾‧漢米爾敦（Bill Hamilton）了解，這是多麼傷害我們對基因的概念：「現實出現了，」稍晚他寫道：「基因組並不是龐大的數據銀行，再加上執行團隊去執行某個計畫——像我一直所想像的那樣——讓我們活著、有小孩。取而代之的是，它看起來更像一個公司的會議室，或是一些利己主義、自我中心者權力鬥爭的舞台。」漢米爾敦對基因的新認識，開始影響他對自己內心的了解：[17]

我自己的意識和外表上不可分割的自我，和我所想像的相距甚遠，我無須為我的自憐而感到羞恥！我是由一些脆弱的東西聯合指揮的外在代表——一些衝突指令的持有人，而指令則是來自分裂帝國裡的不安主人……正當我寫這些字句時，甚至能如此寫下來時，我正對著我心深處的個體偽裝，而我現在知道這個個體並不存在。我完全是混合的，男性混和女性，父母混和子女。在塞芬河（River Severn）遇見豪士門（Housman）詩中的塞爾特人和撒克遜人之前（引自〈一個什羅浦郡青年〉），敵對的染色體片段已相互衝突數百萬年。

　　基因是彼此對立的這個想法，以及基因組是一種親代基因和子代基因之間，或是男性基因和女性基因的戰場這個想法，是只有少數演化生物學家知道的故事。然而它已深深地震撼了生物學的哲學基礎。

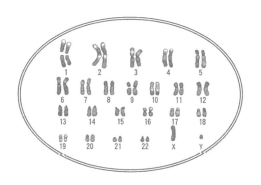

第8號染色體

利 己

　　我們是活著的機器——被機器媒介盲目地加以程式化，以保存叫作基因的自私分子。這是個至今仍會使我感到驚訝的事實。

　　　　　　——理查・道金斯，《自私的基因》（*The Selfish Gene*）

基因裡充塞著垃圾

新機器所附的指導手冊，常讓人感到沮喪。它們好像永遠都不會有任何你所需要的訊息，它們耍得你團團轉，它們讓你感到孤立無援，而且它們在翻譯的過程中一定漏掉些什麼。不過，至少它們不會剛好在你快找到重點時，插入一段像是五份舒勒（Schiller）的「歡樂頌」（Ode to Joy）抄本，或是如何為馬套馬鞍說明書中的一段。它們通常也不會含有一套裝配機器完整說明書的五份影本，而這部機器正好是用來印出此一說明書。它們也不會把你正在找的真正說明書，打碎成二十七個不同的段落，每段之間還散置著長長數頁不相干的垃圾，讓你認為要找到正確的說明都是一項龐大的任務。但人類的視網膜胚細胞瘤（retinoblastoma）基因卻是如此，而且直到目前所知，這是人類基因的典型──簡潔的二十七段有意義的內容中間，插了二十六頁其他的東西。

大自然在基因組中藏了些卑鄙的小祕密。每一個基因都比它所需要的來得複雜許多，它被打斷成許多不同的「段落」，稱之為表現序列，其間則是長而隨機、無意義，且連續塞滿完全不相干的內容，稱之為插入序列，其中有些插入序列還含有完全不相同（而且不懷善意）的真實基因。

基因文本混亂的原因，是因為基因組是一本它自己寫的書，持續地增加、刪除，還有超過四十億年的修正期。寫自己的文件，都有些不尋常的特性。特別是它們都有寄生狀態的傾向。就這一點而言，文本的關係就會不自然了。試著想像一位撰寫指導手冊的作者，每天早上坐在電腦前面，從爭吵著要吸引他注意力的內容中，

找出他真正要的段落。吵得最大聲的一個，威嚇他要將其他五份複本包含在下一頁中。真正的指導內容還是得放在文本裡，不然機器就永遠裝不起來，結果是手冊中充滿了貪婪、寄生的段落，占了作者屈從的便宜。

　　實際上，電子郵件出現後，類似事件更是層出不窮。假設我寄給你一封電子郵件，寫道：「小心，現在有一隻惡劣的電腦病毒，如果你打開標題為『橘子果醬』的訊息，它將會刪除你的硬碟！請將這份警告傳給你能想起來的每一個人。」這個病毒是我編造的，據我所知，目前也沒有叫作「橘子果醬」的病毒在流竄。我很有效地偷走你的時間，而且使你寄出我的警告。我的電子郵件就是那個病毒。[1]

垃圾基因也有用處

　　目前為止，這本書的每一章都專注在某一個基因或是一些基因上，暗示假定它們就是基因組中的重要角色。記住，基因是一大串包含著蛋白質所需配方的 DNA。但是我們的基因組中，有百分之九十七並不含有真實的基因。它含有一大堆名稱很奇怪的偽基因（pseudogene）、反偽基因（retropseudogene）、衛星體序列（satellite）、迷你衛星體序列（minisatellite）、微衛星體序列（microsatellite）、轉錄子（transposon），以及反轉錄子（retrotransposon），它們全部都是「垃圾 DNA」。或者更精確地說，叫作「自私的 DNA」。這些有的是失去功能的基因，但大部分都只是一串串的 DNA，而且這些 DNA 從未被轉錄成蛋白質的語言。❶

---

❶　譯註：DNA 會被轉錄成蛋白質，蛋白質就好像是 DNA 的語言、表達方式。

這章要討論的就是垃圾 DNA。

　　幸運的是，這是個說這個故事的好地方，因為有關第 8 號染色體，我沒有其他特別好說的。不是因為它是個無聊的染色體，或者是只有少數幾個基因，只是第 8 號染色體上還沒有發現什麼能吸引我相當注意力的基因（就它的大小而言，第 8 號染色體沒有得到應有的重視，也是被完成基因定位最少的染色體之一）。所有染色體都有垃圾 DNA。然而，諷刺的是，垃圾 DNA 是人類基因組中最早發現能真實、實際地應用在人類日常生活中的 DNA，因為它導致了 DNA 指紋術（DNA fingerprinting）的出現。

　　基因就是蛋白質的配方，但並不是所有的蛋白質配方都令人合意。在整個人類基因組中最常見的蛋白質配方，是一種叫作「反轉錄酶」（reverse transcriptase）的蛋白質。反轉錄酶的基因，目前為止在人體裡沒有什麼用處。如果能將反轉錄酶基因，都仔細而神奇地從一個人的基因組中移去，那麼這個人的健康、壽命以及快樂，都可能會改善，而且不會受到任何傷害。反轉錄酶對某些寄生體非常重要。對愛滋病病毒的基因組來說，它是一種極為有用、但並非必須的部分：它能使病毒感染並殺死患者。相較之下，對人類來說，這個基因不僅惹人討厭，而且具有威脅性。但它卻是整個基因組中最常見的基因。人類基因組內有數百份，甚至上千份它的複製品散布在染色體中，這是個令人驚訝的事實，它們為何會出現？

反轉錄酶的作用為何？

　　有個線索值得一探。取一個基因的 RNA，把它複製成 DNA 後，再縫回基因組中。這個 RNA 可以說就是基因複製品的回程票。愛

滋病病毒便是因此而能把自己的基因組複製品，併入到人類DNA中，而隱藏、維持自己，並有效地再複製。人類基因組中之所以有這麼多反轉錄酶基因的複製品，是因為可識別的「反轉錄病毒」在很久以前（或甚至是在最近）就把它們放在那裡了。人類基因組曾併入數千種幾乎完整的病毒基因組，現在這些病毒基因組大部分，又加進一些或少了些重要的基因。這些「人類內生性反轉錄病毒」（human endogenous retroviruses），或簡稱為Hervs，占了整個基因組的百分之一‧三。聽起來好像不太多，但是「有用的」基因只占了百分之三。如果你認為身為類人猿的後代有損於你的自重，那麼最好試著適應你也是病毒後代的這個想法。

　　但為什麼不趕走這個中間人呢？病毒基因組在脫落大部分的病毒基因，只留下反轉錄酶基因後，於是這個效率更高的寄生體，便放棄了以口沫或性行為的方式傳遞這項艱難工作，取而代之的是搭受害者基因組的便車，一代一代傳下去，成為一個真正的遺傳寄生體。這種「反轉錄子」，甚至比反轉錄病毒還更常見許多。其中最常見的一段「字母」序列，叫作LINE-1。LINE-1是一個DNA的「段落」，長度有一千到六千個「字母」那麼長，內容包括了在接近中間位置、有反轉錄酶的完整配方。LINE-1還不只是非常常見，在你的每一套基因組中，可能就有十萬份LINE-1的複製品，而且它們還是群聚的，所以在染色體上的一個段落中，就可能連續重複好幾次。它們占了整個基因組中龐大的百分之十四‧六，也就是說，它們比「有用的」基因還要常見近五倍。這所代表的意義是非常可怕的。LINE-1有它們自己的回程票。單獨一份LINE-1便可以使自己被轉錄，製造出自己的反轉錄酶，再使用那個反轉錄酶製造出自己的DNA複製品，然後把複製品併入到基因中的任何角落。這是

最初對體內為什麼有這麼多 LINE-1 的複製品提出的推測。換句話說，這篇文本裡之所以有連續的「段落」在那兒，只是因為它擅長複製，沒有別的理由。

「跳蚤身上有更小的跳蚤寄食，小跳蚤身上則有更小的跳蚤寄食，以此類推，無窮無盡。」如果 LINE-1 也是如此，LINE-1 便能脫落反轉錄酶基因，而只用 LINE-1 的序列去寄生。甚至還有比 LINE-1 更常見，且比較短的「段落」，叫作 Alu。每一段 Alu 含有一百八十到二百八十個「字母」，而且似乎是擅長使用別人的反轉錄酶進行複製。Alu 的文本在人類基因組中可能重複了百萬次，占了這整本「書」的百分之十。[2]

一切只因為要複製自己

原因目前尚未十分明瞭，典型的 Alu 序列和某個真正的基因非常相似，那個基因是一個叫作核糖體（其功能為蛋白質製造機）的基因上的一部分。這個基因和別的基因不一樣的地方，就是它有個叫作「內起動子」（internal promoter）的東西，意思就是說「讀我」（Read Me）。由於這個訊息是以某種序列寫在基因中間，於是非常有利於它的增殖，因為它攜帶有自己轉錄所需要的訊息，而不需要降落在其他類似的起動子序列旁。結果，每一段 Alu 序列，很可能便是一段「偽基因」。以常用的舉例方式來說明偽基因的話，它們就是一些已經全都生鏽得千瘡百孔的基因船，在經過嚴重突變後已經沉到吃水線以下。這些基因現在躺在基因組海洋的底端，慢慢地變得愈來愈生鏽（也就是累積了更多的突變），直到它們變得不再像它們原來的樣子。舉例來說，在第 9 號染色體上面，有一條相

當難以形容、歸類的基因，如果你拿一段它的複製品來當探針，試著在基因組中找出和這個基因相似的序列，你會發現有十四個基因，位置分布在十一對染色體上。也就是說，有十四段鬼魅般的廢物已經沉落底部。它們都是多餘而冗長的複製品，一個接著一個，已經突變、再也不使用了。大部分基因，甚至連每一個有用的基因，很可能也是如此，基因組中到處都有一些破爛的複製品。這十四個基因有趣的地方是，它們不僅可以在人類中找到，猴子中也有。當猴子分成舊世界的猴子和新世界的猴子之後，三個人類偽基因便已下沉。科學家屏息地說，這也就代表了：僅在三千五百萬年前，它們便已減緩了譯出蛋白質的功能。[3]

Alu 基因曾經瘋狂地增殖，而且在相當近代也還曾這麼增殖過。Alu 基因只在靈長類動物中找得到，並分成五個不同的家族，其中有些可能在黑猩猩轉變為人類時才出現，也就是近五百萬年內。其他動物也有不一樣的短段重複「段落」，在老鼠身上的就叫作 B-1。

所有這些關於 LINE-1 和 Alu 的訊息，發展出一個重要而意想不到的發現。基因組被相當於電腦病毒的這些自私、寄生的一串串字母弄得亂七八糟，甚至還可以說是窒礙難行，而這些字母的存在，只為了一個單純而簡單的理由——它們擅於複製自己。電子連鎖信和有關橘子果醬的警告，也是到處充斥著。人類 DNA 中，大約有百分之三十五都是這種不同形式的自私 DNA，這也就是說，要複製我們的基因，得花費比實際所需還要多百分之三十五的能量。我們的基因組亟需驅除這些寄生體。

身體是基因的工具

　　沒有人會這麼懷疑。沒有人曾預測當我們讀出生命密碼時，居然發現它們是如此未加控制，而且自私地在開發、利用我們。不過，也許我們早該預期到，因為生命的每一個其他層次都可以是寄生狀態。動物的腸道有蟲，血液中有細菌，細胞中有病毒。那為什麼反轉錄子不會在基因中呢？一九七○年代中期，可說是許多演化生物學家的黎明，尤其是那些對行為學有興趣的人。當時的科學家發現，天擇造成的演化和物種之間的競爭沒什麼關連，和群體之間的競爭也沒什麼關連，甚至和個體之間的競爭也沒什麼關連，反而是和基因之間的競爭有關：基因利用個體，甚或社會當作暫時的載體，而進行競爭。

　　舉例來說，若要在當個安全、舒適、長壽的個體，或是冒著風險、麻煩、危險去生育繁殖之間選擇，實際上所有動物（事實上還有植物）都會選擇後者。他們選擇縮短他們的壽命，以獲得子代。實際上，他們的身體在設計時，便已加入計畫好的生物性退化，稱之為「老化」。老化會使他們在達到生育年齡後開始衰退，或者像烏賊或太平洋鮭魚那樣，在生育後便立即死亡。這些都沒什麼道理，除非你把身體當成基因的交通工具，或是基因為了使自己不朽而在競爭中所用的工具。身體的存活是次要的，目的是要讓下一代繼續下去。

　　如果基因是「自私的複製者」，而身體則是它們的可拋棄式「交通工具」（這是理查・道金斯具爭論性的術語），那麼當你發現：有些基因可以完成它們自己的複製，卻沒有建造它們自己的身體

時，也就應該沒什麼好奇怪的了。而當你還發現：基因組就像身體一樣，是它們進行生態競爭與合作的棲息地時，也沒有什麼好驚訝的。於是，在一九七〇年代，進化首度與遺傳合而為一。

為了解釋基因組內含有巨大沒有基因的區域的這個事實，兩組科學家在一九八〇年提出了一個看法。他們認為這些充滿了自私序列的區域，唯一的功能便是在基因組內生存下去。他們說：「想要尋求其他種解釋的努力，就算在知識的追求上不算全然的浪費，最終也是徒勞無功的。」為了做出這個大膽的預告，他們在那段時間相當沮喪。遺傳學家仍卡在一個胡同裡：如果人類基因組上有些什麼東西，那它一定是為了人類的目的服務，而不是為了自己自私的目的。把它們想成有什麼目標或夢想，其實是沒什麼道理的。現在，這個說法已經獲得廣大的支持。基因的行為舉止確實好像它們有自私而無意識的目標，同時也追溯得出其結果：如此行為的基因會綿延持續下去，而沒有如此行為的基因則否。[4]

自私 DNA 的遺害

一段自私的 DNA，並不只是一位乘客，它的出現還會增加基因組的大小，複製基因組的能量成本也會增加。這樣的一段 DNA，對基因的完整性也是一項威脅。因為自私 DNA 的習慣是，從一個地點跳到另一個地點，或是送出複製品到新的地點，而且它又喜歡著陸在有效基因的中間，再把這些有效的基因弄亂，使它們無法被辨識，然後再一次跳出來導致突變而產生變異。這也是轉錄子首度在一九四〇年代，被眼光遠大但備受忽視的遺傳學家芭芭拉‧麥克林托克（Barbara McClintock）發現的原因（她終於在一

九八三年獲得諾貝爾獎）。她注意到玉米種子的顏色便是以這樣的方式發生，而唯一的解釋是突變在色素基因上跳進跳出。[5]

在人類中，LINE-1 和 Alu 則著陸在各種基因中間而導致突變。舉例來說，血友病便是因為它們著陸在凝血因子基因上而造成的。但是因為某些尚未完全了解的理由，我們人類相較於某些其他種類而言，DNA 寄生體的困擾較少。大約在每七百次人類突變中，才會有一次是因為「跳躍基因」（jumping gene）造成的；在老鼠身上卻有接近百分之十的突變，是由跳躍基因造成的。在一九五○年代時，由一種以小型果蠅（*Drosophila*）進行的自然實驗中證實了跳躍基因造成的潛在危險。這種果蠅是一種最受遺傳學家歡迎的實驗動物，名叫黑腹果蠅（*Drosophila melanogaster*），如今已被運往全世界各地的各實驗室飼養繁殖。牠們常會脫逃，然後和其他當地種類的果蠅交配，其中之一叫作 *Drosophila willistoni*，而這種果蠅身上便帶有一種叫作 P 元素（P element）的跳躍基因。在大約一九五○年時，南非的某個地方，*Drosophila willistoni* 的跳躍基因可能是藉由吸血小蟲的傳遞，而進入了黑腹果蠅種類中。將豬或狒狒的組織「異體移植」（xeno-transplant）到人體上的最大隱憂，便是牠們可能會在我們人類這個種類中，釋放一種新形式的跳躍基因，就像果蠅的 P 元素那樣。P 元素自此便像野火般蔓延，於是大部分的果蠅便都有了 P 元素，但在一九五○年以前，自野生地採集而後隔離保存的種類卻沒有。P 元素是一段自私 DNA，所到之處均將基因打亂。最後，果蠅基因組中的其他基因開始反擊，發展出抑制 P 元素跳躍習慣的方法。P 元素便定居下來成為乘客。

人類沒有像 P 元素那樣邪惡的東西，至少此刻沒有。但在鮭魚中有一種類似的元素，叫作「睡美人」（sleeping beauty）。在實

驗室中，將它導入人類細胞的話，會發現它將綿延興旺下去，並顯示出具有剪貼 ❷ 的能力。若要說有什麼和散布 P 元素類似的事情，大概就算是發生在人類身上的九個 Alu 元素的事情了。這些 Alu 元素每一次在人種內散布都會將其原有的基因打散，直到其他基因堅持以它們共同的利益去抑止 Alu 元素後，Alu 元素才會安定下來，而成為靜止的狀態。我們在人類基因組上所看到的，並不是一些快速增加的寄生性感染，而是許多過去寄生體的靜止胞囊。它們每一個都曾快速地散布，直到基因組找到抑制它們（而非驅逐它們）的方法。

抑制複製的甲基化

就這個觀點來說，我們似乎比果蠅還要幸運。我們有一個通用的機制來抑制自私的 DNA——如果你相信這個爭議中的新理論的話。抑制機制是由一個叫作將胞嘧啶甲基化（cytosine methylation）的機制進行的，甲基化就是將一個甲基加在碳原子和氫原子上。胞嘧啶是遺傳密碼中的字母 C，甲基化會使它無法轉錄。基因組中有許多部分花了大量時間在甲基化，也就是被阻礙的狀態，還有相當大部分基因起動了，也就是轉錄開始的部分也都是如此。一般均假設甲基化是可以將特定組織中不需要的基因關閉，如此才能使腦部和肝臟不一樣、肝臟和皮膚不一樣，依此類推。但是反對的解釋也有它的看法。甲基化在組織特定的表現上，很可能幾乎沒有事情做，但在抑制轉錄子和其他基因組內寄生體時，就大有表現之處

❷ 譯註：cut and paste ability，表示它可將自己從所在的 DNA 位置「剪下來」，再「貼」到別的 DNA 位置上去。

了。大部分甲基化的位置，在像 Alu 和 LINE-1 等轉錄子內。新理論認為，在胚胎發育早期時，所有的基因很清楚地都沒有任何甲基化，而且處於啟動狀態。然後，有一些分子對整個基因組仔細調查，找出重複的序列，然後以甲基化將它們關閉起來。在癌症腫瘤中，所發生的第一件事便是將基因去甲基化（demethylation）。結果，自私 DNA 從它的手銬中釋放出來，並在腫瘤中大量表現。由於它們擅長擾亂其他基因，這些轉錄子接著便可以使癌症惡化。依這個爭辯來說，甲基化是具有抑制自私 DNA 的效用的。[6]

一般而言 LINE-1 大約有一千四百個字母長。Alu 則至少一百八十個字母長。然而，還有甚至比 Alu 更短的，但是也會累積成大量而連續的一段斷斷續續基因。這些較短的序列，大概還稱不上寄生體，但它們幾乎是以相同的模式在增殖。也就是說，它們之所以在那裡，是因為它們含有一段有利於使自己複製的序列。這些較短的序列之一，可以實際運用於法醫學和其他科學上，「高度可變性迷你衛星體序列」（hypervariable minisatellite）就是個例子。這個簡潔小巧的序列，可以在所有染色體上發現，在基因組中，它出現在超過一千個位置。在每一個地方，這段序列都具有一個單獨的「片語」，通常是大約二十個「字母」長，不斷地重複許多次。其中的「文字」會依位置和個體而改變，但它通常含有一樣的中心字母：GGGCAGGAXG（其中 X 可以是任何字母）。這段序列的重要性，是它非常相似於一段細菌用來啟動和同種類細菌進行交換基因時所需的序列，而且它似乎還和鼓勵我們染色體之間基因交換有關。它就好像每一段序列都是一個句子，中間含有「把我交換」的字樣。

這就是一個重複的迷你衛星體序列的範例：

hxckswapmeaboutlopl-hxckswapmeaboutlopl-
hxckswapmeaboutlopl-hxckswapmeaboutlopl-
hxckswapmeaboutlopl-hxckswapmeaboutlopl-
hxckswapmeaboutlopl-hxckswapmeaboutlopl-
hxckswapmeaboutlopl-hxckswapmeaboutlopl-

這裡有十個重複。而其他地方，在一千個位置中的每一個位置，都可能由五十個或是五個同樣片語的重複。細胞按照指示，開始將這些片語和同樣染色體上等量的其他複製品交換。但在這麼做的時候，它又常出錯，會增加或是減少重複的次數。以這種方式，每一次重複最後都會改變長度，改變的速度快到讓它在每一個個體中都不一樣，但同時又慢到讓大部分的人都能和他們父母有相同的重複長度。由於有上千個這種系列的片語，結果就造成每一個個體都有一套獨特數量的片語。

基因指紋術的運用實例

艾列·傑弗瑞（Alec Jeffreys）和他的技術員維琪·威爾森（Vicky Wilson）在一九八四年偶然地發現了迷你衛星體序列，這大致上算是一場意外。當時，他們正在研究基因如何演化，方式是將人類肌肉蛋白質的肌血球素基因和海豹的相對基因做比對。當時他們注意到，在這段基因中間有一段重複的 DNA。每一段迷你衛星體序列，雖然都有著同樣十二個字母的核心序列，但是重複的次數則差異很大，而要將這一列迷你衛星體序列釣出，並和其他不同個體中的一列迷你衛星體序列的大小相比，是件相當簡單的事。他們發現重複的次數非常多變，所以每個人都有一套獨特的遺傳指

紋——一連串黑色的標記，看起來就像條碼。傑弗瑞立刻警覺到他所發現的東西的重要性。他不顧肌血球素基因才是他的研究目標，開始研究起獨特的基因指紋術，看看他能找到什麼。不同的人之間的基因指紋差異十分之大，因此當時移民當局也立刻對它感到興趣，想拿它來測試自稱是美國居民親戚的新移民是否為真。基因指紋術證明新移民說的通常是實話，而這也減少了不少謎團。下面所要說的，才是更戲劇性地應用基因指紋術。[7]

一九八六年八月二日，在李希斯特郡（Leicestershire）那柏如（Narborough）村莊附近的灌林叢中，發現一位年輕女學生的屍體。當時十五歲的達恩・艾希渥斯（Dawn Ashworth）被強暴並勒死。一個星期後，警方逮捕了一位年輕的醫院搬運工，理察・巴克蘭德（Richard Buckland），他坦承犯下這樁謀殺案。這件事至此應該告一段落。巴克蘭德該被判謀殺罪，然後進入監牢。然而，警方仍渴望解決另一件懸而未決的案子，一位叫作琳達・曼恩（Lynda Mann）的女孩，也是十五歲，也是來自那柏如村，也是被強暴並勒死後棄置在曠野，但是約發生在三年前。這兩件謀殺案如此相似，很難令人相信不是同一個人所犯下的。但是巴克蘭德不承認他犯下曼恩的謀殺案。

艾列・傑弗瑞在指紋術方面的突破性宣言，經由報紙傳到警方，由於傑弗瑞在李希斯特郡工作，距離那柏如村不到十英里，當地警方便和傑弗瑞聯絡，並問他是否能證實巴克蘭德在曼恩這個案件上的罪行。他答應一試。警方提供他從這兩名女孩屍體上採取下來的精液，以及巴克蘭德的血液樣本。

傑弗瑞從各樣本中找出不同的迷你衛星體序列時，碰到了一些難題。但在超過一個星期以上的努力後，基因指紋術便已完成。兩

份精液樣本是一樣的，而且一定是來自同一個男人。案子結束。但是傑弗瑞接著又驚訝地發現，血液樣本和精液樣本有著不一樣的指紋——巴克蘭德不是凶手。

李希斯特郡警方激烈反對，認為這是個荒謬的結論，傑弗瑞一定是搞錯了。傑弗瑞重複試驗，英國內政部法醫實驗室（Home Office forensic laboratory）也進行了一樣的實驗，結果還是完全一樣。迷惑的警方不情願地撤回巴克蘭德的案子。這是歷史上首度有人以 DNA 序列為證據而證明無罪。

破案新武器

但糾纏不休的疑雲仍在。若基因指紋術能像證明別人無罪一樣證明出誰有罪，警方便會覺得基因指紋術更具說服力。於是，在艾希渥斯死後五個月，警方試圖測試那柏如村地區的五千五百名男人的血液，試圖找出和殺人犯精液相符的基因指紋。但沒有任何樣本相符。

接著有一位在李希斯特郡麵包店工作的人，名叫艾恩・凱利（Ian Kelly）對他的同事說，他曾經做過血液試驗，雖然他根本不住在那柏如村附近。他是替另一位也在麵包店工作，而且住在那柏如村的工人考林・比區弗克（Colin Pitchfork）去做的；因為比區弗克對凱利說：警方想要誣陷他。凱利的一位同事將這個故事告訴警方，警方便逮捕了比區弗克。比區弗克很快地便坦承殺了這兩個女孩，而這一次的認罪被證明是真的：他的血液 DNA 指紋和在兩具屍體上找到的精液相符。他於一九八八年一月二十三日被判終生監禁。

　　基因指紋術立刻成為法醫科學上最可靠、最強而有力的利器。
比區弗克的案子，是這項技術一次特別而典型的示範，為未來數年
的辦案設下風格。基因指紋術可以證明清白者無罪，甚至即使是看
起來充滿證據的罪行。如果適當地使用的話，它的用途、驚人的精
確性和可靠性，也會威脅到罪犯進而減少犯罪。即使是少量的身體
組織樣本，甚至鼻涕、口水或痰、毛髮，或是從死了很久的屍體上
採集下來的骨頭，結果仍是相當可靠的。

　　自從比區弗克的案子後，基因指紋術已被廣泛採用。光是在英
國，一九九八年年中時，法醫科學服務處（Forensic Science Service）
便已採集了三十二萬份DNA樣本，並使用在和二萬八千人有關的
犯罪事件上。而已經有幾乎兩倍的樣本，被用來釋放清白的人。如
今這項技術已經被簡化，原本要取用迷你衛星體序列上的許多部
位，現在只要取用單一部位。基因指紋術也已經被加以發揮功能，
現在一小段迷你衛星體序列或甚至微衛星體序列，都可以用來找出
獨特的「條碼」。迷你衛星體序列的重複，不僅可以分析它的長度，
還可以分析出真正的序列，以找出更精密的結果。但在法庭上也曾
有律師誤用或不當使用這些DNA的證明。（許多的誤用反映出大
眾對統計學過於輕信，而非任何和DNA有關的事。對陪審團來說，
「某人是一千人當中唯一的一位DNA符合者」和「某人的DNA比
對有百分之〇‧一的或然率」，將近有四倍之多的潛在陪審團會相
信後者的說詞而宣判有罪。事實上，這兩種說法是指同一件事。）[8]

基因指紋術的多用途

　　DNA指紋術現在已經不只應用在法醫科學上，還應用到其他

領域。一九九〇年時，它被用來證實被挖出來的喬瑟夫‧曼格爾（Josef Mengele）屍首的身分。它也被用來證實在莫尼卡‧陸文斯基（Monica Lewinsky）洋裝上精液的所有人是柯林頓總統。它還被用來分辨湯瑪士‧傑弗遜（Thomas Jefferson）的私生子。它更被大量應用在法庭上公開的以及父母親私人的親子鑑定上。一九九八年一個叫作艾登提基因（Identigene）的公司，在美國各地高速公路放置的告示板便寫著：「父親是誰？請電 1-800-DNA-TYPE。」❸他們每天會接到三百通電話，詢問這個價值六百美元的測試，有的是單親媽媽試著要求她們孩子的父親支付孩子的生活費，也有的是多疑的父親不確定他們伴侶生的孩子是否是自己的。有超過三分之二的個案，DNA 證據顯示出母親說的是實話。這也是一項爭議點，到底是讓他們發現伴侶不誠實——即使會觸犯某些人的隱私權——比較重要？還是讓他們對所懷疑的事安心比較重要？但爭論仍無結果。在英國，可以預期地，當這一類私人服務首度出現在市面上時，必定會引起媒體激烈的爭論。在英國，這一類的醫療技術是政府的權力，而非個人的。[9]

　　更浪漫的是，基因指紋術在親子鑑定上的應用，已經革命性地讓我們了解鳥類的歌聲。你是否曾經注意到，畫眉鳥、知更鳥在春天交配後會持續歌唱許久？雖然傳統的想法是，鳥類歌聲的主要功能是吸引伴侶。生物學家從一九八〇年代晚期開始測試鳥類DNA，試著找出在各鳥巢中哪一隻公鳥是幼鳥的父親。他們驚訝地發現，大部分一夫一妻制的鳥類中（指只有一隻公鳥和一隻母鳥忠誠地相互幫助養育全部幼鳥），母鳥和鄰居公鳥交配的情況，比

---

❸　譯註：美國電話號碼的數字可以用英文字母代替。

表面上的配偶還多；私通和不忠實的現象，遠比任何人所能預期的還要多（也許因為牠們承諾嚴守祕密）。DNA 指紋術帶來研究的狂潮，並帶來一個豐富的理論，叫作「精蟲競爭」。這個理論解釋了許多事，像是黑猩猩的睪丸是大猩猩的四倍大，但是黑猩猩的身材卻只有大猩猩的四分之一。公的大猩猩會獨占牠們的配偶，所以每一隻大猩猩的精子沒什麼競爭者；而公的黑猩猩共有配偶，所以每隻公的黑猩猩都需要製造大量的精蟲，並經常交配以增加做父親的機會。這也解釋了公鳥為什麼在已婚後，還那麼努力歌唱。牠們是在尋求「外遇」。[10]

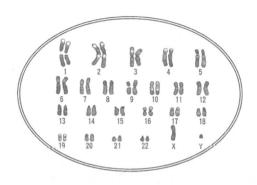

第9號染色體

疾 病

嚴重的疾病需要危險的藥物。

——基・法奇斯（Guy Fawkes）

血型基因在第 9 號染色體上

第 9 號染色體上有一個非常有名的基因，那就是決定 ABO 血型的基因。在 DNA 指紋術還沒有出現之前，血型就已經出現在法庭上很久了。偶爾，警方幸運的話，罪犯的血液便可以和犯案現場所發現的血液比對吻合。但血型只能認定誰無罪——也就是說，血型不符合就證明你絕不是凶手，但如果血型相符，只能說「你可能是凶手」。

但這項邏輯並沒有在加州最高法院造成多大的衝擊，加州最高法院在一九四六年裁決卓別林（Charlie Chaplin）絕對是某個小孩的父親，而不顧他們的血型並不相符這個清楚的證據——當時的法官都不太懂科學。從父親身分的訴訟案件到謀殺案，血型就好像基因指紋術（或是真正的指紋術一樣），是無罪的好朋友。

在 DNA 指紋術的時代，血型法醫學已顯得多餘。不過，由於錯誤的輸血可能會致命，所以血型在輸血時尤其重要。而且血型使我們能對人類移民史有更深一層的認識——雖然血型的這個角色，再度被其他基因取代。如果你認為血型分類很笨，那你就錯了。從一九九〇年開始，血型有了一個全新的角色。它可以讓我們了解：為什麼我們的基因那麼不一樣，以及如何造成這些不一樣的。它們掌握著人類多形性（polymorphism）的關鍵。

第一個也是最廣為人知的血型系統，就是 ABO 系統。它於一九〇〇年首度被發現，剛開始時有著三種不同的名字，而令人感到相當迷惑，其中，根據摩斯氏命名法（Moss's nomenclature）的第一型血（Type I），和根據楊斯基氏命名法（Jansky's nomenclature）

的第四型血（Type IV）是一樣的。最後終於成功地將其合理化，並採用維也納發現者的命名法（他發現血型是世界通用的），分為有 A、B、AB、O 型。卡爾‧蘭斯坦那（Karl Landsteiner）深富表情地形容，若發生輸血錯誤便會「lytischen und agglutinierenden Wirkungen des Blutserums」，意思是紅血球都會凝結在一起。但是血型之間的關係並不簡單。A 型的人可以安全地捐血給 A 或 AB 型的人，B 型的人可以捐血給 B 和 AB 型的人，AB 型的人只可以捐血給 AB 型的人，而 O 型的人可以捐血給任何人——O 型因此被稱之為「萬能捐血者」。不同的血型也沒有明顯的地理或種族上的差異。差不多有百分之四十的歐洲人是 O 型，百分之四十是 A 型，百分之十五是 B 型，還有百分之五是 AB 型，在其他大陸上的分布也是類似如此。只有美洲是明顯的例外，本土的美洲人口幾乎都是 O 型，此外部分加拿大部落通常是 A 型，至於愛斯基摩人，他們多半是 AB 型或 B 型。

比較 A、B、O 血型的基因

直到一九二〇年代，才逐漸理解 ABO 血型的遺傳學，直到一九九〇年，才發現相關的基因。A 型和 B 型是同一個基因的「共同顯性」（co-dominant）形式，O 型則是它的「隱性」形式。這個基因坐落於第 9 號染色體上接近長臂的端點處。它有一千零六十二個字母長，分開成六個短的和一個長的表現序列（段落），分散在該染色體上的好幾「頁」——總長共一萬八千個字母。它是個中等尺寸的基因，但是被五段較長的插入序列打散。這個基因是半乳糖轉移酶（galactosyl transferase）的配方，[1] 而酶就是一種有能力催化

化學反應的蛋白質。

　　A 型的基因和 B 型的基因之間的差異，就是在總長一千零六十二個字母中，有七個字母不同，這些差異的其中三個會造成同義突變（synonymous）或是沉默突變（silent）。也就是說，這些突變後的基因，所製造出來的蛋白質鏈中的胺基酸並沒有差異。其他四個有問題的是第 523、700、793，和 800 等四個字母。A 型的人字母讀起來是 C、G、C、G，B 型的人字母讀起來是 G、A、A、C。還有其他非常稀少的差異。少數人會有一些 A 型的字母和一些 B 型的字母，還有少數 A 型的人在基因端部缺失了一個字母。但是光這四個小小的差異，便足以使蛋白質產生差異，導致對錯誤血型的免疫反應。[2]

　　比起 A 型，O 型只改變一個字母，但這並不是以一個字母取代另一個字母，而是將那個字母刪除。O 型的人，原本應該讀作「G」的第 258 個字母被刪除了。這個影響效應很大，因為它會引起所謂的「閱讀移位突變」（reading-shift mutation），因而造成更多改變（回想起來，如果法蘭西斯‧克里克在一九五七年時所提出無逗點密碼假說是正確的話，就不會有閱讀移位突變）。遺傳密碼是三個字母讀成一個字，而且沒有標點符號。若是以三個字母的字寫成的英文句子，讀起來可能會像：肥貓坐墊上，而大狗來咬貓（「the fat cat sat top mat and big dog ran bit cat」）。我承認這不像首詩，但是就算它是吧。改變其中一個字母，它還是可以有一些意義：肥毛坐墊上，而大狗來咬貓（「the fat xat sat top mat and big dog ran bit cat」）。但是如果刪除掉同一個字母，剩下來的字母每三個一讀，整個句子讀起來就沒有什麼意義了：「the fat ats att opm ata ndb igd ogr anb itc at」。這也就是發生在 O 型的 ABO 基因上的

事。它們雖然只是在整個訊息的相當初期部分缺乏了一個字母，但整個接下來的訊息便完全不同了。於是，不同的蛋白質便有了不同的性質，而無法催化化學反應。

血型是中性的？

這聽起來很誇張，卻是千真萬確的。不過，O型的人在各行各業都並沒有明顯的不利條件。他們不會比較容易得到癌症，運動表現不會比較差，肌肉能力或其他能力也都和別人一樣。在優生學的全盛期，也沒有政客呼籲要對O型的人加以絕育。實際上，血型最大的特色，就是它們的角色似乎是完全晦而不顯──它們和任何事情都沒有相互關連。因此雖然它們很有用，但在政治上是中立的。

但這也就是事情有趣的地方。如果血型是晦而不顯而且不具政治色彩，那麼它們是如何演化到今天這個狀態？美洲原住民多是O型是純屬巧合嗎？乍看之下，血型似乎是演化的中立理論典範，日籍科學家木村（Motoo Kimura）在一九六八年公開發表：大部分基因多樣性的原因，是因為它不會造成任何差異，而不是因為某種目的而被天擇了。木村的理論是，突變之後會引起更多的突變，但並不會對基因庫產生任何影響，而且它們最終會被基因隨機改變，而再一次被淨化，所以會有持續進行的基因更替，而不用經過適應。由於突變體並無優劣之分，而導致所謂「選擇中性」，經由這種機制，到一百萬年以後再回到地球，人類基因組中的大部分，讀起來跟現在可能會很不一樣。

「中性學說者」和「選擇學說者」有一陣子為了他們自己的信

念，彼此變得相當緊張，但當木村和許多追隨者離去時，一切便塵埃落定。大多數的變化實際上似乎都是中性的。尤其當科學家仔細觀察蛋白質是如何改變時，他們更覺得大部分的改變，實際上並不影響「活性部位」，也就是蛋白質進行化學反應的地方。有某個蛋白質，自從寒武紀以來，在一群生物和另一群生物之間，已經有二百五十次遺傳改變，但是其中卻只有六個會造成影響。[3]

但是現在我們知道，血型並不像看起來的那麼中性。這是有理由的。從一九六〇年代早期，血型和腹瀉之間愈來愈明顯有關係存在。A 型的兒童容易得到某一種嬰兒腹瀉，卻不會得到其他腹瀉；B 型的兒童則容易得到另一種腹瀉，以此類推。在一九八〇年代晚期，則發現 O 型的人比較容易感染霍亂。接著有許多相關的研究，細節也就愈來愈清楚。不只是 O 型的人具有某種易感染性，A、B，以及 AB 型的人都有各自不同的易感染性。抗性最強的人是 AB 基因型的人，其次是 A 型，再其次則是 B 型，這些型的抗性都比 O 型強得多。AB 型的人的抗性，強到使他們可以對霍亂免疫。但若要說 AB 型的人可以安心地喝加爾各答的陰溝水，是不負責任的，他們可能會得到別的疾病。但如果這些人的腸胃道感染了會導致霍亂的弧菌，他們不會腹瀉倒是真的。

血型對特定疾病的抵抗力

目前還沒有人知道：AB 基因型在面對大部分惡毒又致命的疾病時，是如何具保護作用，但它顯示出面對立即而具影響力的問題時的天擇。還記得我們每個人的每個染色體都有兩套吧，所以 A 型人實際上是 AA，意思就是在它們第 9 對染色體的每一條都有一

個 A 基因，而 B 型人則實際上是 BB。現在想像一個人口族群，其中只有三種血型：AA、BB、AB。A 基因比 B 基因更能夠抵抗霍亂，那麼 AA 型人似乎便會比 BB 型人有更多生存下來的小孩。因此 B 基因比較容易消失滅絕——這就是天擇。但事情並不是像這樣發生的，因為 AB 型人最能夠生存。所以，最健康的小孩是 AA 和 BB 的子代。他們所有的小孩都是 AB 型，也就是最能抵抗霍亂者。但即使一位 AB 型人和另一位 AB 型人結婚，他們的孩子只有一半可能是 AB 型，其他的則會是 AA 和 BB，愈後者的感染性愈高。這是個特別多變的命運的世界。某種組合就算對你這一代有利，但你的下一代卻會有具有疾病感染性強的孩子。

現在想像在某個小鎮的每個人都是 AA 型，但是有一位新來的人是 BB 型。如果這個新來的人能夠一直抵擋霍亂到繁殖下一代，他便會有 AB 型的小孩，這小孩便具有抵抗力。換句話說，優勢永遠來自稀有的對偶基因，沒有任何對偶基因會消失，因為如果它變得稀少了，它便會捲土重來再度盛行。這也就是所謂的「頻率依賴性選擇」（frequency-dependent selection），而且這似乎也是我們的基因之如此多變化最常見的理由之一。

這也解釋了 A 型和 B 型之間的平衡。但是如果 O 型會使你更容易得到霍亂，答案可能藏在另一個疾病——瘧疾中。O 型的人似乎比其他血型的人對瘧疾稍微比較有抵抗力。他們也似乎比較不容易得到某些種類的癌症。這些強化後的生存者，似乎足以使 O 型基因不至於消失——雖然它比較容易得到霍亂。因此這三種不同的血型基因之間，已達到初步的平衡。

疾病和突變之間的關係，是在一九四〇年代晚期，首次被一位有肯亞背景的牛津大學研究生安東尼・艾利森（Anthony Allison）

所發現。他懷疑非洲的一種叫作「鐮狀細胞性貧血」（sickle-cell anaemia）的疾病發生頻率，可能和瘧疾的盛行有關。這種鐮狀細胞突變，會使得血球細胞在缺氧時萎縮，對於有兩份這種基因的人更是常會致命，但對於只有一份這種基因的人，卻只有輕微的傷害。而只有一份這種基因的人之中，多數人都對瘧疾有抵抗能力。艾利森測試了住在瘧疾盛行區的非洲人的血液，發現有這種突變的人，得到瘧疾原蟲寄生的機會會比較少。這種鐮狀細胞突變，在西非的某些地區特別常見，而這些地區的瘧疾盛行已久。此外，鐮狀細胞突變在非裔美國人中也很常見，他們的祖先有些便是從西非隨著奴隸船來到美國的。但現在必須以鐮狀細胞疾病為代價。其他形式的貧血，像是地中海型貧血（thalassaemia），在地中海和東南亞的不同地區也顯示出類似的抗瘧作用，因此這些地區出現的貧血現象，可視為這些地區曾大量出現過瘧疾。

總是不能兩全其美

血紅素基因上，鐮狀細胞突變的方式是只有一個字母的改變，但對瘧疾的抗性而言，並非只限於這一個基因。根據某位科學家的說法，有多達十二種不同的基因，可能會參與其事。而且也不單是對瘧疾如此。至少有兩個基因會改變它們的能力，以賦予對肺結核的抵抗力，這些基因包括維他命 D 受體（Vitamin D receptor）基因，而這個基因又和骨質疏鬆者易感染性的多變性（variability）有關。牛津大學的艾得里安・希爾（Adrian Hill）如此寫道[4]：「當然，我們無法抗拒這個說法。對肺結核抵抗力的天擇，在近代可能增加了對骨質疏鬆的易感染性基因的盛行。」

　　同時，一項新研究發現：遺傳性疾病纖維性囊腫和傳染性傷寒之間，也有類似的關係。在第 7 號染色體上的 CFTR 基因，會導致纖維性囊腫——一種肺部和腸道的危險疾病，卻會保護身體抵抗傷寒這種由沙門氏菌引起的腸道疾病。只有一份這種基因的人，並不會得到纖維性囊腫，但他們幾乎對傷寒引起的虛弱性腹瀉和發燒免疫。傷寒需要正常的 CFTR 基因，以進入它要感染的細胞，但少了三個 DNA 字母的不正常 CFTR 基因，就對傷寒沒有用了。傷寒將有正常基因的細胞殺死，對不正常的基因施加自然壓力，以將自己散布出去。但是遺傳到兩份不正常基因的人，則要很幸運才能存活下來，所以這個基因永遠沒辦法變得非常常見。這又是一段由疾病來維持稀少而惡劣的基因的故事。[5]

　　大約有五分之一的人，天生無法將水溶性的 ABO 血型蛋白，釋放到他們的唾液和其他體液中。這些「非分泌型」的人，比較容易得到各種不同形式的疾病，包括腦膜炎、酵母菌感染，以及週期性的尿道感染。但是，他們也比較不容易得到流行性感冒或呼吸道病毒。不論你怎麼看，基因多變性所隱藏的理由，似乎都和傳染性疾病有關。[6]

基因裡有人類的疾病史

　　對於接下來的主題，我們做的可不只是表面的研究。我們的祖先曾經受過多種傳染病的折磨，包括鼠疫、麻疹、天花、斑疹傷寒、流行性感冒、梅毒、傷寒、水痘，以及其他疾病，這些傳染病全都在我們的基因裡留下了它們的印迹。帶有抵抗力的突變會延續下去，但是要得到抵抗力，通常也得付出代價，這個代價則從非常嚴

重的（鐮狀細胞貧血）到理論性的（輸血時無法接受錯誤的血型）都有。

　　實際上，直到最近，醫生還是習慣於低估傳染性疾病的重要性。許多疾病通常都被認為是因為環境狀況、職業、飲食，或是單純的運氣不好，但現在則開始認為：是起因於我們所知不多的病毒或細菌所引起的慢性傳染病副作用。最引人注意的例子，就是胃潰瘍。有幾家藥廠都因為生產可以對抗潰瘍症狀的新藥而變得愈來愈有錢，但最需要的終究還是抗體。潰瘍是由幽門螺旋菌（*Helicobacter pylori*）所引起的，這是一種在兒童時期常會得到的細菌，而不是因為豐富的食物、焦慮，或是厄運造成的。同樣地，在心臟病和和披衣菌（chlamydia）或是疱疹病毒（herpes virus）之間、在各種不同形式的關節炎和各種不同的病毒之間，甚至在精神沮喪、精神分裂症，和一種經常感染馬類和貓類的稀有腦部病毒──「鮑那病毒」（Borna disease Virus）之間，都有非常密切的關係。這些關係有些可能只是誤導，但是在有些例子中，疾病倒真的可能會吸引微生物的注意。人類的遺傳基因對某些事物──像是心臟病等的抵抗力──是因人而異的，這的確已是個獲得證明的事實。這些基因上的不同，可能和對傳染病的抵抗力有關。[7]

　　就某種意義來說，基因組可以說是記錄著我們病理學的過去，是每個人和每個種族的醫學聖書。瘧疾和其他形式的痢疾腹瀉，可說是疾病和擁擠而不衛生的居家環境有關，但直到相當現代的時間，都從來沒有事實能證明西半球大陸的新移民曾經有過這些疾病。而美洲當地人之中，O型如此盛行，就可能反映出這個事實。原本霍亂還可能只是個局限在恆河三角洲的稀少疾病，直到一八三〇年代，霍亂忽然散布到歐洲、美洲以及非洲。我們需要有關於O

型之所以在美洲當地人之間如此盛行這個謎的更好解釋，尤其是北美洲在哥倫布時代前的木乃伊，似乎較常是 A 型或是 B 型。這幾乎像是 A 型基因和 B 型基因迅速地被一種西半球特有、不一樣的選擇壓力所消滅。曾有人指出這個原因可能是梅毒，一種似乎是土產於美洲的疾病（目前仍被醫學史圈子的人士熱烈討論中，但是目前所知在一四九二年前，北美洲人骨骼中曾發現梅毒造成的損傷，但在同時期歐洲人骨骼中卻沒有發現）。有 O 型基因的人，似乎比其他血型的人較不容易得到梅毒。[8]

基因愈不同，愈有吸引力

現在先想想另一項奇特的發現，這可能對霍亂的易感染性和血型之間的關係有些意義。如果你是位教授，要求四位男人和兩位女人各自穿一件棉質 T 恤，且不用體香劑和香水，然後連穿兩個晚上後，再把這些 T 恤交給你。你接著要求總數共一百二十一位的男人和女人去嗅聞這些髒 T 恤的腋窩處，然後依照他們對嗅覺的吸引力排出順序。你可能會覺得這樣做有點古怪，但真正的科學家不應該覺得不好意思。克勞斯・威德金（Claus Wederkind）和桑德拉・富里（Sandra Füri）便真的進行了這樣的實驗，結果發現男人和女人最喜歡（或最不會討厭）不同性別成員的體味，而這些不同性別的成員和他們在基因上的差異最大。威德金和富里也觀察第 6 號染色體上的 MHC 基因，這群基因和辨識自我及使免疫系統辨識寄生性入侵者有關。它們是可以無限變化的基因。結果也是一樣的，母鼠比較喜歡和自己 MHC 基因最不相同的公鼠交配，牠可以藉由嗅聞公鼠的尿液辨別出來。這個發現使威德金和富里認為：我們也可能

保留有一些這樣的能力，使我們能以對方的基因為基礎，選擇我們的伴侶。只有服用避孕藥的女人，沒有顯示出對不同 MHC 基因型的男性氣味 T 恤有明顯喜好。但後來了解，避孕藥會影響嗅覺。正如威德金和富里表示[9]：「沒有任何一個人對每個人來說都是好聞的，這要看是誰去聞誰。」

應用在老鼠身上的實驗，總是以非親緣交配（outbreeding）來解釋實驗結果。母鼠試著在基因完全不同的族群中找出公鼠，這樣牠才可以具有不同基因的子代，而且也較沒有近親交配使後代患病的危險。但母鼠和那些聞 T 恤的人，可能正好可以解釋血型的故事。記住，在有霍亂的時代做愛，AA 型的人最好是去尋求 BB 型的伴侶，這樣他們所有的孩子便都是可以抵抗霍亂的 AB 型。一樣的系統也可以應用在其他基因，以及和其他基因共同演化的疾病上。由於 MHC 基因複合體似乎是抵抗疾病基因的主要位置，所以基因上相反的人互相具有性吸引力的利益，就很明顯了。

人類基因組計畫可說是建立在一項謬誤上，根本就沒有什麼所謂的「人類基因組」。無論是在空間上或是時間上，都沒有這樣一個肯定的東西可以去下定義。有成千上百個不同的基因座（loci），四處散布在 23 對染色體上，有的基因還是每個人都不一樣的。沒有人能說血型 A 是「正常的」，而血型 O、B，以及 AB 就是「不正常的」。所以當人類基因組計畫出版人類的代表型序列時，該如何發表第 9 號染色體上的 ABO 血型基因呢？這項計畫的宣告目的是要發表兩百個不同的人的平均或是「一致的」序列，但如此一來，可能就會失去了像 ABO 血型基因這種重要的基因——就功能而言，它是很重要的部分，但它在每個人身上卻都不一樣。多變性是人類基因組或可說是任何基因組與生俱來不可或缺的部分。

不穩定才是基因的本質

　　將一九九九年這特別的一刻很快地拍下來，並相信出來的相片可能代表一種穩定而永恆的形象，其實也沒什麼意義。基因組會改變。特定族群中各種不同的基因，會隨著疾病的出現和消失而出現異動。可惜的是，人類為了使自己相信平衡，而傾向於誇大穩定性。事實上，基因組可說是一幅動態十足而富於改變的景象。曾經有段時間，生態學者相信「顛峰植被」（climax vegetation）的效用——像是英國的櫟木林、挪威的樅木林現象。現在他們學聰明了，生態學正如遺傳學一樣，並不是處於平衡的狀態，它常會改變、改變、再改變。沒有任何事是永遠不變的。

　　第一個曾略為窺知這件事的人，大概便是霍爾丹（J. B. S. Haldane）了。他試著找出人類基因多變性的原因。早在一九四九年時，他已推測基因的多變性可能和來自寄生物的壓力有密切關係。在一九七〇年時，霍爾丹的印度籍同事——蘇瑞許‧詹亞客（Suresh Jayakar）提出另一種看法，他認為基因並不具穩定性，因為寄生物會導致基因頻繁週期性的變動。一九八〇年時，這個知識的火把傳給了澳洲人羅伯特‧梅（Robert May）。他指出即使是在非常簡單的寄生物系統和其宿主間，可能還是不會有平衡的結果，因為這種持續的混亂現象，可能來自宿命中已決定的系統。梅於是成為混沌理論（chaos theory）的許多創始人之一。其後接棒的是英國人威廉‧漢米爾敦（William Hamilton），他發展出數學模式以解釋有性繁殖的演化，這個模式要靠寄生物和其宿主間的基因爭戰，而漢米爾敦稱此結果為「許多（基因）的持續不安狀態」。[10]

　　到了一九七〇年代時，就像是半世紀之前發生在物理學上的一樣，生物學上的必然性、穩定性和宿命論等舊式理論均已崩潰。取而代之的是往復移動、改變和不可預測性。我們這一代所解釋的基因組，不過是簡單而經常改變的文件，是沒有一定絕對的版本的。

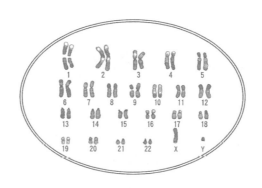

第10號染色體

壓 力

　　這是這個世界的最佳裝扮。當我們對財富感到厭倦時、經常過分放縱我們的行為時，我們便會冒失地將我們的災難歸諸於太陽、月亮、星星，彷彿我們是因為需要而造成的惡棍、上天強制而造成的傻瓜……。一個淫棍出色的藉口，是要星星為他的淫蕩個性負責。

　　　　　　──威廉・莎士比亞（William Shakepeare），《李爾王》

基因不是決定健康的唯一指標

基因組就像本手稿,寫著過去各種瘟疫的歷史。我們祖先和瘧疾、痢疾的長期掙扎,也記錄在人類基因多變的模式中。你是否能避開瘧疾帶來的死亡,都已經預先設定在你的基因以及瘧疾原蟲的基因中。你送出你的基因去和瘧疾寄生物的基因較量,不幸的是,如果它們的攻擊強過你的防禦,你也不能派其他代表接替。

但事情並不是這樣的,以基因對抗疾病已經是最後的手段。要防禦疾病有各種更簡單的方法。睡在蚊帳中、將沼澤弄乾、吃藥、在村莊四處噴撒 DDT、吃好睡好、避免壓力、保持免疫系統良好而健康的狀態,並經常保持開朗的性格,所有這些事都和你是否容易被感染有關。基因組不是唯一的戰場,在過去幾章中,我愈來愈習慣簡化。我已將生物組織剖開,以分離出基因並解析其特別的嗜好。但沒有一個基因是孤島,各個基因都處在一個叫作身體的巨大聯合體中。是將生物體再重組回來的時候,也是該去看看一個更社會化的基因,這個基因的全部功能,就是將身體的許多不同功能整合起來,而且它的存在會造成心靈—身體二元論的狀態,進而說明我們人體心理的影像。腦、身體、基因組三者,就好像都被鎖在一個舞會中。基因組便是這樣受到腦和身體的控制,正如基因也控制著腦和身體,這也是基因宿命論(決定論)之所以成為謎的部分原因。人類基因的啟動或關閉,會受有意識或無意識的外在行動所影響。

膽固醇是一個充滿危險的字眼。它是心臟病的原因,是個壞東西,是紅肉,你吃了便會死。再也沒有什麼比膽固醇和毒藥被畫上

等號更離譜的了。膽固醇是人體的必要成分。膽固醇也是生物化學和遺傳學整個複雜系統的中心，它可以將整個人體整合而為一。膽固醇是個小小的有機化合物，溶於油脂而不溶於水。身體從飲食中的糖製造大部分所需要的膽固醇❶，而且無膽固醇，人便無法生存。至少有五種主要的荷爾蒙是來自膽固醇，而且都有著非常不同的任務：黃體酮（progesterone）、醛類脂醇（aldosterone）、可體松（cortisol）、睪脂酮（testosterone）、二氫基女性素（oestradiol），它們被統稱為類固醇（steroid）。荷爾蒙和人體基因的關係非常親密、令人著迷且擾亂人心。

　　類固醇已被生物使用了非常久，久到它們可能比植物、動物，和真菌類分家前還早。促使昆蟲脫皮的荷爾蒙，便是一種類固醇。一些人類醫藥中令人難以理解的化學物，例如維生素 D，也是類固醇。不論是化學合成或生物合成的類固醇，都可以用來抑制人體發炎狀態，而其他有些類固醇則有助於製造運動員的肌肉。有些獲取自植物的類固醇，已經可以充分模仿製成人體荷爾蒙，並利用在如口服避孕藥等用途上。其他還有像是化學工業製造出來的產品，則會使被污染河川中的公魚母性化，並使現代男人精子數減少。

可體松的關鍵——*CYP17*

　　在第 10 號染色體上，有一段基因叫作 *CYP17*。它會製造出一種酶，使人體可以將膽固醇轉變成可體松、睪脂酮，以及二氫基女性素。沒有這種酶，轉換途徑便會被阻斷，而且膽固醇便只能製造

---

❶　譯註：也可以從動物性油、蛋黃、內臟直接攝取膽固醇。而蔬菜、水果、穀類則不含膽固醇。

出黃體酮和皮質脂酮（corticosterone）這兩種荷爾蒙。缺乏有效 *CYP17* 基因的人，無法製造出性荷爾蒙，也因此無法經歷青春期；如果是男性欠缺有效的 *CYP17* 的話，他們看起來會像個女孩。

　　但先不說性荷爾蒙，來想想 *CYP17* 所製造的另一種荷爾蒙——可體松。可體松實際上和身體的每個系統都有關連，它能夠改變腦部結構而將身體和心理整合起來。可體松還會影響免疫系統，改變耳、鼻、眼的敏感度，並可以改變各種身體功能。而當你的血管中有許多可體松經過時，就定義上而言，你正面臨著壓力；可體松和壓力實際上是意義相當的。

　　壓力是由外在世界導致的，像是快要考試的時候、喪失親人、報紙上令人聳動的消息，或是努力照顧阿茲海默症患者。短期壓力會導致腎上腺素（epinephrine）和副腎上腺素（norepinephrine）的即刻上升，腎上腺素和副腎上腺素會使身體在緊急時處於「戰鬥或逃走」的狀態。接受壓力者承受較長的壓力時，便會活化另一種不同的途徑，造成一種效用慢許多，但更能持續增加可體松。可體松最驚人的功效之一，便是它會抑制免疫系統。事實證明，正在準備考試的人，或是顯示出壓力症狀的人，會比較容易感冒或感染其他疾病，因為可體松的功效之一便是降低白血球的活性、數量和壽命。

　　可體松造成這種功效的方式，便是啟動一些基因。可體松只會啟動具有可體松受體的細胞中的一些基因，這些基因接著會輪流依次地被其他觸發者啟動。而這些被啟動的基因，大部分還會再接著啟動其他基因，有時被它們啟動的基因，會再接著啟動其他基因，依此類推一直進行下去。於是可體松的次級效應可能涉及幾十個，或甚至數百個基因。但是，可體松本身只居與整個基因啟動過程的

第一位，因為位於腎上腺皮質（adrenal cortex）的一系列基因被啟動後，會製造出生產可體松時所需要的酶，而 *CYP17* 便是其中一個基因。這是個複雜到令人極為驚訝的系統。如果我們開始將實際相關的最基礎途徑列出，便會令你無聊到打哈欠。總之，沒有好幾百種基因，便無法製造、調節以及反應可體松，而幾乎所有這些基因的工作，便是彼此相互啟動或關閉。順便告訴大家，人類基因組中，大部分基因的主要目的，就是調節基因組中其他基因的表現。

誰是所有開關的主導人

我曾保證過不會讓你感到無聊，但先讓我簡單扼要地介紹可體松的功效之一。在白血球中，可體松幾乎必然地和啟動一個也在第 10 號染色體上、叫作 *TCF* 的基因有關，因而使 *TCF* 可以製造出自己的蛋白質，而這個蛋白質的工作，是抑制另一個叫作干擾素 2（interleukin 2）的表現。至於干擾素 2，則是一種可以使白血球對外來細菌警覺的化學物質。於是，可體松會抑制白血球的免疫警覺性，此時你將更容易致病。

我想要對你提出來的問題是：誰在管理這一切？誰命令這所有的開關，在一開始便設定成正確的方式，以決定何時該開始釋出可體松？你可以爭辯說是基因在管理這一切，因為身體會分化成不同的細胞形態，而每一種不同的細胞形態，都有不同的基因被啟動，這是遺傳過程的根源。但這是誤導的，因為基因並不是導致壓力的原因。心愛的人死去，或是愈來愈逼近的考試，並不會直接影響基因。它們是由腦部處理的訊息。

那麼該是腦部在管理這一切囉！腦部的下視丘（hypothalamus）

送出訊息，告訴腦下垂體腺（pituitary gland）釋出荷爾蒙，以告訴腎上腺（adrenal gland）去製造並釋出可體松。下視丘是接受腦部意識知覺的部分，而意識知覺部分則是自外界獲得訊息。

但這還不太算是答案，因為腦是身體的一部分。下視丘刺激腦下垂體，腦下垂體再刺激腎上腺的原因，並不是腦決定如此，或是腦覺得這是個進行事情的好辦法。它所設定的系統，並不是可以讓你一想到愈來愈逼近的考試，就會使你對感染感冒愈來愈沒有抵抗力，這一切是天擇造成的（原因我稍後會再繞回來說）。無論如何，這一切完全是非出自本意，且毫無意識的反應。也就是說，應該是說考試──而不是腦──在管理這一切事情。那麼如果說是考試在管理這些事情，那麼就該怪社會囉！但是社會不過是許多個體的結合，那麼這是不是又把我們帶回身體了？此外，每個人對壓力的感受性都不一樣。有些人會覺得愈來愈逼近的考試很可怕，但也有人可以輕鬆應付考試。差異在哪裡？就在一連串對可體松的產生、控制和反應的過程中，容易有壓力傾向的人和對壓力反應遲鈍的人應有些微基因上的差異。但到底是誰或是什麼在控制著這些基因上的差異？

身體與基因同時在運作

事實上沒有任何事物在管理這一切。這對人類來說，是最難以適應的一件事；這個世界上充滿了設計複雜而精巧，且相互連接的系統，卻沒有控制中心。經濟就是這樣的一個系統。你以為是某人掌管著經濟，並決定該製造什麼、在哪裡製造，以及誰去製造，然後經濟才會運作得更順暢？那只是個假象。這個假象，對世界上所

有人的健康和財富造成毀滅性的傷害，不僅對前蘇聯如此，連西方世界也是如此。從羅馬帝國到歐洲聯盟率先使用的高畫質電視，到中央集權決定該投資什麼，已經比非中央集權的混亂市場，造成了損失更慘重的錯誤。經濟並非中央集權的系統，而是具有分權、分散控制的市場。

身體也是一樣的。你不是光靠腦部去啟動荷爾蒙來運作一個身體，也不是靠一個身體去啟動荷爾蒙受體來運作一個基因組，更不是靠基因組啟動某些基因，然後這些基因再去啟動荷爾蒙來運作腦部。這所有的一切事情，都是同時在進行的。

心理學界中許多爭論最久的議題，都集中在這一類誤解上。這種肯定或是反對「基因決定論」的爭論，是預先假定基因組所參與的位置是超越身體的。但是正如我們所看見的，實際上是身體在需要某些基因的時候，才去啟動基因，而這些需要，通常或多或少是因為要對大腦，或甚至是對意識做出反應，進而對外界事物反應。你只要光想著會讓你有壓力的偶發不測事件，甚至是虛構的也行，便可以增加你的可體松級數。如此一來，在那些相信某些令人痛苦的疾病純粹是因為精神病，以及那些堅持是因為身體上的原因（比如說是慢性疲勞症狀等）這兩者之間的爭論，就完全失去了重點。腦部和身體，都是同一個系統中的一部分。如果腦對心理上的壓力做出反應，刺激可體松的釋出，然後可體松再抑制免疫系統的反應，那麼潛在的病毒感染便可藉機坐大，或者新的病毒便可以乘虛而入。可以說這些症狀可能是在身體，但原因是在心理；而如果有一種疾病會影響腦部並改變情緒，那麼原因可能是在身體上，而症狀可能是心理上的。

這個議題就是所謂的「心理神經免疫學」（psychoneuroimmunology），它已經逐漸成為潮流。不過，主要抗拒它的卻是醫生們，而主要支持它的則是各方面的心靈治療師。但是，確實有相當足夠的證據證明：長期不快樂的護士，會比其他也帶有病毒的護士容易感冒；個性憂慮的人會比個性開朗樂觀的人容易發生生殖器疱疹。在西點軍校（West Point military academy），學生最容易得到的便是單核血球增多症（mononucleosis），也稱淋巴腺熱（glandular fever）。得到這種疾病的學生中，病況最嚴重的便是那些對工作感到最焦慮和壓力最大的學生。照顧阿茲海默症患者的人（一項壓力特別大的活動），血液中專門和疾病對抗的 T 淋巴球，會比一般預期的還要少。那些住在三哩島核子工廠附近的居民，在意外發生三年後，得到癌症的患者比一般預期的還要多，這並不是因為他們暴露在輻射中（實際上他們並沒有），而是因為他們的可體松級數增加了，降低了免疫系統對癌細胞的反應。配偶喪生的人在配偶喪生之後的幾個星期內，免疫系統的反應都較差。因為父母爭吵而苦惱的兒童，會比較容易得到病毒感染。為了過去而感到巨大心理壓力的人，會比生活快樂的人容易得到感冒。如果你認為這一類的研究都令人難以置信，那麼實際上這些實驗都曾經在不同鼠類上，以不同形式重複進行過。[1]

從狒狒的實驗來看

可憐的笛卡兒，老是因為主導著西方想法的二元論（dualism）而受責難。這個論點使得我們長久以來，一直抗拒心靈可以影響身體，且身體也可以影響心靈的想法。不過，他實在不應該因為這項我們大家所犯下的錯而受到責難。不論怎麼說，二元論——也就是

將心靈和生理上的腦分開來看，這種想法的錯誤還不算什麼。實際上，有個我們大家都曾有的錯誤觀念，比二元論更可笑，而我們卻從來沒有注意到它也是錯誤的。我們直覺地認定：身體的生物化學是因，行為則是果；但這個假設過度高估了基因對我們生活的影響。如果基因和行為有關，基因便是因，那麼基因應該是不可變的。這不只是基因決定論所造成的錯誤，也是反對基因決定論的人（是那些說行為和基因無關的人）造成的，以及那些悲嘆著宿命論，並認為命運必然包含著行為遺傳學的人共同造成的結果。他們各為對手留下太多的餘地以成立假說，因為他們都私下以為：如果終究和基因有關，那麼他們便是位於這個階級制度中的頂端。他們忘記基因需要被外在事物或是自由意志行為所啟動：不是我們被全能的基因支配，而通常是基因要靠我們的支配。如果你去高空彈跳，或有一份壓力很大的工作，或反覆想像一項很恐怖的事件，你的可體松級數便會增加，然後可體松便會使身體開始忙著去啟動基因。（還有一項無法反駁的事實就是，即使你刻意地微笑，當然你的微笑也得帶著快樂的想法時，你便可以啟動腦部中「快樂中心」〔happiness centers〕的活動，然後這便會讓你微笑時感覺更好。身體是可以聽由行為指揮的。）

有些有關行為改變基因表現的觀察，是來自於猴子的研究。對那些相信演化的人來說，天擇幾乎可以說是一個極度成功的設計師，當它碰上一個會顯示並反映壓力的基因和荷爾蒙系統時，它便不情願地改變了這個系統（記住，我們是百分之九十八的黑猩猩和百分之九十四的狒狒）。猴子體內有著跟我們完全一樣的荷爾蒙，以完全一樣的方式在運作，並啟動完全一樣的基因。曾經有人密切研究過東非某個種類狒狒血液中的可體松級數。當某位年輕的公狒

狒，像同年齡的公狒狒常常做的一樣，去加入一個新的族群時，牠會變得具有高度侵略性，因為牠得為自己在這個牠所選擇的社會階級制度中，為自己的地位奮戰。結果，牠血液中的可體松濃度和那些不情願的狒狒原居民的濃度一樣巨幅上升。雖然牠的可體松（以及睪脂酮）級數上升，但牠的淋巴球數卻下降。牠的免疫系統也為牠的魯莽行為而厭煩，同時血液中高密度脂蛋白上的膽固醇也愈來愈少。高密度脂蛋白上的膽固醇減少，是冠狀動脈壁增厚的典型前兆。狒狒不僅會如此以牠的自由意志行為改變牠的荷爾蒙，並因此改變牠的基因表現，牠也因此增加了受感染及冠狀動脈疾病的危險。[2]

地位愈低，生病的機會愈大

動物園裡的猴子，動脈壁愈來愈厚的，通常是權勢等級最低的猴子。牠們被其他地位較高的猴子欺負而持續地受到壓力，牠們的血液中有大量的可體松，牠們腦中的血清素卻很低，牠們的免疫系統長期地被壓抑，而牠們冠狀動脈壁的瘢痕組織愈來愈厚。大部分原因還是個謎。許多科學家現在認為冠狀動脈疾病至少有部分原因是因為感染原，像是披衣菌和疱疹病毒等所引起的。壓力的作用，就是降低對這些潛在感染的免疫監視，而使它們藉機繁殖坐大。這麼說來，猴子的心臟病大概也是感染來的，不過壓力還是可能扮演了其中的一個角色。

人類和猴子很相似。科學家發現社會地位較低的猴子容易得心臟病後沒多久，又發現更令人吃驚的事實，就是在英國政府工作的公職公務員中，官僚權勢等級中地位較低的，也較容易得到心臟

病。在一項針對一萬七千位公職人員大規模而長期的研究中，浮現一項幾乎令人難以相信的結論：比起肥胖、抽菸或高血壓，一個人的工作狀態更能用來預測他心臟病的發作。有些從事低階工作的人（像是守衛），心臟病發作的機會，幾乎是長期面對大量文件工作的祕書的四倍。實際上，即使這位長期工作的祕書很胖、有高血壓，或甚至還是個菸槍，他在一定年齡時，心臟病發作的機會還是少於一位又瘦、不抽菸，而且低血壓的守衛。一九六〇年代時，貝爾電話公司（Bell Telephone Company）對一百萬名員工所進行的一項類似研究，也呈現出完全一樣的結果。[3]

　　仔細想一下這個結論。這個結論幾乎會將你目前所知有關心臟病的所有事情破壞殆盡。它將膽固醇貶在故事頁邊不重要的地方（高膽固醇是危險因子，但只在遺傳上對高膽固醇有不利傾向的人身上才如此，甚至即使這些人只吃少量油脂，助益仍不大），它也將飲食、吸菸，以及血壓這些醫界人士普遍認定的生理因素，貶謫為次級因素。它還將長久以來普遍不被相信的想法：認為「壓力和心臟衰竭是來自於忙碌而社會地位較高的工作，或是生活步調較快的人」，貶謫為補充說明般的次要事項。再一次說明，這其中確實有些成分是事實，但並不多。取而代之的是矮化這些效應。科學界現已將工作地位高低這種非生理、完全只和外界世界相關的因素效應提昇了。你的心臟竟會受到你的薪水等級所支配，這到底是怎麼回事？

控制是禍因

　　猴子握有線索。在權勢等級中地位愈低的，他們就愈無法控制

自己的生活。同樣的,公務員的情況也是如此。可體松的級數並不是因為你的工作量而增加,而是因為你被其他人指揮的程度而增加。實際上,你可以試驗性地證明這個效應,只要給兩組人相同的任務,但命令其中一組必須以一個設定好的模式,並在強制性的進度表中完成該項任務。這個被外在控制的組中成員,壓力荷爾蒙會增加,血壓和心跳也比另一組來得高。

在英國政府公務員研究開始後的二十年,當公職服務部門開始私有化時,又重複進行了一次同樣的研究。在研究開始時,研究人員發現,這些公務員對失去工作的意義並沒有什麼想法。實際上,當以一份針對研究設計的問卷進行調查時,還發現調查對象都反對其中一個問題──那個問題問道:他們是否害怕失去他們的工作。這對公職人員而言,是一個沒有意義的問題,他們解釋說:最糟糕的狀況下,他們只會被轉調到另一個部門。但在一九九五年時,他們確實了解到失去工作的意義,而且有超過三分之一的人已經經歷過失去工作。公營事業私有化的效應,使得每個人都感覺到:他們的生活是受外在因素的支配。絲毫不令人意外地,緊隨著壓力而來的便是惡劣的健康狀況,產生了更多無法以飲食的改變、抽菸,或是喝酒所能解釋的惡劣健康狀況。

心臟病是缺乏控制的症狀,這個事實可以說明此病多為偶發的大部分原因。它也解釋了,許多工作地位較高的人,在退休並「放鬆」後沒多久,就心臟病發作了。退休的人通常從處於原本自己經營管理的辦公室,轉變為身處在配偶經營管理的家居環境中,進行著較低階而卑賤的工作,例如洗碗盤、遛狗等。這也解釋了為什麼人可以將疾病,甚至是心臟病發作延緩到家族婚禮或是大型慶典之後,也就是延緩到忙碌的工作告一段落,因為工作當時他們正控制

著各個事項。這也解釋了失業和依賴社會福利過活，是如此容易使人生病的原因。這甚至可以解釋，為什麼住在窗戶無法打開的現代建築物裡，人們反而比住在能自己控制環境的老式建築物時更容易生病。

　　我還是要再說一遍地強調：完全不是我們在支配行為，而是我們通常被行為所支配。

睪脂酮和侵略性的關係

　　有關於可體松的真相，在其他類固醇荷爾蒙上也是如此。睪脂酮級數和侵略性有關，但到底是因為荷爾蒙導致侵略性，或是侵略性造成荷爾蒙釋出？在唯物主義的理論中，我們發現前者遠較後者容易讓人相信。但事實上，正如狒狒的研究顯示，後者才比較接近事實。心理駕臨生理之上。也就是說，心靈驅動身體，身體再驅動基因組。[4]

　　睪脂酮抑制免疫系統和可體松一樣有效。這解釋了為什麼在許多物種中，雄性總是比雌性容易得到較多疾病，而且死亡率也比較高。免疫抑制（immune-suppressive）不僅影響身體對微生物的抵抗力，還包括對大型寄生蟲的抵抗力。牛蠅（warble fly）會把卵產在鹿和牛等家畜的皮膚上，然後蛆會挖個洞潛伏在動物的肉裡，日後再重新回到皮膚上，並在皮膚上形成小瘤，等待變形為成蠅。挪威北方的馴鹿特別容易有這種寄生蟲的問題，但是公鹿明顯地比母鹿更容易有這種問題。平均起來，在兩歲的時候，公鹿皮膚上的牛蠅小瘤是母鹿的三倍之多，但是去勢後的公鹿則和母鹿一樣多。在許多傳染性寄生蟲身上，都可以發現類似的模式，舉例來說，包括

會引起卻格司氏病（南美錐蟲病）（Chagas' disease）的原生動物，一般相信達爾文的慢性疾病便是深受它所害。達爾文是在智利旅行時，被帶有卻格司氏病的蟲叮咬，之後他的症狀便和這種疾病吻合。如果達爾文是位女人，他便可以少為自己自憐一段時間。[5]

說到達爾文，我們便得更具啟發性一些。睪脂酮抑制免疫功能的事實，已經被天擇的遠親，叫作「性別選擇」的給奪取了，並加以更聰明精妙地利用。在達爾文的第二本有關演化的書《人類的由來》（The Descent of Man）上，他提出這個想法：正如繁殖鴿子的人可以培育鴿子一樣，雌性也可以培育雄性。只要持續選擇她將要交配的雄性，經過許多代以後，雌性動物便可以改變同種的雄性外型、顏色、大小或是歌聲。實際上，正如我在 X 和 Y 染色體那一章所述，達爾文認為這正是發生在孔雀身上的事。直到一個世紀以後，也就是一九七〇年代和一九八〇年代時，一系列理論和實驗的研究，都證明達爾文是對的：雄性動物的尾巴、前飾羽毛、角枝、叫聲以及尺寸，都是被動或主動的雌性選擇趨勢，經過一代又一代的培育而成為現在的樣子。

免疫能力障礙

但這是為什麼？選擇長尾巴或是叫聲大的雄性，雌性可以獲得什麼想像得到的好處？關於這個討論，有兩個最適當的想法。第一個就是雌性必須追隨盛行的潮流，以免牠的兒子沒有辦法吸引其他追隨盛行潮流的雌性。第二個想法，也就是我提議該在這裡仔細想想的，就是雄性裝飾品的品質，可以在某方面反映出其基因的品質；尤其是，它反映出雄性抗拒被流行病感染的品質。牠是在昭告天

下，告訴那些願意聽的動物：看我是多麼強壯，我可以長出這麼雄偉的尾巴，或是唱出這麼雄偉的歌聲，因為我不會被瘧疾擊倒，也不會被蟲感染。而睪脂酮抑制免疫系統的事實，實際上最可能有助於使這成為一個誠實的訊息。因為牠的裝飾品品質，要靠牠血液中的睪脂酮指數：睪脂酮愈多，牠就會長得更多采多姿、更大、叫聲更好聽，或更具攻擊性。如果牠雖然免疫防禦能力降低，卻長出雄偉的尾巴，而且又沒有得到什麼疾病的話，牠的遺傳一定很傑出。這幾乎就像是免疫系統遮蔽了基因，睪脂酮則掀開了這層面紗，讓雌性可以直接看穿基因。[6]

這個理論被稱為「免疫能力障礙」（immunocompetence handicap），而這無可避免地要靠睪脂酮的免疫抑制功效。雄性無法以提高睪脂酮級數而不抑制免疫系統來逃避這個障礙。如果真有這種雄性存在，牠必然成就非凡，並留下許多後代，因為牠可以長出長尾巴，而且又有免疫力。因此，這個理論意指：類固醇和免疫抑制之間的關係，是固定而無法避免的，而且其重要性正如生物學中其他任何事一樣。

但這又更令人迷惑了。首先，沒有人能撇開其不可避免性，而只對這種關係提出完美的解釋。為什麼身體要設計成這樣，讓自己的免疫系統被類固醇荷爾蒙抑制？這不就代表了，不論何時你都得承受生活中的壓力，你會變得對感染、癌症、心臟病更沒有抵抗力，還會使你在心情低落時更雪上加霜。這也代表了，不論何時，當一隻動物選擇提昇自己的睪脂酮指數去對抗對手，以進行交配或是強化牠的展示，自己卻會變得對感染、癌症，還有心臟病更沒有抵抗力。為什麼？

許多科學家對這個難題努力奮鬥已久，但沒什麼成效。保羅‧

馬丁（Paul Martin）在他一本有關心理神經免疫學的書《生病的心靈》（*Sickening Mind*），討論到兩個可能的解釋，但也都否決了這兩個解釋。第一個想法是一切都是錯誤的，免疫系統和壓力反應之間的關係，只是在設計其他系統時的意外副產品。但正如馬丁指出，對一個如此複雜的神經和化學連結的系統而言，這是一個完全無法令人滿意的解釋。身體中只有非常、非常少的部分是意外的、退化的，或是沒有功能的，而且都是在不複雜的部分。如果它們沒有功能的話，天擇會無情地選擇去抑制和它們相關的免疫反應。

第二個解釋是，現代生活製造出長期而不自然的壓力，而這種壓力若在古代的環境，可能會使生命變短許多，這個解釋一樣令人失望。狒狒和孔雀生活在自然的狀態下，牠們和這個星球上每一種其他鳥類和哺乳動物一樣，都有類固醇造成的免疫抑制問題。

馬丁承認挫折，他無法解釋壓力不可避免地會抑制免疫系統這個事實。我也無法解釋。大概，正如麥克‧戴維斯（Michael Davies）所說，這種抑制是設計來在半匱乏狀態時，用以節省能源，而半匱乏狀態則是現代之前常見的壓力形式。或者可能對可體松的反應，是對睪脂酮反應的副作用（兩者的化學構造非常相似），而對睪脂酮的反應，是雌性基因刻意設計在雄性體內，以便能從不太合意的雄性中找出最適當的人選，也就是對疾病比較具有抵抗力的。換句話說，這種聯結關係可能類似於 X 和 Y 染色體那一章所討論的性別對抗。我無法找到更具有說服力的解釋，所以在此我倒想邀請你一起來找出更適合的解釋。

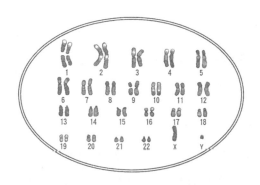

第11號染色體

個　性

一個人的性格，就是他的命運。

——赫瑞克力特斯（Heraclitus）

基因也左右著性情

　　人類共同的個性和個體的個別特性之間的張力，就是基因組所有的意義。無論是我們與其他人共享的事情，或者是每個人的獨特體驗，都與基因組有關。我們都體驗過壓力，我們也都體驗過上升的可體松並和可體松共存，此外我們也都吃過有關免疫抑制效應的苦頭。我們每個人身上，都有某些基因是以這種方式被外在事物啟動和關閉。但是，我們每個人也都是獨一無二的。有些人是遲鈍冷漠，有些人容易緊張或興奮。有些人憂慮，有些人喜歡冒險。有些人充滿自信，有些人生性害羞。有些人很安靜，有些人很饒舌。這些我們將它稱之為不同的個性，個性的意義不只是性格，它還包含了性格中天賦又個別的成分。

　　要找出影響個性的基因，我們得把焦點從身體的荷爾蒙，移到心靈的化學物質上（雖然其間的差別也並非是完全不能變通的）。在第 11 號染色體的短臂上，有一個叫作 *D4DR* 的基因。這個基因是一個叫作多巴胺受體（dopamine receptor）的蛋白質配方，它只會在腦部某些部分的細胞內被啟動，在其他細胞內則否。它的工作就是從神經元與神經元間的接合處（稱之為突觸），伸出到神經元的細胞膜外，準備抓住一個叫作多巴胺的小化學物質。多巴胺是一個神經傳導物質，經由帶電的訊號，由其他神經元的尖端釋出。當多巴胺受體遇上多巴胺時，它會使它自己的神經元放出它自己的帶電訊號。這就是腦運作的典型方式：帶電訊號導致化學訊號，化學訊號再導致帶電訊號。經由使用至少五十種不同的化學訊號，腦部可以同時進行許多不同的對話：每一個神經傳導物質刺激一組不同

的細胞，或是改變它們對不同化學訊息者的感受性。有許多理由可以證實「腦就像一部電腦」是項誤導的說法，其中最明顯的原因是：電腦的電子開關只是一個單純的電子開關，但腦中的突觸則是一個埋在非常敏感的化學反應裝置內的電子開關。

既然神經元中有活性的 *D4DR* 基因存在，那麼便可證實神經元是腦部多巴胺媒介路徑之一的成員。多巴胺路徑可以做許多事，包括經由腦控制血流。腦部若缺乏多巴胺，便會導致優柔寡斷而冷漠的個性，甚至無法移動自己的身體。最極端的形式，便是所謂的帕金森症候群。若將老鼠身上製造多巴胺的基因剔除，這隻老鼠便會因為完全靜止不動而餓死。如果將一個極為類似多巴胺的化學物質（用行話來說，就是多巴胺的競爭者）注射到牠們的腦內，牠們便可重新獲得原有的能力。相較之下，若腦部中的多巴胺過量，便會使老鼠變得極富好奇心，而且愛冒險。在人類身上，過量的多巴胺可能會是精神分裂症的立即原因，有些迷幻藥的功效，便是刺激多巴胺系統。出現嚴重的古柯鹼上癮症狀的老鼠，牠的腦部某部分就因為吸食古柯鹼，而釋出了多巴胺，而這個部分稱之為「伏隔核」（nucleus acumben）。當老鼠腦中的這個「愉快中心」（pleasure centre）受到刺激時，那麼牠便會知道要反覆不斷地去壓那支刺激愉快中心的槓桿。但若能在這隻老鼠的腦中加入阻斷多巴胺的化學物質，這隻老鼠很快地便失去對這支槓桿的興趣。

第 11 號染色體上的 *D4DR*

換句粗略而簡單的話說，多巴胺大概可以算是腦部的積極性化學物質。太少的話，一個人便會缺乏啟動力和積極性；太多的話，

一個人又很容易感到無聊，常要去尋找新的冒險。個性差異的根源大概就在此。正如哈默所說的，當他在一九九〇年代中期試圖找出會刺激個性的基因時，他想找出的其實是阿拉伯的勞倫斯和英國維多利亞女王之間的差異。有太多基因都和製造、控制、釋出和接受多巴胺有關，和建構腦部有關的基因則更是多不勝數，因此從沒有人（至少哈默是如此）會認為只要找到某一個基因，便能完全釐清基因與個性的關係。哈默也不認為能找到證據證明所有愛好追求冒險的個性因素全在於基因上，只不過是基因的影響尤其顯著罷了。

第一個個性基因上的差異，是耶路撒冷的理查‧艾伯斯坦（Richard Ebstein）在實驗室中找到的，也就是第 11 號染色體上的 *D4DR* 基因。*D4DR* 基因的中間部分，有一個多變的重複序列。這是一段長度為四十八個字母的迷你衛星體序列段落，它會重複二到十一次。我們之中的大部分人，都有四或七份這段序列的複製品，但有些人則有二、三、五、六、八、九、十，或十一份。重複的次數愈多，多巴胺受體去抓住多巴胺的效率就愈差。一個長的 *D4DR* 基因，便代表腦部的某部分對多巴胺的反應度較低，而短的 *D4DR* 基因，則代表反應度較高。

哈默和他的同僚想要知道長基因的人和短基因的人，是否有不一樣的個性。普羅明則相反。他則是試圖在第 6 號染色體上找出一個未知基因和已知行為之間（在智商上）的關連。至於哈默，則是從已知基因去找對應的性狀。他先以一系列的性向測驗，針對一百二十四個人的尋求新奇事物性格進行測試，然後再比對他們的基因。

他找到了。在哈默測試的對象中（雖然樣本數並不是很多），擁有一個或兩個長基因複製品的人（還記得吧，在成人的每個細胞

中的每對染色體都有兩條，分別來自父親和母親），會明顯地比那些有兩個短基因的人，更喜歡追求新奇事物。在此，迷你衛星體序列有六份以上重複者，就為長基因。一開始，哈默很擔心他找到的可能是稱之為「筷子」（chopstick）的基因。這個和藍眼睛有關的基因，在使用筷子很笨拙的人之間相當常見，但沒有人會想去證明：用筷子的技巧是由眼睛顏色的基因所決定的。藍眼睛只是碰巧和不善於用筷子有關連，原因應該在於非東方血緣會造成一種令人難以了解但又很明顯的非遺傳性原因——就稱之為文化。李察‧陸溫廷（Richard Lewontin）對於這項謬誤，採用了另一種類似的理論：善於編織毛衣的人，傾向於沒有 Y 染色體（換言之，她們傾向是女人），但並無法代表會編織毛衣是由缺乏 Y 染色體所導致。

個性基因多不勝多

　　所以，為了要排除這一類不真實的關連，哈默在美國和一個家庭的成員們重複進行了這項研究。他再一次發現清楚的關連：尋求新奇事物的人，比較容易有一個以上的長基因。如此一來，有關使用筷子與基因的關連，似乎愈來愈難以維持了，因為一個家庭中的差異性，似乎不太可能是文化造成的，基因上的差異才可能實際上造成個性上的差異。

　　D4DR 基因和個性的關連是這樣的。有「長」D4DR 基因的人對多巴胺的反應較低，所以他們在生活中需要更多的冒險，以獲得和有短基因的人從簡單事物獲得的等量多巴胺。為了證明要發展出尋求新奇事物的個性需要多巴胺，哈默再舉出另一個令人震驚的範例，來證明喜好新奇事物的個性與 D4DR 基因有關。在雙性戀男人

中，有長 *D4DR* 基因的人和不同男人共眠的機會，是有短基因的人的六倍；而有長基因的人和不同女人共眠的機會，是有短基因的人的五倍。在這兩組人中，長基因的人會比短基因的人擁有更多性伴侶。[1]

我們都知道有些人願意嘗試任何事，相反地，有些人是很不情願去嘗試任何新事物的。大概也是因為前者有長的 *D4DR* 基因，而後者有短的 *D4DR* 基因吧。事實上，並非如此簡單。哈默解釋說，追求新奇事物的人，有這個基因的不超過百分之四。他推測追求新奇事物的個性，有百分之四十是遺傳來的，也就是說，有大概十個差不多重要的基因和個性的多變性相關。而喜好追求新奇事物，只不過是影響個性中的一個要素，還有許多其他的要素，說不定有一打。如果大膽假設每個個性要素，又有差不多同等數量的相關基因的話，那麼可能有五百種基因和人的個性有關。其中，可能只有一些基因會有變化，也可能許多其他基因通常並不變化，但只要它們一改變，便會影響個性。

這便是行為基因的真相。你現在了解談論基因影響行為，是多麼不具威脅性了吧？而為了五百種「個性基因」中的某一種基因而感到激動，是多麼荒謬？某些人可能會因為胎兒的個性基因無法達到標準而去墮胎，然後冒險再懷孕一次，而她再度產下的胎兒，還是有可能有二或三種其他她不想要的基因。在未來充滿冒險的新世界中，想到這些事情有多麼無稽？你現在看出來即使有人有能力去做，但是針對某些基因的個性去實行優生選擇，是多麼徒勞而不足取了吧？你可能將五百種基因一個接一個地檢查一遍，個別決定要去除那些「錯誤的」基因。最後即使你是從一百萬位候選者中選擇，可能還是選不上任何人。我們都是突變體。要讓人們不去刻意設計

嬰兒，我看最好的方法便是找出更多基因，讓人們因為有太多種基因而無所適從。

同時，發現個性有強烈的基因成分，也可以應用在某些非遺傳的治療上。當天生膽小的幼猴，被培育成充滿信心的母猴時，牠們很快地便脫離了牠們的膽小。人類幾乎也是如此。對子女適當的養育，可以改變天生的個性。說來奇怪的是，了解個性是天生的似乎也能對修正個性有所幫助。有個三人一組的治療學家，讀到有關遺傳學上的這種新發現時，便將原本治療膽小客戶的方式，改變為試著使客戶滿足於自己的天生素質。他們發現這樣很有效。當客戶被告知他們的個性是天生而真實的一部分，而不只是一個壞習慣時，他們感到很寬慰。「矛盾的是，非病理因素的基礎性向，以及群體成員對他們的認知，似乎是構成他們自我認知的最佳保障，並可促進人際關係。」換句話說，告訴他們：他們是天生膽小的，可以幫助他們克服膽小。婚姻諮詢專家也曾鼓勵客戶接受自己伴侶無法改變的惱人習慣，因為這些習慣可能是天生的，進而要找出適應的方式。婚姻諮詢專家發現，這麼做的成果也相當好。同性戀者的父母通常在他們相信同性戀行為是天性中不可改變的一部分，而非教養子女方式的結果時，也會比較容易接受。認識天生個性並非是一種宣判，通常反而是一種解脫。[2]

膽小和正腎上腺素有關

假設你想要培育出某種比一般還要馴服，而且天性較不膽小的狐狸和老鼠，有個方法可以試試：那就是選擇同一胎中顏色最深的幼兒，作為培育下一代的種。幾年以後，你便會有比較馴服、顏色

比較深的品種。許多年來,動物培育者都了解這個奇特的事實。但在一九八〇年代時,它有了新含意。沒想到,神經化學竟和人的個性之間也有類似的關係。傑洛米‧卡甘(Jerome Kagan)是一位哈佛大學的心理學家,他領導一組研究員研究兒童的膽小或信心。他發現,早在四個月大時,便可以分辨出不尋常的「抑制」形態,進而預測一個人在十四年後長大成人時是膽小或充滿信心。而其中,撫養過程影響深遠。不過,本質的個性也扮演了重要角色。

確實如此。除了那些最死硬派的社會決定論者,沒有人會覺得找到這麼一個單項的天生要素,會令人感到驚奇。不過結果證明:同樣的個性特色會和其他未如預期的特色互有關連。和較不膽小的青少年相比時,膽小的青少年較常是藍眼睛(所有的實驗對象均是歐裔血統)、容易過敏、個子高瘦、面孔狹長、容易激動,且心跳較快。而這所有的特徵,都是由胚胎中的一組叫作神經嵴(neural crest)的細胞所控制的,而神經嵴是腦部扁桃腺的特別部分的起源。它們全都是用一樣的神經傳導物質:正腎上腺素(norepine-phrine),一種和多巴胺非常類似的物質。而這些特色也都是大部分北歐人的特徵。卡甘的論點是,冰河時期選擇出經得起寒冷的人,也就是具有較高代謝率的人。但是高代謝率是由在扁桃腺中的活性正腎上腺素系統所造成的,並帶來許多不同的包袱,其中,冷漠而膽小的個性就是一個,蒼白的皮膚則是另一個。正如狐狸和老鼠一樣,膽小和多疑型都比大膽型的要來得淺色或蒼白。[3]

如果卡甘是對的,那麼又高又瘦,而且有藍眼睛的成人,在面臨挑戰時會比其他人稍微容易焦慮點。最新的人力資源顧問在獵人頭時,大概會覺得這很有用。實際上,雇主早已在尋求個性之間的區別。許多工作廣告在徵求候選人時,都會加上一條──良好的人

際關係技巧，而這可能有部分是天生的。但是當我們只是因為我們
的眼睛顏色而被選擇時，這個世界又顯得令人反感厭惡。為什麼？
生理上的區別是遠較心理上的區別更令人難以接受的。雖然心理上
的區別，也只是化學物質的區別，但是，它和任何形式的歧視一樣
令人難受。

另一個個性要素──血清素

多巴胺和正腎上腺素便是所謂的單胺。另一個在腦中發現的單
胺──血清素（serotonin），也是它們的近親。血清素也是一個跟
個性有關的化學表示形式，但是血清素比多巴胺和正腎上腺素還要
更複雜。它非常難以確定出其特性。如果你腦中的血清素含量異常
地高，你便可能是個強制性的人，會非常注重整潔，而且小心謹慎，
甚至到了神經過敏的地步。若已達到病態狀況，便稱之為「強迫症」
（obsessive-compulsive disorder）。強迫症患者通常在降低他們的
血清素含量後，便可以減輕症狀。但以另一方面來說，腦中血清素
含量較低的人，會有容易衝動的傾向。衝動犯下暴力罪行或是自殺
的人，通常血清素就較少。

百憂解的功效，便是影響血清素系統，不過目前對它到底是如
何發揮影響力仍有爭論。它的傳統理論為艾利里萊藥廠（Eli
Lilly）的科學家們往前推了一步。艾利里萊藥廠是發明百憂解的地
方，他們的理論是：百憂解會抑制血清素再度被吸收到神經元內，
並增加腦中血清素的量。而血清素增加可以減緩焦慮和沮喪，並可
以使原本相當普通的人變成樂觀主義者。但是百憂解也可能產生完
全相反的作用：影響神經元對血清素的作用。在第 17 號染色體上

便有一個基因，叫作「血清素搬運者基因」（serotonin-transporter gene）。這個基因會改變，但不是它自己改變，而是改變這個基因上游的一段「活化序列」（activation sequence）長度，它有點像是基因開端的調節器開關，而且是專門設計來減慢基因本身的表現。正如許多突變一樣，長度上的改變是由同一段序列重複的次數所導致的，這段序列共有二十二個字母，會重複十四或十六次。我們之中大約有三分之一的人，有兩份較長序列的複製品，這在基因關閉時還不至於太糟糕。這樣的人會有更多的血清素搬運者，也就是可以攜帶更多血清素。不論他們的性別、種族、教育或是收入，這些人比較不神經過敏，而且比一般人更容易感到愉快。

　　哈默卻認為，血清素是鼓動（而非減緩）焦慮和沮喪的化學物質；他將它稱為腦部的處罰化學物。然而，所有的證據指出的卻是另一個方向：更多的血清素（而非更少）會讓你感到更好。舉例來說，冬季時想吃點心和想睡的欲望之間，有個令人難以理解的關係。有些人（可能是基因上的少數人，雖然還沒有發現任何的基因和這種狀況的感受性有關）在冬季昏暗的傍晚，會特別渴望碳水化合物的點心。這種人通常在冬季需要更多的睡眠，然而他們卻覺得自己的睡眠不太能提振精神。這似乎是腦部開始製作褪黑激素（melatonin）的現象；這種荷爾蒙會因應冬季黃昏的昏暗反應而引發睡眠。褪黑激素是從血清素製造的，所以血清素含量下降，代表褪黑激素的製造也結束了。想再次提高血清素含量的最快方法，就是再送更多色胺基酸到腦部，因為血清素是從色胺基酸製造的。而要運送更多色胺基酸到腦部的最快方法，則是從胰臟分泌胰島素，因為胰島素會使身體吸收其他類似色胺基酸的化學物質，而將競爭者從色胺基酸送到腦部的通道移去。而要分泌胰島素的最快方法，

就是吃碳水化合物點心。[4]

膽固醇和性情也有牽連

讓我們整理一下。你在冬季傍晚吃餅乾，可以使腦中血清素增加，進而使自己高興。這帶給我們的訊息是：你可以改變自己的飲食習慣，以改變你的血清素指數。實際上，即使是設計來降低血中膽固醇的藥物和膳食，也會影響血清素。有項令人不解的事實是，幾乎所有關於降低膽固醇的藥物和膳食的研究都顯示出：雖然它們可以降低心臟病的死亡率，但橫死率卻會增加。把所有研究總括起來可以發現，降低膽固醇方面的治療可以減少百分之十四的心臟病發作，但會更顯著地增加橫死率達百分之七十八。由於橫死遠較心臟病發作來得少，因此或許可以將數字上的效應省去不算，但是橫死有時卻會波及無辜的旁人。所以治療具有高膽固醇的人時，會有其危險性。二十年前即已知衝動、反社會，以及沮喪的人，包括囚犯、暴力犯罪者，以及自殺失敗者，他們的膽固醇通常都較其他人來得低，難怪凱撒大帝（Julius Caesar）看起來一副瘦不拉幾的模樣。

這些令人不安的事實，常被醫界人士貶低為統計學上的加工品，但這些數據重複性實在太高了。在一項稱之為「相稱先生」（MrFit）的試驗中，由來自七個國家、共三十五萬一千位人士進行七年，證明在固定年齡中，膽固醇非常低的人和膽固醇非常高的人，死亡率會是膽固醇中等的人的兩倍。在膽固醇較低的人當中，額外的死因最主要是意外、自殺或是謀殺。把膽固醇含量最低的百分之二十五的男人和膽固醇含量最高的百分之二十五的男人相比，

前者的死亡率是後者的四倍,女人則沒有如此的模式出現。不過,
這並不代表我們都應該回去開始大啖油炸食物。低膽固醇或是太努
力降低膽固醇,對少數人來講是非常危險的,正如高膽固醇和使用
高膽固醇膳食,對少數人來說是危險的一樣。我建議,低膽固醇膳
食應該針對那些基因上會有過高膽固醇的人實施,而不是針對每一
個人。

　　低膽固醇和暴力之間的關係,幾乎當然地和血清素有關。餵食
低膽固醇膳食的猴子,會變得更富侵略性、壞脾氣(即使牠們體重
沒有減輕),而原因似乎是血清素減少。在北卡羅萊納州的鮑曼‧
葛雷醫學院(Bowman Gray Medical School),傑‧卡普蘭(Jay
Kaplan)在實驗室中給予八隻猴子低膽固醇(但高油脂)膳食,而
給予九隻猴子高膽固醇膳食。結果發現,低膽固醇膳食的猴子,腦
中的血清素只有高膽固醇膳食猴子的一半,而且低膽固醇膳食的猴
子中,有百分之四十會對其他猴子夥伴有比較激進或反社會的動
作。兩種性別均是如此。實際上,低血清素可以正確地預測猴子的
激進性,正如它也可以正確地用來預測人類衝動性的謀殺、自殺、
爭鬥或是縱火。這是否代表了:法律應強制每個人都隨時將他的血
清素濃度顯示在前額上,那麼我們就可以知道要避開誰、監禁誰,
或是保護誰?[5]

血清素是因還是果

　　幸運的是,這種政策不太可能實行,因為它會侵犯到人民的自
由。血清素含量並非天生、毫無彈性的,它們其實是社會狀態的產
物。你對自我的評價愈高,周圍親戚朋友社會地位愈高,你的血清

素含量就愈高。猴子的實驗也顯示出社會行為是影響血清素的首要因素。占優勢的猴子血清素含量豐富，而地位低下的猴子腦中血清素則比較稀少。到底何者為因、何者為果？大多數的人都根據行為源自於化學反應的原則而假定：化學物質至少是影響行為的原因之一。不過，實驗卻顯現出相反的結果：血清素含量是根據猴子對自己在階級制度中的自我認知地位而呈現的。[6]

　　和大部分人所想的不同的是，社會地位高代表著較不具侵略性，甚至在長尾巴黑顎猴也是如此。社會地位高的猴子，並不會體型特別大，或者比較凶猛或暴力，牠們擅於和解調停和招募夥伴。尤其顯著的是牠們平靜的行為。牠們較不衝動，也較不會因為誤解而爭鬥。猴子當然不是人，但正如加州大學洛杉磯分校的麥可‧麥蓋爾（Michael McGuire）所發現的，任何一群人，甚至是兒童，都可以立刻從一群猴子中找出最占優勢的那隻。因為牠的行為，能立即讓人聯想到擬人化行為，雪萊（Shelley）稱之為「無情命令的冷笑」。毫無疑問地，猴子的心情是由高度血清素來決定的。如果你刻意將權勢等級反過來看，一隻地位低下的猴子不僅血清素減少，連牠的行為也會改變。此外，許多人類的情況似乎也是如此。在大學的兄弟會中，領導人物都有著豐富的血清素濃度，但是如果他們被罷免後，血清素濃度便會下降。告訴別人他們有高量或低量血清素，可能將成為一種自我滿足的預言。

　　這真是徹底地顛覆了大部分人的生物學知識。整個血清素系統，都屬於生物決定論的範圍。你成為罪犯的機會，是由你腦中的化學所影響的。但那並不代表：行為在社會上是永不改變的，雖然一般都會那樣推測。剛好相反的是，你腦中的化學是由你所顯露出來的社會訊息所決定。我已在身體的可體松系統中形容過一樣的現

象,在這裡,腦中的血清素系統也是一樣的。心情、心靈、個性以及行為,實際上都是社會決定的,但這並不代表說它們就完全不是生物決定的。社會性會藉由啟動或關閉基因,來影響行為的運作。

基因和外在刺激交互影響

誠然,有各種各樣的天生個性形態,而每個人對於經由神經傳導物質媒介的外界刺激,反應方式都不一樣。有的基因可以改變血清素製造的速率,有的基因可以改變血清素受體的反應度,有些基因可以使腦中某些部位比其他部位對血清素更有反應,有些基因可以使有些人在冬季時,因為被褪黑激素系統耗盡血清素而感到沮喪。諸如此類,說也說不完。有個荷蘭家庭已經連著三代均有男人曾為罪犯,究其原因毫無疑問是因為基因。這些犯罪的男人,在 X 染色體上均有一個較稀有的突變基因,這個基因叫作「單胺氧化酶 A 基因」(monoamine oxidase A gene)。單胺氧化酶會將混在其他化學物質中的血清素打斷。很可能便是由於這種異常的血清素神經化學物質,使得這個荷蘭家族的男人,比較容易陷入犯罪生活。但這並不會使這個基因成為「犯罪基因」,除非是在一個非常缺乏想像力的場景中。首先,問題中的突變現在被認為是一種「孤兒」突變,這種突變非常稀少,少到很少罪犯有這種基因。單胺氧化酶基因對一般犯罪行為所能解釋的,還非常有限。

但它再一次地強調我們所謂的個性,可說是腦部化學的一個重要問題。僅只血清素這樣一個化學物質,便有許多不同的方式和個性的天生差異有關。心智的血清素系統對外在影響,像是對社會訊息等的反應,也有許多不同的方式。有些人對外在訊息比其他人更

敏感。這就是基因和環境的真相——它們彼此之間複雜的相互關係是一片混亂，而非單向決定論。社會行為不單是一些外在事物，它們可以突然充斥我們的心智和身體。它們是我們組成物質的天生部分，我們的基因不僅被設計成要產生社會行為，還會對社會行為做出反應。

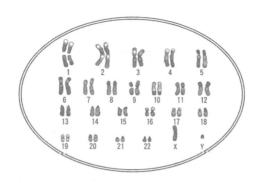

第12號染色體

自 我 裝 配

蛋始終是由自然決定的，
它有潛力成為雞。

——班·強生（Ben Jonson），鍊金術士

發育基因在第 12 號染色體上

　　幾乎人類的所有事物都和自然類似：蝙蝠使用聲納、心臟是個幫浦、眼睛是個照相機、天擇充滿考驗和錯誤、基因是配方、腦是由電線（稱之為軸突）和開關（突觸）所製造的、荷爾蒙系統使用的回饋控制就像個精煉油廠、免疫系統相當於諜報辦事處、身體的成長就像經濟的成長。還有無限多的例子。雖然其中有些例子可能是誤導，但我們至少和大自然用來解決自己的各種問題、實現它巧妙的設計時，所使用的科技和技術相類似。而我們則在科技生活中，將大部分的這些技術和科技再予以創新。

　　但現在我們得將這舒服的一切拋諸腦後，並邁向未知。大自然所完成最卓越非凡、美麗、奇異、又毫不費力的事情之一，就是將一顆叫作受精卵的未分化球體，發展成人體。這在我們人類是完全沒有可以相比擬的。想像一下，試著設計一種硬體（或軟體），用以做出一些可以和大自然這種卓越事跡相比擬的東西。或許美國五角大廈可能試過，但我想結果大概是這樣：「早安，曼陀羅。你的工作是從一堆尚未加工、沒有固定形狀的鋼鐵及一堆炸藥中來製造一顆炸彈。你有無限制的預算，還有一千顆最好的腦袋任你在新墨西哥沙漠處置。我在八月就要看到原型。兔子在一個月內便可以進行十次，所以這應該不會太難。還有任何問題嗎？」

　　沒有類推作用可供參考，光是要了解大自然的偉大事跡就夠困難了。卵在成長發育時，在某個階段或是某處一定曾加進了一個不斷增加細節的模式，而且還一定得有個計畫。但除非我們去問老天爺，不然加進來的細節一定還是藏在卵裡面。那麼卵是如何在沒有

一個預存模式的情況下，形成這樣的模式呢？在過去幾世紀中，人們自然地偏好一種預先形成的理論，於是有些人認為，在人類精子中可以看到人類胎兒的縮影。甚至連亞里斯多德曾發現所謂的「預先形成」（preformation），也只是同樣問題的延伸：胎兒是如何成型的？較晚的理論也好不到哪裡去，那些理論認為我們的老朋友威廉‧貝特森（William Bateson）所推測的和正確答案非常接近。當時貝特森推測：所有生物都是由一系列有秩序的部分或是片段所製造的，因而為它創造了一個名詞──同質新生（homeosis）。而在一九七〇年代時，參考不斷精進而複雜的數學幾何學、駐波，以及其他諸如此類的奧祕理論，來解釋胚胎學更是蔚為風潮。唉！可憐的數學家，自然的答案竟是如此簡單也如此容易了解──雖然細節非常地錯綜複雜。所有的答案還是圍繞著基因，而基因實際上便含有數位形式的計畫。發育基因就一大段地坐落在接近第 12 號染色體中間的地方。發現這些基因並了解它們是如何運作的，可能可以說是自從遺傳密碼被解開後，現在遺傳學所獲得最聰明的大獎。這個發現實際上包括了兩個極為出色、而且幸運的意外。[1]

如何知道該長成什麼樣子？

受精卵長成胚胎時，剛開始時只是一個未分化的球體。接著，它會漸漸發展成兩個不對稱的部分：一個頭（也就是尾軸〔tail axis〕），和一個前側（也就是背側軸〔back axis〕）。在果蠅和蟾蜍中，這些軸是由母親所設下的，母親的細胞會指引胚胎的一端長成頭部，一部分長成背部。但在老鼠和人類中，這種不對稱的發育較晚，而且沒有人知道這到底是怎麼回事。而胚胎移植進入子宮

的時機，似乎很重要。

　　在果蠅和蟾蜍中，這些不對稱構造已經完全了解：它們含有不同母系基因的化學產物梯度分布。在哺乳動物中也是一樣，這些不對稱構造幾乎都是化學物質造成的。每一個細胞都能了解自己的內部組成，也就是將資訊提供給它的掌上型全球衛星定位系統微電腦，然後微電腦會顯示：「你現在在身體的後半段、接近下側的地方。」能知道自己在哪裡真好。

　　但是知道自己在哪裡只是個開始。知道你在哪裡，並且得做些什麼又是個完全不同的問題。控制這個過程的基因被稱為同源轉化的基因（homeotic gene）。舉例來說，我們的細胞在發現自己的所在地後，便會在自己的指導手冊中查詢有關這個位置的指示，像是「長出翅膀」，或是「開始長成一個腎臟細胞」，或是諸如此類的指示。當然並不完全是像這樣子。實際上並沒有電腦，也沒有指導手冊，只有一系列的自動步驟，使基因啟動其他基因，其他基因再啟動其他基因。但是指導手冊仍然是某方面的類推作用例子，因為精巧的胚胎發育是完全地方分權的過程，使得人類實在難以捉摸其內容。由於身體裡的每一個細胞，都攜帶有一份完整的基因組複製品，所以細胞不需要等授權單位給任何指示，每一個細胞都可以根據自己的資訊，和接受來自鄰居的訊息，進行應該的動作。人類社會則並非以這種方式運作，我們總是執著地多半依賴政府做決定。也許我們應該試一試細胞的方式。[2]

　　從這個世紀早期開始，果蠅就是遺傳學家最喜歡使用的實驗對象，因為在實驗室裡培育果蠅又快又簡單。我們實在應該謝謝這些卑微的果蠅，為我們說明了遺傳學上的基礎原則，像是基因在染色體上是如何連接的，還有米勒發現的基因會因為 X 光而突變。在

眾多被創造出來的突變果蠅中，科學家開始發現以異常方式成長的果蠅。有些果蠅在應該長出觸角的地方卻長出腿，或者是在應該長出（雙翅目昆蟲的）平衡棒，也就是小型的穩定器的地方，卻長出翅膀。換句話說，原先該在某段體節發生的，卻在不同體節出現了。在同源轉化的基因上有些事情顯然不太對勁。

在一九七〇年代晚期，德國有兩位叫作亞尼·努斯蘭弗勒（Jani Nüsslein-Volhard）和艾力克·威蕭斯（Eric Wieschaus）的科學家，開始尋找出並描述這一類突變的果蠅。他們用化學藥物導致果蠅突變，再大量培育這些果蠅，並慢慢地將這些肢體、翅膀或是身體其他部分長錯地方的果蠅加以分類。漸漸地，他們開始找出一個一致的模式，並發現：「間隔」（gap）基因對界定身體的所有區域有重大效用；「成對規則」（pair-rule）基因會再細分這些區域，並界定出更細的細節；而「體節極性」（segment-polarity）基因會影響只有前小半段或是後小半段，以再細分這些細節。換句話說，發育基因的動作似乎是有階級制度的，它們會把胚胎分成更小、還要更小的部分，以創造出更細節的內容。[3]

按體位順序排列的基因

這真是出乎意料之外。直到那時候之前，一般都認定身體部分是由鄰近的部分界定的，而不是由某種大型的基因計畫決定。但是當果蠅基因確定被突變，並讀出了它們的序列後，人們這才發現，原來基因中儲存著更令人意外的事實。其中一個令人難以置信的發現，可說為二十世紀最美妙的知識再添加一筆。科學家發現，有八個同源基因一起排在同一個染色體上，這些基因被稱之為 Hox 基

因。基因排在一起並不奇怪，真正奇怪的是，這八個基因分別影響著果蠅身體的不同部位，而且它們的排列順序和果蠅身體被影響的部位順序是一致的。第一個基因影響口部，第二個是臉部，第三個是頭部頂端，第四個是頸部，第五個是胸部，第六個是腹部前半段，第七個是腹部後半段，而第八個會改變腹部的其他部分，而不只是第一個基因決定果蠅的頭端、最後一個基因製造出果蠅的尾端而已。它們都順著染色體依序排列，毫無例外。

　　要體會這有多詭異，你必須先知道基因通常的順序是多麼隨機。在這本書裡面，我的故事是把基因組弄成是一種有合理順序，而且一章接著一章地選擇適合我目的的基因來說。但我有一點蒙蔽了你：基因被放在哪裡是沒有什麼理由的。有時候它需要靠近某些其他基因，不過，大自然這次將同源轉化基因以它們的使用方式的順序排列在一起，實在也太缺乏想像力。

　　還有第二個令人驚訝的事實。在一九八三年時，有一群在貝索（Basel）的華特・蓋林（Walter Gehring）實驗室工作的科學家，發現所有這些同源轉化基因都有些共同點。它們的文本內中有一個共同的「段落」，這個段落共一百八十個字母長──稱之為同源區（homeobox）。剛開始時，似乎看不出它有何重要性；如果它在每一個基因都一樣的話，它就可能無法告訴果蠅是要長出腿而不是觸角。所有的電器用品都有插頭，但你可沒辦法光看插頭就知道它是個烤麵包機還是個檯燈。同源區之間的類似性和插頭是相當接近的。同源區是一小段 DNA，它所屬的基因製造出來的蛋白質，會附上別段的 DNA，以啟動或關閉其他基因。所有同源轉化基因都是專門啟動或關閉其他基因的基因。

　　同源區使得遺傳學家得以循此去尋找其他同源轉化基因，這就

像是一個笨拙的工人要穿過一大堆垃圾線路，找出和插頭連接的東西一樣。蓋林的同僚艾迪・德羅伯提斯（Eddie de Robertis），靠著直覺，就在青蛙的基因中釣出一個「段落」，看起來似乎就像是同源區。他找到了。當他試著從老鼠身上再去尋找時，他又找到了幾乎完全一樣的一百八十個字母──就是同源區。不僅如此，老鼠也有幾群 Hox 基因（不是一群，而是四群），而且排列方式和果蠅一樣，同一群的基因會首尾相接，頭部基因在最前面，而尾部基因在最後面。

人類和果蠅具有相同的機制

發現老鼠和果蠅之間有同源性，真是夠驚人的了，這代表胚胎發育機制所需要的基因，和身體部分的順序一樣。更奇怪的是，老鼠基因和果蠅基因之間竟可辨識出相同的基因。果蠅基因群中第一個基因，叫作 *lab*，和老鼠的三群基因中的第一個基因非常相似，這三群基因的第一個基因分別稱為 *a1*、*b1*，和 *d1*，而其他基因的情形也是如此。[4]

當然其中也有差異存在。老鼠的四群基因中，共有三十九個 Hox 基因，而且牠們的每一群基因後端又比果蠅還多了五個果蠅所沒有的 Hox 基因。每一群基因中，都有不同基因的缺失。但其中的相似性還是令人非常興奮。當這個事實首度揭露時，實在令人興奮到以為是幻覺的地步，所以只有少數胚胎學家相信。大多數人還是抱著懷疑的態度，並認為只是一些愚蠢的巧合被誇大渲染而已。有一位科學家就記得：當他第一次聽到這個新聞時並不相信，只把它當成是華特・蓋林的另一個狂想。但很快地，他便明白蓋林是認

真的。《自然》期刊的編輯 —— 約翰‧麥道克斯（John Maddox），將它稱為「本年度（目前為止）最重要的發現」。人類有和老鼠完全一樣的 Hox 基因群，而其中的一群，就在第 12 號染色體上。

這個突破性的發現，有兩個立即的意義，一個是演化上的，而另一個是應用上的。演化上的意義是，超過五億三千萬年前，我們和果蠅都來自同一個祖先，並用相同的方式界定出胚胎的模式，而這個機制實在是太好了，所以所有這些死去生物的後裔子孫，都還緊緊握住這個機制不放。實際上，甚至還有更不一樣的生物（像是海膽），也是使用一樣的基因群。雖然果蠅或是海膽看起來和人類非常不一樣，但是當比較牠們的胚胎時，卻又非常相似。胚胎基因這種不可思議的保守性，讓每個人都嚇了一跳。這幾十年來在果蠅基因上的努力研究，忽然和人類都有了密切關係。直到目前，科學上對果蠅基因的了解，遠超過對人類基因的了解。而這些知識現在變得更有關連，彷彿就像在人類基因組上點亮了一盞明燈。

同樣的教訓不僅出現在 Hox 基因上，也出現在所有和發育有關的基因上。曾經有人帶著一絲傲慢地認為，頭是脊椎動物專有的。他們認為，脊椎動物以我們優越的天才，發明了一整套新的基因，以建造一個特別的「頭腦」前端，最後完成的時候就是腦部。現在我們知道，老鼠有兩對基因和製造腦部有關，分別是 *Otx*（1 和 2）基因以及 *Emx*（1 和 2）基因，這兩對基因和果蠅頭端發育時表現的兩個基因相當近似。果蠅製造眼睛的一個很重要基因，人們以矛盾修辭語法將它稱為「無眼基因」（*eyeless*），也和老鼠製造眼睛的一個很重要的基因一樣，在老鼠身上這個基因稱為 *pax-6* 基因。老鼠身上是如此，在人類身上也是如此。果蠅和人類在於如

何建造身體這個主題上雖然有所差異，但在寒武紀時期都一樣是像蟲一般的生物。而我們現在還保留著一樣的基因，做著一樣的工作。當然了，之間還是有些差異；如果沒有的話，我們看起來就像果蠅了。但這些差異是令人驚訝地微妙。

相似基因可以置換

　　例外的例子幾乎比規則中的還要更具說服力。舉例來說，果蠅有兩個基因對區分身體的背部（背側）和前部（腹側）很重要。其中一個叫作 *decapentaplegic* 基因，是背側化的基因，也就是說，當它表現的時候會使細胞成為背部的部分。另一個叫作 *short gastrulation* 基因，是腹側化的基因，它會使細胞成為腹部的部分。在蟾蜍、老鼠，甚至是你和我，都有兩個與它們非常相似的基因。其中，*BMP4* 基因的一段內容和 *decapentaplegic* 基因非常相似；另一個 *chordin* 基因的內容，則和 *short gastrulation* 基因非常相似。但驚人的是，老鼠中的這些基因，都和果蠅中相對的基因有相反的作用。*BMP4* 基因和腹側化有關，而 *chordin* 基因則和背側化有關。這代表節肢動物和脊椎動物彼此是相互顛倒的。在遠古時代的某段時間，牠們曾有共同的祖先，而這位共同祖先的某位子孫後裔，在原本該以背部移動的，卻開始以腹部移動。我們可能永遠無法得知哪一個祖先才是「正面朝上」，但是我們確實知道一件事，那就是背側化和腹側化基因，在時間上早於這兩種後裔開始分開的時間。暫停一下，為一位偉大的法國人傑佛瑞・聖希萊（Étienne Geoffroy St Hilaire）致意。他於一八二二年藉由觀察不同動物胚胎的發育方式，推測昆蟲的中央神經系統是順著它的腹部排列，而人類的則是

順著背部排列。他的大膽推測在至今之間的一百七十五年，多半處於招人嘲笑的處境，而傳統的智慧則衍生出另一種不同的假說，認為兩種動物的神經系統是分別獨立演化的。但實際上，聖希萊是完全正確的。[5]

　　實際上，基因之間的相似性如此接近，遺傳學家現在幾乎可以輕易地進行一項很不可思議的實驗。他們可以刻意使果蠅中的一個基因突變，而將這個基因剔除，再以遺傳工程將人類中相當的基因換上去，並使牠長成一隻正常的果蠅。這項技術被稱為「遺傳拯救」（genetic rescue）。人類的 Hox 基因可以拯救果蠅中和它們相類似的基因，*Otx* 基因和 *Emx* 基因也可以。事實上，這些取而代之的基因運作良好，甚至無法辨別出哪些果蠅曾經被人類的基因拯救過，或哪些果蠅曾經被果蠅的基因拯救過。[6]

　　這可說是這本書在一開始時將基因假設為數位型的一大勝利。基因是可以在任何系統上運作的一些軟體，它們使用一樣的密碼，並做一樣的工作。即使在分離了五億三千萬年之後，我們的電腦仍然能夠辨識並讀出果蠅的軟體，反之亦然。實際上，這部電腦的類似性還是相當好的。在寒武紀大爆炸時期，也就是在約五億四千萬至五億二千萬年前，正是身體設計的自由實驗時期，情況有點類似一九八〇年代中期時的電腦軟體。大概就是在那個時候，某種幸運的動物發明了第一個同源轉化基因，而我們都是那種動物的後裔。這種生物幾乎無疑地是一種已知的、住在地洞中的生物，就像是圓扁蟲（Roundish Flat Worm, RFW）。這可能只是許多競爭性的身體計畫之一，但牠的後裔子孫都遺傳到這種地面生活方式，或是由此得到許多靈感。這是否是最佳的設計，或只是銷路最好的方式？在寒武紀大爆炸時期，到底誰是蘋果電腦，而誰又是微軟？

從 Hox 基因看演化

讓我們仔細看看在人類第 12 號染色體上 Hox 基因中的一個——Hox C4 基因。它相當於果蠅的 *dfd* 基因，有 *dfd* 基因表現的細胞，便會成為果蠅的口部。它和其他染色體上的對應基因——*A4*、*B4* 和 *D4* 的序列非常相似，在老鼠身上也有一樣的基因——*a4*、*b4*、*c4* 和 *d4*。在老鼠的胚胎中，這些基因表現的部分都會成為頸部，包括頸部中的頸椎和脊髓。如果你以突變「剔除」這些基因之一，你便可以發現老鼠頸部的一或兩段脊椎骨會受到影響。但是這種剔除基因的效益，是很具有特異性的。它會使被影響的脊椎繼續成長成原本在老鼠頸部的樣子。在區別每段頸脊和第一段頸椎時，則需要 Hox4 基因。如果你剔除掉兩個 Hox4 基因，便會影響更多脊椎，而如果你剔除掉四個基因中的三個，甚至有更多的頸椎受影響。因此，這四個基因似乎具有某種累積的效應。從頭到腳，一個接著一個的基因被啟動，而每一個新基因會將胚胎中的那部分，轉變成更接近末端的身體部分。每一個 Hox 基因又有四種樣子，使得我們和老鼠在身體的發育上，會比只有一群 Hox 基因的果蠅有更微妙的控制。

為什麼我們每一個 Hox 基因群會有多至十三個基因而非像果蠅只有八個，原因也愈來愈清楚了。脊椎動物的肛門後有尾巴，所以脊柱會延伸到肛門之後，但昆蟲則否。老鼠和人類比果蠅所多出來的 Hox 基因，對安排下背部和尾巴的發展是需要的。由於我們的祖先在變成類人猿時，尾巴縮小而消失了，因此比起老鼠的相對基因，我們的可能又顯得不明顯。

我們現在正面臨一個非常重要的問題。為什麼 Hox 基因首尾相接，開頭的基因總會表現在所有種類動物的頭部？目前雖然還沒有肯定的答案，但是卻有個令人好奇的線索。最前面表現的基因，不只表現在身體的最前面部分，它也是最早被表現的。所有動物的發育都是先從前端（頭部）開始，然後向後端（尾部）進行。所以 Hox 基因會遵守發育時間的先後，表現出這種共同線性，而可能每一個 Hox 基因的啟動，會以某種方式啟動同一線上的下一個基因，或是使它被打開並被閱讀。此外，動物的演化史可能也是如此。我們的祖先似乎是以加長並發展後端（而非頭端），來使身體成長得更複雜。所以，Hox 基因只是重現了祖先演化的序列。恩斯特・漢克爾（Ernst Haeckel）就曾經說過這麼一句名言：「個體發生學會重現種族發生學。」胚胎發育的發生順序，和它祖先演化的順序是一樣的。[7]

Hox 基因啟動的連鎖效應

這些故事都很簡潔，但只告訴你故事中的一個片段而已。我們已經知道胚胎的模式——上下不對稱，而且首尾也不對稱。我們也知道一組基因會依照設計好的時間點被啟動，然後每一個基因會表現在身體的不同部分。我們知道 Hox 基因為數甚多，但在染色體上聚居在一起，依發育順序而分成若干區段，每一區段內各有特殊功能的 Hox 基因。而若某一區段內的某一 Hox 基因被啟動，它就會啟動另一區段內的另一 Hox 基因，然後再依序啟動其他基因。當每一 Hox 基因被啟動時，就會決定身體某一部位的分化和發育。舉例來說，它必須長出一段肢體。接下來很聰明地，同樣的訊息被

用來代表將在身體的不同部分中的不同事物。每一個區段都知道自己的位置，並根據訊號去辨識和反應。*decapentaplegic* 基因便是在果蠅的某一個區段，並為腿部發育的啟動者之一，翅膀則是由另一個基因啟動。*decapentaplegic* 基因接著會啟動一個叫作 *hedgehog* 的基因，*hedgehog* 基因的工作就是以蛋白質干擾 *decapentaplegic* 基因使它保持沉默，直到再度叫醒它。*hedgehog* 基因是所謂的體節極性基因，意思就是它只會表現在每一個後半段的體節中。所以如果你將表現出 *hedgehog* 基因的組織移到翅膀體節的前半段，你便會得到一隻有點像鏡面影像的翅膀，而且兩個前半段翅膀接在背部中央，而兩個本來應該接在背部的那半段，卻接在前半段翅膀的外側。

你大概不會覺得很驚訝，*hedgehog* 基因在人類和鳥類也有相對的基因。三個非常相似的基因，叫作 *sonic hedgehog* 基因、*Indian hedgehog* 基因，和 *desert hedgehog* 基因，在雞和人類中做著差不多一樣的事。（我早就告訴你遺傳學家的想法很奇怪。有種新發現的 *tiggywinkle* 基因，和另兩個新的基因家族 *warthog* 基因和 *groundhog* 基因，就是因為遺傳學家發現，果蠅若是有錯誤的 *hedgehog* 基因，便會有多刺的外表，而開始研究的。）正和果蠅一樣，*sonic hedgehog* 基因和它同系統夥伴的工作就是告訴區段，肢部的後半段該在哪裡。當肢部雛型具有分化能力的突出物已經形成時，*sonic hedgehog* 基因便會被啟動，告訴肢部的突出物後方在哪裡。如果你在適當的時機，把微小的珠狀物放在 *sonic hedgehog* 蛋白質裡面，再把它小心地放到雞胚胎的翅膀突出物、相當於大拇指側的地方，二十四小時後，結果便是有兩個鏡面影像的翅膀，而且前半段和前半段連接，兩個本來應該接在背部的後半段則在外側，

幾乎和果蠅的結果完全一樣。

　　換句話說，*hedgehog* 基因的作用是用來定義翅膀的前段和後段，然後再由 Hox 基因將它分開成手指和腳趾。將簡單的肢部突出物轉型成具有五根指頭的手。四足動物首次由魚類的鰭發展出手時，大約是在四億年後。近代科學中最令人滿意的一段，便是史前實體論者（palaeontologist）研究古代生物轉型的結果，和胚胎學家研究 Hox 基因的結果相符，而且發現共同的觀點。

從簡單的不對稱開始

　　這故事是從在一九八八年時在格陵蘭發現的一塊叫作棘被螈（*Acanthostega*）化石開始。這塊化石是半魚半四肢動物，因為牠有著典型的四足動物肢部，肢部末端還具有八根手指的手，時間約在三億六千萬年前。這是早期四足動物從淺水處爬行時所設計的幾個實驗性肢部。最後從幾個其他類似的化石中，可以愈來愈清楚地看出，我們大家所擁有的手，是以一種令人好奇的方式，從魚鰭發展而來的：發展成向前彎曲呈弓型的手腕骨，手腕骨再向前分出指頭。你現在用 X 光照你自己的手，還是可以看到這種模式。這些事實都是從乾掉了的骨化石找出來的，所以你不難想像：當史前實體論者讀到胚胎學家發現這完全就是 Hox 基因在肢部所做的事時，他們有多驚訝了。首先，基因設定了表現曲線的梯度，以區分四肢的前半段，將它分開成獨立的手臂和手腕骨，然後它們再突然地在最後一個骨頭的末側設定一個反向的梯度，使末端長出五根手指。[8]

　　Hox 基因和 *hedgehog* 基因絕不是唯一控制發育的基因。還有其他的基因，也巧妙地在傳遞身體部分該在哪裡及如何成長的訊

息，而造成一個聰明絕頂的自我組織系統：「pax 基因」和「gap 基因」，還有一些名字像是 *radical fringe*、*even-skipped*、*fushi tarazu*、*hunchback*、*Krüppel*、*giant*、*engrailed*、*knirps*、*windbeutel*、*cactus*、*huckebein*、*serpent*、*gurken*、*oskar*、*tailless* 的基因。進入遺傳胚胎學的新世界有時候會覺得好像掉進托爾金（Tolkien）的小說世界裡，你得先學大量的生字。但神奇的是，你不需要學習新的思考方式：沒有異想天開的醫學、沒有混沌理論或是量子動力學，也沒有概念上的新奇之處。就像遺傳密碼本身的發現，剛開始時似乎是一個只能用新概念來解決的問題，最後變成只是一個簡單、不誇張，而且容易了解的事件序列。從將基本不對稱的化學物質，注射到卵子裡面，所有其他的事件便會接續發生。基因會彼此啟動，讓胚胎有頭有尾。其他基因會從頭部到尾部依序被啟動，賦予身體不同部位一個身分。其他基因接著會使區段極性化，造成前半段和後半段。其他基因接著會解釋所有這些訊息，並製造更複雜的附肢和器官。這是個相當基本、化學機械、一步接著一步的過程，而這個過程對亞里斯多德的吸引力可能遠比蘇格拉底強。胚胎的模式，是從簡單的不對稱長成錯綜複雜的模式。實際上，胚胎發展學的原則是相當簡單的，雖然細節部分不是這樣，但它會讓人不禁要去想：是否人類工程師不應該試著去複製它，而是發明自我裝配的機器。

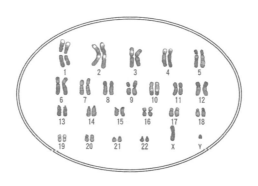

第13號染色體

史 前 時 代 史

古代是這個世界的青少年時期。

——法蘭西斯·培根

從語言也可以推算出族譜

　　蠕蟲、果蠅、雞，以及人類的胚胎基因驚人的相似性，彷彿是共同血系的後裔合唱了一首表情豐富的歌。而我們之所以了解這個相似性，就是因為 DNA 這種簡單字母寫下的密碼，它就像是一種語言。我們在比較過各生物發育基因的字彙後，找到了相同的字彙。在另一個完全不同的領域，同樣也可以發現這樣的直接相似性。在比較過人類的語言字彙後，也可以推論出他們的共同祖先。舉例來說，義大利人、法國人、西班牙人和羅馬人使用的語言，就同樣源自拉丁文。語言學和遺傳種系發生學這兩種領域，會在一個共同的主題上會合——人類移民史。歷史學家可能會因為缺乏有關距離、史前歷史等紀錄文件而悲嘆，但在基因中仍留下紀錄，人類語言的字彙也留下了紀錄。從後面會出現的幾個理由顯示，第 13號染色體是討論宗譜遺傳學的好地方。

　　　一七八六年時，一位加爾各答的英國法官威廉・瓊斯（William Jones），在皇家亞洲學會（Royal Asiatic Society）的會議中宣稱，從他所做的有關古代印度梵語的研究推論，梵語應該是拉丁語和希臘語的親戚。身為學術研究員，他認為可以在這三種語言和塞爾特語（Celtic）、哥德語、波斯語中看出相似性。他提出，它們全都是「來自某個共同來源的」。他的理由和現代遺傳學家推測圓扁蟲曾在五億三千萬年前出現過的理由完全一樣：字彙的相似性。舉例來說，英文生字「three」，在拉丁文中是「tres」，在希臘文中是「treis」，而在梵文中是「tryas」。當然，說話的語言和基因的語言之間最大的差異，就是說話的語言中，有更多借用的字眼。

「three」這個字可能就是不知怎麼地，從西方人的口中傳入到梵文之中。而後續的研究也證實了瓊斯是完全正確的，確實曾經有一群獨特的人、在獨特的地方、說著獨特的語言，而這些人的後裔子孫，將那種語言分別帶到各地，像是愛爾蘭和印度等，而這種語言最後便分歧成現代語言。

我們甚至還可以從那些人身上學到一些東西。眾所皆知，印歐人在至少八千年前離開他們的家鄉而四散各地，有些人認為他們的家鄉是在現代的烏克蘭，但更可能是在現代土耳其的山丘地帶，因為他們的語言中含有和山丘及湍流有關的字眼。不論哪一個是正確的，這批人都毫無疑問地是農人，他們的語言就帶有和莊稼作物、牛、羊，和狗有關的字眼。從他們出現的大略時間，也就是敘利亞和美索不達米亞的肥沃月彎地區發展出農業發明之後沒多久看來，我們能輕易地推測出他們之所以能將母語成功留在歐亞大陸，很可能便是因為他們的農業技術。但是他們的基因是否也是如此呢？這是個我必須迂迴切入的問題。

謎般的諾特題語

今天在印歐人故鄉——安那托利亞的人們，說的是土耳其語，一種非印歐語，那是一種由稍晚來自中亞草原和沙漠的騎馬游牧民族所帶來的語言。這些阿爾泰語系（Altaic）❶的人，擁有一項優越的技術，那就是騎馬，從他們的字彙便可證實如此，他們的常用字中充滿了有關馬的字眼。第三個語言家族是烏拉爾語系（Uralic），

---

❶ 譯註：包括土耳其語、維吾爾語、蒙古語、滿語等語言。

被普遍使用於北俄羅斯、芬蘭、愛沙尼亞，更令人驚奇的還有匈牙利。這種語言見證著在印歐人之前和之後，當地人的成功擴散，而且當時的人擅長一種目前仍未確知的技術——大概是放牧動物。今天，北俄羅斯的撒摩耶馴鹿牧人，使用的便可能是典型的烏拉爾語。但是如果你再更深入地探討，將發現毫無疑問地有一個家族將這三個語言家族：印歐語、阿爾泰語，以及烏拉爾語連結在一起。這三種語言，可能都是從一萬五千年前歐亞大陸上狩獵為生的居民使用的語言，從他們傳下來的語言中可判定出，除了狼（或狗）以外，他們可能還沒開始馴養任何動物。對於如何畫分這些「諾特題」（Nostratic）後裔的地盤，各方意見不一。俄羅斯語言學家艾利奇史維齊（Vladislav Illich-Svitych）和阿哈朗‧多哥波斯基（Aharon Dolgopolsky）傾向於涵括使用阿拉伯和北非洲的亞非語言家族，而史丹福大學的喬瑟芬‧格林柏格（Joseph Greenberg）則省略上述語言，但加入東北亞所使用的堪察加半島語（Kamchatkan，在蘇俄西伯利亞的東北部）和楚科奇語（Chukchi）。艾利奇史維齊甚至還用推測出來的諾特題語字根發音，寫了一首小詩。

語言超級家族的證據，就藏在一些最簡單而且毫不起眼的字彙中。舉例來說，印歐語、烏拉爾語、蒙古語、楚科奇語，以及愛斯基摩語，幾乎都在有關「我」的字眼中，使用到「m」，而在有關「你」的字眼中，使用到「t」，像法語的你便是「tu」。一系列這一類的例子更強化了巧合假說的不可能性。正如它顯示出來的明確性，葡萄牙和韓國所使用的語言，也幾乎都是自同一種語言傳下來的。

諾特題人的祕密，可能我們永遠都不會知道。他們可能最早發展出和狗一起狩獵的方法，也或許是最早有細繩武器的民族，也可

能發明一些比較無形的東西，像是經由民主產生的決定。但是他們並沒有全然抹掉他們原有的事物。有良好的證據顯示，高加索山脈民族使用的幾種語言——巴斯克語（Basque），跟現在已經消失的伊特魯利亞語（Etruscan），並不屬於諾特題這個超級家族，但是卻和另一個叫作納得內語（Na-Dene）❷的超級家族中的納瓦侯語（Navajo）❸，以及某些中國語言相類似。以下純屬理論性的推測。現在殘存於庇里牛斯山區的巴斯克語（山是人類移民時文化較落後的地方，就好像主流旁邊的支流一樣），曾經被許多地方廣泛使用，例如克羅馬儂人在壁畫中顯示出的地名和區域都是。是不是使用巴斯克語和納瓦侯語的現代人種，將尼安德特人驅逐，而散布到歐亞大陸來的？使用這些語言的人，是否真的是中石器時代的人類後裔，並被使用印歐語的新石器時代後裔所包圍？可能都不是，但這是一個有趣的可能性。

基因的證據

一九八〇年代時，著名的義大利遺傳學家路卡·卡瓦利斯福札（Luigi Luca Cavalli-Sforza），注意到語言呈現出來的發現，決定找出另一個明顯問題的答案：語言上的分界是否和遺傳上的分界相同？無可避免地，遺傳上的分界會更模糊，因為異族可以通婚（大部分人雖然只說一種語言，卻有來自四位祖父祖母的基因）。法國人和德國人基因上差異的界定，還遠不如法語和德語之間差異的界定。

❷ 譯註：北美洲西部印第安人一語系。
❸ 譯註：納瓦侯族印第安人。

　　但仍然有些模式可循。經過收集一般人的數據後，卡瓦利斯福札了解不同處都是在若干簡單的基因——「古典多型性基因」（classical polymorphism gene）上。再經由一種叫作「主元素分析」（principal-components analysis）的巧妙統計法分析得出的數據，卡瓦利斯福札解開了歐洲五種不同基因的頻率輪廓圖。第一種是從東南方到西北方以穩定的梯度分布，這可能反映出原本新石器時代時的農人從中東散布到歐洲，幾乎就和考古學上大約九千五百年前農業分布到歐洲的數據一樣。這占了他的樣本數中百分之二十八的基因變異性。第二種集中在歐洲東北部，反映出烏拉爾語系使用者的基因，並占了百分之二十二的基因變異性。第三種占了一半強，是從烏克蘭向外分散，集中的基因頻率反應出大約西元前三千年，原本集中在窩瓦河－頓河地區的牧羊游牧者向外擴散。第四種比較少，主要分布在希臘、義大利南部，以及土耳其西部，大概顯示出希臘人在西元前第一個和第二個千禧年向外擴散。最詭異複雜的是第五種，它只占少數，而且其不尋常的基因集中地剛好幾乎和西班牙北部和法國南部的巴斯克語地區相當。看來，有關巴斯克人是新石器時代早期僅存的歐洲人，是有道理的。[1]

　　換句話說，基因支持著語言上的證據，證明人類以新奇的科技技術進行遷徙和擴散這件事，在人類演化史上扮演著重要角色。基因地圖雖比語言地圖要更模糊不清，但它們更為精細。用比較小的量表來看，它們可以選出和語言區域一致的特徵。舉例來說，像在卡瓦利斯福札的祖國義大利，便有和古代伊特魯里亞人、熱內亞的李古里安人（他們說的是一種非印歐語系的古代語言）和義大利南方的希臘人一致的基因區域。這個訊息很清楚：語言和人類在某種程度上是一起的。

　　歷史學家很高興地說：新石器時代的人，或是牧人，或是馬札兒人（匈牙利人），或隨便哪一種人，正大批湧入歐洲。但是到底是什麼意思？他們是擴散，或是遷移？這些新居民取代了原來的居民？新居民們是殺了原來的居民，或只是和他們通婚？新居民是否娶了原來居民的女人，而殺了男人？或者是他們的科技、語言以及文化，都只是靠口述且為當地人接納？所有模式都有可能。像是十八世紀的美國，本土的美國人幾乎完全被白人在基因上和語言上取代。十七世紀的墨西哥，也曾經發生民族融合的現象。在十九世紀的印度，英語傳播普及，正如從前印歐語──例如烏都語 ❹ 和印地語──曾在此普及一樣，但是這一次英語的普及，卻少有基因上的融合。

遷移造成新基因的加入

　　遺傳訊息使我們了解這些模式中，哪一些最適合應用在史前時代。最能合理解釋遺傳梯度穩定地朝西北方擴散的模式，便是新石器時代農業的傳播。也就是說，新石器時代時，來自東南方的農人，曾經將他們的基因和原本居住此地的人融合，而這些來自入侵者的基因，隨著他們散布得愈遠，便愈不明確。這表示有異族通婚的現象。卡瓦利斯福札認為，男性耕種者可能和當地以狩獵為生的女子通婚，因為這正是今日在非洲中部發生在匹美人和以耕種為生的鄰人身上的事。耕種者比獵人更容易實行一夫多妻制（或一妻多夫制），而且傾向於輕視以狩獵採集為生的人，認為他們是原始而未

---

❹　譯註：印度伊斯蘭教徒的語言。

開化的，因而不允許自己的女人和狩獵採集為生的人通婚，但是男性耕種者卻會娶狩獵採集為生的女子為妻。

　　入侵的男人將他們的語言加諸於新的土地上，同時也和當地女性通婚，那麼便應該有一套與眾不同的 Y 染色體上的基因，和一套較沒有特色的其他基因。這就是芬蘭的例子。芬蘭人在基因上和圍繞著他們的其他西歐人沒什麼不同，除了顯著的一點以外——他們有不同的 Y 染色體，而這些 Y 染色體似乎更像亞洲北方人的 Y 染色體。芬蘭在很久以前是使用烏拉爾語，而烏拉爾語系使用者的 Y 染色體，曾經在基因和語言上加諸於這些印歐人身上。[2]

　　而這一切到底和第 13 號染色體有什麼關係？之所以從這個角度切入，是因為第 13 號染色體上有一個惡名昭彰的基因，叫作 *BRCA2*，它也告訴我們一個宗譜的故事。*BRCA2* 是於一九九四年被發現的第二個「乳癌基因」。擁有某一種相當稀少的 *BRCA2* 突變基因的人，被發現會比一般人較容易發展出乳癌。這個基因開始時是因為研究冰島乳癌高發生率家族時所定位出來的。冰島是個完美的基因圖書館，因為除了大約西元九百年時，曾有一小群挪威人到冰島定居外，自此便沒有什麼其他移民遷入。實際上，從總數共二十七萬名的冰島人向上追溯，他們的祖先都是少數幾千個在冰河時代之前到達冰島的維京人。經過一千一百年的寒冷獨居生活，再加上十四世紀時毀滅性的黑死病，使得這個島的居民血緣很接近，是個遺傳研究者的樂園。實際上，有一位具有企業家精神的冰島科學家，原本在美國工作，這幾年就回到他的祖國，試圖開創一個幫助人們追蹤基因來源的事業。

第 13 號染色體上的突變

　　在冰島，兩個具有高度乳癌發生率的家族，可以追溯回一個出生於一七一一年的共同祖先。這兩個家族都有著一樣的突變，就是在 BRCA2 基因的第九百九十九個字母之後，有五個字母被刪除了。BRCA2 基因上還有另一種突變，就是第六千一百七十四個字母被刪除，這種突變常見於德系猶太人（Ashkenazi）血統。四十二歲以下的德系猶太人乳癌患者中，大約有百分之八是因為這種突變，有百分之二十則是在第 17 號染色體上的 BRCA1 基因上有突變。這種集中性也表示了過去的近親交配，雖然並沒有在冰島的量表上出現。猶太人的遺傳之所以與眾不同，是因為宗教信仰因素，而且許多人若是和非猶太人通婚便會離去。結果，德系猶太人成為遺傳研究特別偏好的材料。在美國，猶太人遺傳疾病預防委員會（Committee for the Prevention of Jewish Genetic Disease）還會安排測試學童的血液。而且，當媒人考慮撮合兩個年輕人時，雙方還可以打熱線電話，各以不具名的方式進行基因測試。如果他們兩個都帶有相同的突變基因，像是戴─薩克司病（Tay-Sachs disease）或是纖維性囊腫（cystic fibrosis）的帶原者的話，委員會便不贊同這樁婚姻。這項自願性策略方針，雖然曾在一九九三年被《紐約時報》批評為是優生的作法，但是實施結果卻已令人印象深刻。纖維性囊腫實際上已經從美國的猶太人口中大大減少。[3]

　　所以遺傳地理學的意義，並不僅止於是學術上的興趣而已。戴─薩克司病是基因突變的結果，較常見於德系猶太人，理由和第 9 號染色體上所提到的似曾相識。戴─薩克司病帶原者，比較不會

得到肺結核，這反映出德系猶太人的遺傳地理學。德系猶太人在過去幾個世紀中曾大量湧入都市的貧民區，因此特別容易遭受「白色死亡」（white death），他們會有某些基因可以提供保護一點也不奇怪，即使對少數人來說必須付出致命併發症的代價。

雖然第 13 號染色體上的突變，會使得德系猶太人容易發展出乳癌這件事，還沒有找出明確的解釋，但是許多人種和民族的遺傳特性，實際上都有他們存在的理由。換句話說，這個世界的遺傳地理學還既具有功能上的貢獻，也具有繪製地圖的貢獻，可以將歷史和史前史的片段拼湊起來。

有關消化酒精和牛奶的基因

舉兩個顯著的例子：酒精和牛奶。消化大量酒精的能力，有一部分係取決於某一組在第 4 號染色體上的基因，這些基因會產生酒精脫氫酶，大量生產這種酶有助於消化大量酒精。大部分的人都有大量製造這類酶的能力，這種生化上的策略可能是以艱辛的方式演化出來的，也就是使那些缺少這些基因的人死亡和殘障。這是個該學習的好策略，因為發酵過的液體，是相當乾淨而且無菌的。在第一個千禧年，有許多不同形式的痢疾所造成的破壞，使得當時的農業生活相當糟糕。西方人要去熱帶地區時，都會互相提醒「不要喝生水」。在有罐裝水之前，安全飲用水的唯一供應方式，便是以煮沸或發酵的形式。歐洲直到十八世紀，有錢人還是只喝酒、啤酒、咖啡和茶。他們以另一種方式冒著死亡的危險（這些習慣至今仍難以消除）。

雖然要出門採集食物的人和游牧民族，沒有辦法培育出發酵用

的農作物，但實際上他們也不需要殺菌過的液體。他們住在人口密度很低的地方，天然水源相當安全。所以令人感到奇怪的是，澳洲和北美洲的原住民對酒精中毒顯得特別脆弱，而且許多人現在都不太能喝酒。

在第 1 號染色體上，有個基因也有著類似的故事，也就是乳糖酶的基因。乳糖是一種大量存在的乳類中的糖類，而消化乳糖正需要這種酶。我們在生下來時，消化系統中的這個基因都是被啟動的，但是在大部分哺乳動物中（還有大部分人類中），這個基因在幼年時期會被關閉。這是有道理的。乳類是嬰兒期時常喝的東西，但在那之後還要為這種東西製造酶，那就是浪費能源了。但是在幾千年前，人類開始為自己偷偷摸摸地竊取馴養動物的乳汁，於是產生了乳品業傳統。這對嬰兒來說沒有問題，但是對成人來說，沒有乳糖酶便難以消化乳類。要解決這個問題就是讓細菌來消化乳糖，並將乳類轉變成乳酪。乳酪的乳糖含量低，人人和小孩都可以輕易消化它。

但是有時候乳糖酶基因的控制基因會發生突變，在嬰兒期結束後，乳糖酶仍然不會停止製造。如此一來，貝有這種突變的人，一生中都可以喝乳類，並消化乳類。受惠最大的是那些玉米片和早餐穀類製造商，因為大部分西方人都有這種突變。有超過百分之七十的西歐人，即使成年後仍然可以飲用乳品，而不到百分之三十來自非洲部分地區、東亞和東南亞，以及大洋洲的人則否。這種突變的頻率依人種和地區各不相同，且突變頻率的模式差距非常細微而複雜，所以讓我們不禁想探知：最剛開始時，人類為何要飲用乳品？

有三種假說值得考慮。第一個也是最明顯的，就是人類開始飲用乳類，是因為從馴養的牛、馬、羊等獸群，便能獲得便利又穩定

的食物來源。

第二個,他們開始飲用乳類的地方沒有什麼陽光,因此需要額外的維他命 D(維他命 D 是種需要陽光才能被製造出來的物質)。而乳類含有豐富的維他命 D。這個假說被提出來是因為觀察到北歐人傳統習慣上生飲乳類,而地中海地區的人則食用乳酪。

第三個,可能開始飲用乳類的地方比較乾燥、缺乏水分,所以乳類最主要是沙漠居民的額外水源。舉例來說,撒哈拉沙漠和阿拉伯沙漠的貝都因人和杜阿雷人,都熱中於飲用乳類。

觀察過六十二種不同的文化後,兩位生物學家於是在這些理論中找出一個答案。他們發現飲用乳類的能力,和高緯度、乾燥地帶並沒有什麼關係,這減弱了第二個和第三個假說的可能性。但他們確實找到證據證明:具有高度乳類消化能力的人,都曾經具有畜牧的歷史,像是中非的突奇人、西非的弗拉尼人,以及沙漠地區的貝都因人、杜阿雷人和貝沙人,還有愛爾蘭人、捷克人,以及西班牙人,而所列出來的這些人,幾乎沒有什麼共同點,除了他們都曾經由放牧綿羊、山羊,或是牛、馬等家畜。他們是人類種族中消化乳類的冠軍。[4]

這個證據說明了,人類的生活方式最先是採用畜牧方式,接著稍晚後發展出乳類消化能力以反應這種生活方式。而不是因為他們發現自己的基因具備了這種能力,才開始採用畜牧方式。這是個很重要的發現。這也提供了文化的改變會導致演化上、生物上改變的範例。基因可以因為自由意志的行動而改變。牧人採用的刻意生活方式,使人類創造了自己的演化壓力。這個聽起來就像是困擾演化研究已久的拉馬克學說(Lamarkian heresy)。拉馬克注意到有一位鐵工,他一輩子都有著強壯結實的手臂,而他的孩子也有著強壯

結實的手臂。這和上述理論不同，卻是個範例，說明下意識而刻意的行動，可以改變某個種族的演化壓力。

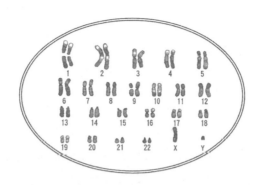

第14號染色體

不 朽

孕育眾生的上天隱藏著命運之書，
書中記載著一切，除了它們現在的狀況之外。

———波普，〈論人〉

基因可以不朽

　　從現在往回看，基因組似乎是不朽的。它好像是一條傳承下來未曾間斷的鍊子，將最開始的第一個原始基因，和現在在你身體中活躍的基因連接起來，形成一條四十多億年以來共複製了大約五百億份的連續長鍊。一路下來，不僅未曾間斷，也沒有毀滅性的錯誤。但是財經專家可能會說，過去的不朽性，並不能保證未來的不朽性。要變成為一位祖先是很困難的。實際上，天擇也需要讓它變得困難，因為如果太容易，將喪失適應性演化的競爭性優勢。即使人類再生存一百萬年，今日許多活著的人，仍無法為一百萬年以後活著的人貢獻任何基因，因為他們的子孫可能會因為沒有後裔而逐漸消失。如果人類不能存活下去（大部分物種只能持續生存大約一千萬年，而且大部分物種也沒留下任何子孫。我們已經生存五百萬年了，而目前還沒有產生新人種），那麼今天活著的人，就無人可以對未來的遺傳做出貢獻。然而，只要地球繼續存在，在某處總會有某些生物將成為未來物種的祖先，而不朽的鍊子便會持續下去。

　　如果基因組是不朽的，那麼身體為什麼會死？四十億年來不斷地複製，並沒有減少基因中的訊息（有部分原因是因為它是數位化的）。然而，人類卻會因為老化而使得皮膚逐漸失去彈性。從一個受精卵，只要經過不到五十次的細胞複製，便可以製造出一個身體，而只要再多複製幾百次，便可以保持皮膚在良好的維護狀態。有個老故事，說有一位國王承諾要獎賞一位數學家，因為數學家做了一些他想要的服務。而數學家要求的獎賞是：用一個棋盤，在第一個方格上放一粒米，第二個方格上放二粒，第三個方格上放四

粒，第四個方格上放八粒，依此類推。而到第六十四個方格時，他便會需要大約二十乘以十的十八次方粒米，這簡直是個天文數字。人體也是如此。受精卵分裂一次，然後每一個子細胞再分裂一次，以此類推。只要經過四十七次的複製，便會有超過一百兆個細胞。不過，由於有些細胞在早期便停止複製，只有部分細胞繼續複製，所以很多組織是由超過五十次以上的複製所創造出來的。而有很多組織終其一生中都會不停地修復自己，因此某些細胞株可能在漫長的一生中，已經複製了數百次。這也代表它們的染色體也已經被「拷貝」了幾百次，足以將所含有的訊息變得模糊；然而，生命誕生至今已經經過五百億次的複製，為什麼你遺傳到的基因沒有因此變得模糊呢？差別在哪裡呢？

端粒酶防老化

　　部分的答案，便在第 14 號染色體上一個叫作 TEP1 的基因上。TEP1 可以製造出一種蛋白質，這種蛋白質是構成「端粒酶」（telomerase）這種小型奇特生化機器的部分。缺乏端粒酶便會導致衰老；加入端粒酶，可以使某些細胞變得不朽。

　　這個故事的開始，是因為 DNA 的共同發現者詹姆斯‧華生在一九七二年偶然觀察到的。華生注意到聚合酶這種複製 DNA 用的生化機器，無法從 DNA 的最頂端開始複製。它總是必須從開頭後的幾個「文字」進入整個文本，所以每一次複製時，內文就會變得少一點。想像有一台影印機，影印文件的效果非常完美，但是每一頁都是從第二行開始影印，而且只印到倒數第二行。若要用這台令人抓狂的機器影印，最好的方法就是在每一頁的第一行和最後一

行，放入一些重複、沒有意義、你不用擔心會失去的句子。這也正是染色體的作法。每一條染色體就是一長串巨大、螺旋狀的 DNA 分子，它可以全部被複製，除了最頂端以外。在染色體的頂端，有一些重複而沒有意義的文字——TTAGGG，它會一次又一次地重複大約兩千次。這一長串冗長的東西，就叫作端粒（telomere）。端粒的存在是 DNA 複製的策略，這樣便可以不用切掉任何具有意義的「文本」而可以開始複製。就像鞋帶兩端的塑膠套，可以幫助染色體的終端不會綻開。

但是染色體每複製一次，端粒就少了一點。在複製幾百次以後，染色體的終端已經變得短到可能會被切掉而危及有意義的基因。在你的身體內，端粒縮短的速率為每年大約減少三十一個字母，有些組織還要更多。這也就是細胞在超過一定的年齡後之所以會老化並停止生長的原因。這可能也是身體會老化的原因，雖然也有人強烈反對這一點。在一位八十歲的人身上，端粒長度平均是他們剛出生時的八分之五。[1]

要產生下一代的卵細胞和精細胞，其基因不會被切掉的原因，就是因為有端粒酶存在。端粒酶的工作，就是去修補染色體綻開的終端，並補足端粒原來的長度。端粒酶於一九八四年被卡羅·格雷達（Carol Greider）和伊莉莎白·布來克本（Elizabeth Blackburn）共同發現。它可說是個令人難以理解的猛獸，裡頭含有 RNA，並使用 RNA 作為模板來重新建造端粒，而它的蛋白質成分和反轉錄酶極為類似。反轉錄酶可以在基因組內使反轉錄病毒和轉錄子增加（參見第 8 號染色體那一章）。有些人認為它是所有反轉錄病毒和轉錄子的祖先，也就是從 RNA 轉錄為 DNA 的創始者。也有人認為因為它使用 RNA，所以它算是古代 RNA 世界的遺物。[2]

從生命之初便已存在

　　還記得那段 TTAGGG 吧！它不但在每一個端粒中都被重複了好幾千次，而且所有哺乳動物的端粒都完全一樣。實際上幾乎大部分動物的端粒都是一樣的，甚至在原生動物中也是如此，像是會導致非洲睡眠病（嗜睡性腦炎）的錐蟲，還有脈孢菌（*Neurospora*）之類的真菌身上也是如此。在植物中，這段文字的開頭還多了一個額外的 T，而成為 TTTAGGG。這個相似性實在太接近了，所以不太可能是巧合。端粒酶似乎從有生命之初便已存在，並在它所有的後裔子孫中都使用幾乎一樣的 RNA 模板。然而，令人好奇的是，具纖毛的原生動物（這種要用顯微鏡才看得到的忙碌生物，身上長滿了具有推進功能的纖毛）的端粒中，有著有點不同的重複段落，通常是 TTTTGGGG，或是 TTGGGG。你可能還記得，這種原生動物是最常和通用遺傳密碼產生歧異點的生物。有愈來愈多的證據指出，這些原生動物是種獨特的生物，無法輕易地歸類於任何生命形式。我個人直覺則認為：我們有一天會推論出，這些原生動物源自於生命演化樹的非常根部，甚至在細菌演化之前，它們就已經在那裡了，實際上，它們就是露卡女兒的活化石，是所有生物最近的共同祖先。但我承認這是個瘋狂的推測，而且是個離題的推測。[3]

　　出乎意料地，完整的端粒酶機器竟只能從這些原生動物中分離出，而無法從人類中分離出。我們還無法確定知道，有哪些蛋白質湊在一起而形成了人類的端粒酶，以及是否能證明人類端粒酶和纖毛蟲中的端粒酶很不一樣。有些懷疑論者認為端粒酶是個「虛構的酶」，因為在人類細胞中很難找到端粒酶。而在纖毛蟲中，有功能

的基因被散置在幾條微小的染色體上，而每條小染色體的兩端都有端粒，要找出端粒酶就簡單多了。有一組加拿大的科學家則從鼠類的 DNA 圖書館中下手，找出了一個鼠類和纖毛蟲相似的基因，接著他們又很快地找到一個人類基因和那個鼠類基因相符。不久，一群日本科學家再定位出人類的這個基因位於第 14 號染色體上。這個基因製造出來的蛋白質有一個尊貴但稍嫌模糊的稱號，叫作端粒酶相關蛋白質（telomerase-associated protein 1）或是 *TEP1*，它製造出的蛋白質非常重要。這個蛋白質雖然看起來似乎是端粒酶中的重要成分，卻不是實際進行反轉錄以修復染色體終段的那一部分。進行這項功能的更適當人選已經被找到，但是在這本書寫作的時候，它的位置尚未確定。[4]

青春基因存在嗎？

從上述關係看來，端粒酶基因幾乎就是我們所能找到的「青春基因」。端粒酶似乎就是細胞永恆生命的長生不老藥。致力於研究端粒酶的基榮公司（Geron Corporation），由科學家卡爾·哈雷（Cal Harley）所創立，哈雷本人正是頭一位證實端粒在分裂中的細胞內會縮小的科學家。基榮公司於一九九七年八月公布：他們已複製選殖出部分端粒酶基因。於是，它們的股價立即迅速倍增，因為它不僅僅帶給我們青春永駐的希望，甚至帶給我們製造抗癌藥物的潛能，腫瘤就是靠端粒酶來保持生長的。基榮公司繼續以端粒酶使細胞不朽化。在一個實驗中，基榮公司的科學家們採用兩種生長於實驗室中的細胞為實驗對象。這兩種細胞都缺乏自然的端粒酶，是由科學家給予它們端粒酶的基因。結果，這些細胞持續分裂、精力旺

盛而年輕活躍，時間遠超過它們正常該衰老並死亡的時間點。在發表研究結果時，曾經加入端粒酶基因的細胞，已經超過它們原本預期的生命週期二十倍，而且沒有顯示出任何慢下來的徵狀。[5]

在正常的人類發展中，製造端粒酶的基因除了在少數和發育胚胎有關的組織以外，在所有組織中都會被關閉。這種將端粒酶關閉的效用，就好像設定了碼錶一樣。從那一刻起，端粒便在每一個細胞株中計算分裂的次數，然後在達到它們限制的某一個定點時便叫停。微生物的細胞永遠都不需要啟動這種碼錶，因為它們從來都沒有將端粒酶基因關閉。惡性腫瘤細胞則是重新啟動這個基因。若將老鼠細胞中的端粒酶基因，以人工方式「剔除」，端粒便會愈來愈短。[6]

缺乏端粒酶似乎是細胞老化以及死亡的主因，但是否也是身體老化以及死亡的主因？有個有力的證據可以證明。動脈血管管壁細胞的端粒，通常會比靜脈血管管壁細胞的短。這反映出動脈血管管壁的生活狀態比較艱難，因為動脈血液的壓力比較大，所以它要承受更多的壓力和負擔。動脈血管管壁在每一次脈搏跳動時都得要擴張及收縮，所以會有更多的傷害，也需要更多的修復。修復包括細胞複製，細胞複製便會耗盡端粒的末端。於是，細胞開始老化，這也就是為什麼我們會因為動脈血管增厚死亡，而不是因為靜脈血管增厚而死亡的原因。[7]

腦部的老化則無法如此輕易地解釋，因為腦部細胞在一生中都不會更新。然而這對端粒理論來說並不重要：腦部的支持細胞，叫作神經膠細胞（glial cells），它們會複製自己，所以它們的端粒也可能會縮短。不過，現在只有非常少數的專家相信：老化主要是由衰老的細胞，也就是有著變短端粒的細胞累積所造成。大部分我們

會和老化聯想在一起的事情，例如，癌症、肌肉衰弱、肌腱變硬、頭髮變灰，以及皮膚彈性改變等等，這些都和細胞無法複製自己沒有任何關係。舉癌症的例子來說，問題反而是在於細胞太熱烈地複製自己。

另一個老化理論

　　除此之外，不同物種的動物之間，老化的速率也有很大的差別。整體來說，較大型的動物（像是大象），會比小型的動物活得比較久，這也是第一個產生疑點的地方。要產生一隻大象比產生一隻老鼠需要更多的細胞複製，而細胞複製不是會導致細胞衰老嗎？還有嗜睡、生活緩慢的動物，像是烏龜還有三趾樹懶，以牠們的尺寸而言，都算是相當長壽。所以由此仍可以歸納出一個適切的結果，這個結果非常簡潔所以應該是真的；如果這個世界真是由唯物論者在管理的話，那麼它更可能是真的——每一種動物的一生都有大致相同的心跳數。大象之所以活得比老鼠久，是因為大象的脈搏速率比老鼠慢了許多，如果用心跳數來測量，牠們活的時間長度相同。

　　問題是，這個規則還是有些可惡的例外，特別明顯的便是蝙蝠和鳥類。體型嬌小的蝙蝠可以活至少三十年，而在這段期間，牠們都是以非常快的速度吃、呼吸，以及心跳，甚至一些不需要冬眠的蝙蝠種類也是如此。比起大部分的哺乳動物，鳥類的血液溫度高個幾度，血糖濃度至少是兩倍，氧氣消耗速率也快許多，但鳥類通常相當長壽。有一組很有名的照片可以說明這件事。照片裡的人是蘇格蘭的鳥類學家喬治・杜納特（George Dunnet），兩張照片裡分別

是一九五○年和一九九二年時，他捉著同一隻野生管鼻護海燕（fulmar）。在兩張照片中，那隻管鼻護海燕看起來完全一樣，但是杜納特教授卻老了。

幸運的是，雖然生化學家和醫界人士無法解釋老化模式，但演化學家卻解救了這個窘境。霍爾丹（J.B.S. Haldane）、彼得‧美德瓦（Peter Medawar），以及喬治‧威廉斯（George Williams）分別提出和老化過程有關且最令人滿意的說明。他們認為，似乎每一種生物都具備了一個計畫好的器官退化程式，以配合牠所預期的生命週期，以及似乎應該結束繁殖的年齡。天擇會仔細地除去所有在複製之前或是複製期間會對身體造成傷害的基因，而進行的方式是：將所有在早期便表現出這一類基因的個體加以消滅，或是降低複製的成功率。但是天擇無法除去在複製期之後（老年期）的會傷害身體的基因，因為老年時不會有成功的複製。舉杜納特教授的管鼻護海燕為例來說，管鼻護海燕之所以活得比老鼠長久許多，是因為管鼻護海燕的生命中沒有相對於貓和貓頭鷹的東西——也就是沒有自然的掠食者。老鼠似乎不太可能活過三歲，所以會傷害四歲老鼠身體的基因，實際上便會在沒有選擇的情況下消失。管鼻護海燕非常有可能是在大約二十歲時繁殖，所以會傷害二十歲管鼻護海燕身體的基因，仍會被天擇毫不留情地除去。

沙皮羅島上的袋鼠

這個理論的證據，是由史帝芬‧奧斯泰德（Steven Austad）在沙皮羅島上進行的自然實驗證實的。沙皮羅島位在於距離美國喬治亞海岸約五英里處，島上有一群被隔離了一萬年的維吉尼亞小型袋

鼠（Virginia opossum）。一般小型袋鼠就和許多有袋類動物一樣，老化得非常迅速。在兩歲時，小型袋鼠通常便已因為老化引起的白內障、關節炎、掉毛的皮膚和寄生蟲等病痛而死亡。但這些都沒什麼關係，因為兩歲時牠們通常已經被卡車、小狼、貓頭鷹，或是一些其他的自然敵人擊倒。奧斯泰德推論，在沙皮羅島上許多掠食者都不存在，因此維吉尼亞小型袋鼠們可以活得比較久，甚至成為兩歲以後歷經第一次選擇所留存下來的較健康個體，因此牠們的身體不會那麼迅速惡化，老化得也比較慢。這證明了一項正確的預測。奧斯泰德發現，在沙皮羅島上的維吉尼亞小型袋鼠，不僅活得比較久，也老化得比較慢。牠們健康活到在二歲時還能成功地繁殖，這種情況在美國大陸相當稀少，而且牠們肌腱硬化的情況，也比在美國大陸的小型袋鼠輕微。[8]

老化的演化理論，以一種令人滿意的方式解釋了所有物種的趨勢。它解釋了老化得較慢的品種傾向於是體型較大，如大象，或是受到良好保護，如烏龜、豪豬，或是沒有什麼自然的掠食者，如蝙蝠、海鳥。在這些例子中，由於來自意外事件或是被捕食的死亡率很低，因此延長健康使動物得以長壽的基因，面臨到較高的選擇性壓力。

人類當然已經有幾百萬年身為體型較大的動物的經驗，並受到武器的良好保護（甚至連黑猩猩都會拿著棍子去追美洲豹），而且自然的掠食者也不太多，所以我們老化得很慢，而且可能還會隨著時代過去而變得更慢。我們嬰兒的死亡率若是在自然狀態下，可能有百分之五十活不到五歲，這在現代、以西方的標準來看，是個高得驚人的數字。不過對照其他動物的標準來說，實際上已算是低的了。人類在石器時代的老祖宗，大概在二十歲左右時開始繁殖，然

後持續到三十五歲，並照顧他們的孩子二十年，所以他們在五十五歲時死亡並不會損及他們繁殖後代的機會。有些人會有點納悶，為什麼我們當中的大部分人，在五十五歲到七十五歲之間時，便會慢慢開始頭髮變灰、關節變硬、力氣變弱、耳朵變聾、骨頭變得搖搖欲墜。我們所有的系統一下子都開始故障，就好像有個老故事說，有一位底特律的汽車製造商，他雇了某人去報廢車輛廣場巡視，找找看有沒有車子的零件還沒有壞，以便能以這些零件製造一輛規格標準較低的車子。天擇將我們身體的所有部分，都設計得剛好能維持到足夠看著我們的孩子長大獨立，一點兒也不會再多。

人瑞身上的超長端粒

天擇將我們的端粒製造成這樣的長度，所以我們的端粒最多能用七十五到九十年，不斷地被加上去、破壞，再被修補。雖然目前仍不確定，但似乎天擇會賦予管鼻護海燕和烏龜比較長的端粒，而維吉尼亞小型袋鼠的端粒卻短許多。甚至可能每個人之間長壽的個體差異性，也顯示出端粒長度的差別。當然，不同人種之間端粒長度也有很大的差異性，染色體末端的 DNA 字母從大約七千個到大約一萬個不等。端粒長度和遺傳有強烈的關係，長壽也是如此。來自於長壽家族的人，其家族成員通常都會活到九十歲，那麼這些人便會有比較長的端粒，其被磨損所需的時間自較一般人為長。吉娜·卡美特（Jeanne Calment）是來自亞耳的法國女人，她在一九九五年二月成為全世界第一位具有出生證明書的一百二十歲人瑞，她可能就有更多重複的 TTAGGG 訊息。她最後死時享年一百二十二歲，她的兄弟則活到九十七歲。[9]

雖然實際上來說，卡美特女士也可能是因為其他基因造成她的長壽。如果身體衰退得很快的話，長的端粒便沒什麼特別的好處，因為細胞需要分裂以修復受損的組織，於是端粒很快便會變短。威納氏症候群（Werner's syndrome）患者，他們會遺傳到早熟和早期老化的不幸特徵，他們的端粒確實比其他人以更快的速度變短，但其實這些端粒剛開始時的大小和一般人是一樣的。這些端粒變得比較短的原因，可能是因為身體對所謂自由基所造成的腐蝕性傷害，缺乏適當的修復能力，而自由基是一種具有未配對電子的原子，是身體裡面的氧化反應造成的。游離氧是種危險的東西，由鐵器上的鏽塊便可以證明。我們的身體也是一樣的，會不斷因為氧氣的作用而「生鏽」。大部分會造成「長壽」的突變——至少在果蠅和蠕蟲中是如此——都發生在會抑制產生自由基的基因上，也就是說，他們可以在第一線預防造成傷害，而非延長複製細胞的壽命。在線蟲中有一種基因，使科學家得以繁殖出一株活得特別久的線蟲，如果牠們是人類的話，牠們已經活到三百五十歲了。在果蠅方面，麥可‧羅斯（Michael Rose）二十二年來，一直在培育長壽的果蠅，也就是說，他從每一代的果蠅中選出最長壽的果蠅加以繁殖。他的「麥修撒拉」❶果蠅，現在已經活了一百二十天，是野生果蠅的兩倍，牠開始繁殖的年齡通常是野生果蠅已經死去的年齡，而且似乎可以無限期活下去。一項對法國百歲人瑞的研究，很快地便找出在第6號染色體上一個基因的三種不同版本似乎和長壽的人有關。有趣的是，其中一種版本常見於長壽的男人，而另一種版本則常見於長壽的女人。[10]

---

❶　譯註：麥修撒拉是舊約創世紀中的人物。

癌症與老化基因的關係

　　結果證明老化是由許多基因所控制的。一位專家估計，人類基因組中有七千個影響老化的基因，占整個基因組的百分之十。這使得說任何基因是「老化基因」顯得荒唐，更不用說是「唯一的老化基因」了。老化多少還是包含了和身體其他系統的同時退化，而決定這些系統功能的基因也會導致老化，由此還是可以看出良好的演化邏輯性。幾乎任何人類基因都會累積一些無意義的突變，這些突變會在過了繁殖年齡後開始引發退化。[11]

　　從癌症患者中獲得的不死的細胞株，之所以會被科學家運用在實驗室中並非意外。最有名的細胞株便是 HeLa 細胞株，起源於一位名叫亨麗埃塔‧拉克斯（Henrietta Lacks）病患的子宮頸腫瘤。她是一位黑人女性，於一九五一年死於巴的摩爾。當在實驗室培養她的癌症細胞時，這些細胞增殖得非常快，快到經常會侵入其他實驗室的樣本，並接管它們的培養皿。它們甚至不知道怎麼地在一九七二年時到達了俄羅斯，並在俄羅斯愚弄了科學家，讓科學家以為他們找到了新的癌症病毒。HeLa 細胞被用來發展小兒麻痺症疫苗，並曾經被送到太空中。HeLa 細胞現在在世界各地被廣泛使用，把世界上所有的 HeLa 細胞的重量加起來，已經超過拉克斯本人體重的四百倍。HeLa 細胞是驚人地不朽。然而從來沒有人想到要去詢問拉克斯或她的家人是否允許如此，而她的家人在得知她的細胞的不朽性時曾受到傷害。為了追諡表彰這位「科學女英雄」，現在亞特蘭大城將十月十一日定為亨麗埃塔‧拉克斯日。

　　HeLa 細胞明顯地有著優秀的端粒酶。如果將互補 RNA

（antisense RNA）鏈加入 HeLa 細胞中，由於此鏈含有和端粒酶中的 RNA 剛好相反的訊息，所以它會和端粒酶 RNA 形成雙鏈結構，從而阻斷端粒酶 RNA 的作用，於是 HeLa 細胞便不再是不死的。它們會在大約二十五次的細胞分裂後衰老並死亡。[12]

　　癌症需要有活性的端粒酶。所謂腫瘤也就是由青春和不朽的生化長生不老藥，才使得它充滿活力的。癌症是種典型的老化疾病，癌症率會隨著年齡的增加而穩定增加，在有些物種會比其他物種增加得更快。地球上還沒有任何生物在年輕時會比年老時有更高的得癌比率；癌症最主要的危險因子便是年齡。另外，環境危險因子（像是抽菸等），只有部分的效應。環境危險因子會加速老化過程，它們會傷害到肺臟，肺臟便需要不斷地修復，於是用完了端粒的長度，使細胞的端粒比原來應有的樣子「更老」。特別容易得到癌症的組織，多半是那些在整個生命過程中，為了修復或是其他理由而進行了許多次細胞分裂的組織，例如皮膚、睪丸、乳房、結腸、胃、白血球等。

　　於是我們便有了個自相矛盾的理論。端粒變短，代表著較高的癌症風險，但是端粒酶雖然可以保持端粒長度，卻也是腫瘤所需。解答就藏在啟動端粒酶是一個必須的突變這個事實中，而當癌症轉變為惡性時就必須發生這種突變。現在，基榮公司將端粒酶基因複製選殖成功的新聞發布後股價便急速上升的理由，相當明顯了吧——因為它帶來可能治癒癌症的希望。失效的端粒酶，將會迫使腫瘤面臨快速老化的困境。

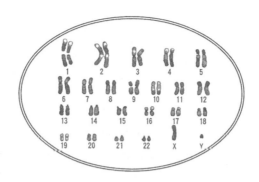

第15號染色體

性

到頭來，所有的女人都變得像自己的母親，那是女人的悲劇。可是沒一個男人像自己的母親，那是男人的悲劇。

——王爾德（Oscar Wilde），

《不可兒戲》（*The Importance of being Earnest*）

普拉德─威利症候群

在馬德里的大路博物館（Prado Museum）掛著十七世紀宮廷畫家強・卡何諾・迪・米漢達（Juan Carreño de Miranda）的畫，叫作「裸體的怪獸」和「穿著衣服的怪獸」。畫面裡有一個非常胖、但還稱不上怪獸的五歲女孩，名字叫作尤金尼雅・范利喬（Eugenia Martinez Vallejo）。畫中的范利喬，最明顯的不對勁地方就是──她太胖了。以她的年齡來講，她太巨大了，而且還有著小小的手和腳，以及形狀奇怪的眼睛和嘴巴。在馬戲團裡，她可能被當成怪物在展示著。後來才知道，她顯現的是一種叫作普拉德─威利症候群（Prader-Willi syndrome）的稀有遺傳性疾病的典型症狀。這種小孩一生下來就顯得比較懶散、膚色蒼白、拒絕由乳房吸奶，但過一會兒又一直吃到快要撐破為止。因從來沒有明顯的飽足感，於是因過食而變得過胖。曾有一位普拉德─威利症候群的患者父母發現，他們的小孩在購物回家的路上，就在汽車後座吃完了一整磅的生培根。患有這種症狀的患者，會有比較小的手和腳、未發育的性器官，而且還有輕微的心智遲緩。有時候會大發脾氣，尤其是在索取食物被拒之後，但是他們也顯示出被某位醫生稱之為「異常精通拼圖玩具」的現象。[1]

普拉德─威利症候群最先是由一位瑞士醫師在一九五六年時發現的。本來，我告訴自己不要在這本書裡面提到這類稀有的遺傳性疾病，因為有關的致病基因還未找到。但是這個特別的基因，有一些非常奇特的地方。在一九八〇年代時，醫生注意到普拉德─威利症候群有時會發生在同一個家族裡面，但是會出現完全不同的病

徵，而且和普拉德—威利症候群的差異幾乎是完全相反，而稱之為
安奇曼症候群（Angelman's syndrome）。

　　海利·安奇曼（Harry Angelman）是一個在英國蘭克斯郡
（Lancashire）的沃林頓（Warrington）工作的醫師，他首次發現這
種他稱之為「玩偶兒童」的稀有遺傳性疾病。相較於普拉德—威利
症候群患者，他們並不懶散，反而顯得緊張。他們都很瘦、過動、
失眠、小頭、顎較長，而且經常伸出大舌頭。他們動作急促，就像
玩偶一樣；但是個性快樂，他們總是在微笑，經常發出大笑聲。然
而，他們永遠學不會說話，而且還有嚴重的心智遲緩。這種安奇曼
兒童比普拉德—威利兒童要稀少得多，但他們有時候會出現在同一
個家族系統中。[2]

　　原來普拉德—威利症候群和安奇曼氏症候群，都是在第 15 號
染色體上相同位置有一段缺失。唯一不同的是，在普拉德—威利症
候群有缺失的那一段來自父親的染色體，而在安奇曼氏症候群有缺
失的那一段則是來自母親的染色體。也就是說，若是經由男人傳遞
而來，顯現出來的疾病便是普拉德—威利症候群；若是經由女人傳
遞而來的，顯現出來的則是安奇曼氏症候群。

父親的基因和母親的基因

　　自孟德爾以來，我們所學到所有和基因有關的知識均與上述事
實不符。它們似乎是在顯示基因組的數位本性，也意味著一個基因
並非只是一個基因，同時還攜帶了有關它的起源的神祕歷史。基因
會記得它是來自雙親中的哪一方，因為它被賦予父系或是母親的印
迹（imprint），就好像來自於雙親中的某一位的基因是用斜體字寫

的一樣。在每一個細胞中如果某一基因有作用，這就表示該「印迹基因」（imprinted gene）是在啟動的狀態，而其對偶基因則是處在關閉的狀態，所以人體才會只表現出遺傳自父親（在這裡就是普拉德－威利基因），或是母親（在這裡就是安奇曼基因）的基因。這是怎麼發生的？雖然我們已經開始了解，但對這一切的認識可以說幾乎還是完全一片混沌。而它發生的原因，一定是一段令人驚奇而充滿冒險性的演化學說。

在一九八〇年代晚期，有兩組科學家，一組在費城，而另外一組在劍橋，同時有了驚人的發現。他們試著創造出一種單親的老鼠。那時候還無法做到從單一個體細胞再複製出另一隻老鼠（之後才有桃莉羊，其間的變化非常迅速）。費城組把兩個受精卵的原核（pronuclei）相互交換──即當卵子受精後，帶有染色體的精子的核進入卵子，但並不是馬上便和卵子的核融合在一起，這兩個核還是處於「原核」的狀態。聰明科學家用微玻管偷偷把精子的原核取出來，再換上從另一個受精卵取得的卵子原核，反之亦然。結果就產生了兩個「受精卵」，但其中的一個依遺傳學的觀點來說，只有兩個父親的細胞核而沒有母親的細胞核，另一個則是只有母親的細胞核而沒有父親的細胞核。劍橋組所用的技術稍微有點不一樣，但結果是一樣的。但是這兩組的實驗結果顯示，胚胎都還沒有經過適當的發育便死在子宮裡。

在兩個核均來自母親的實驗中，胚胎本身有適當的組織，但沒有辦法製造胎盤以供養自己。而在兩個核均來自父親的實驗中，胚胎長了一個又大又健康的胎盤和大部分包圍著胎兒的膜，但是在內部應該有胚胎的部分，卻只有一堆缺乏組織的細胞，而且沒有可以辨識的頭。[3]

這些結果顯示出一個非常特別的結論。遺傳自父親的基因，負責製造胎盤；遺傳自母親的基因，負責製造胚胎的大部分，尤其是頭部和腦。為什麼是這樣子呢？五年後，當時一位在牛津大學的大衛・黑格認為他知道答案。他以新觀點重新解釋哺乳動物的胎盤，認為它並不是設計給母親用來供給養分給胎兒的，而是一個胎兒的組織，設計來寄生在母親的血液供給系統裡，以確保過程中沒有意外。他附註說明，胎盤可以正確地以自己方式鑽過母親的血管，使血管開始擴大，然後開始製造荷爾蒙以提高母親的血壓和血糖。而母親則會提高自己的胰島素，以和這種侵略性行為相抗衡。然而，要是有某些因素使得胎兒的荷爾蒙喪失，母親便不需要提高自己的胰島素，也一樣可以繼續進行正常的懷孕程序。換句話來說，雖然母親和胎兒有共同的目標，但是他們對胎兒所能擁有的母親資源進行猛烈的爭戰，這也正是他們在不久之後便會面臨斷奶的原因。

帶有印迹的基因

由於胎兒有部分是由母親的基因所建造的，所以這些基因的利益會相衝突其實也沒有什麼好奇怪的。在胎兒中的父親基因，便沒有這方面的憂慮。為了要在短時間內長成人類的形態，父親的基因並不相信母親的基因可以製造一個具有足夠侵入力的胎盤，於是他們只好自個兒來。因此在由兩個父方細胞所形成的胚胎中，可以發現胎盤基因上的父系印迹。

黑格的假說提出了一些預言，而其中有許多很快就被證實了。其中特別的是，他預測印迹不會發生在生蛋的動物中，因為蛋中的細胞沒有必要去影響由母親投資的蛋黃，因為在他可以操縱她之

前，蛋黃已經在體外了。同樣地，有袋動物（像袋鼠），以袋子取代胎盤，但是如果沒有的話，以黑格的假說來說，牠們就會有印迹基因。到目前為止，看起來好像黑格是對的。印迹是有胎盤哺乳動物的特徵，而植物的種子則是由母體得到養分。[4]

此外，黑格很快又得意洋洋地說明，老鼠有一對新的印迹基因，所在的位置就是他所預期的——控制胚胎生長的地方。IGF2是一個很小的蛋白質，是由單一基因所製造，和胰島素很類似。這個蛋白質在發育中的胎兒中很常見，但是到了成人的時候便關閉了。另外，IGF2R 則是一個會和 IGF2 附合在一起的蛋白質，但是目的尚未明瞭。IGF2R 的目的，可能是要消除 IGF2。看吧，IGF2和 IGF2R 都是印迹基因，其中 IGF2 基因只從父親來的染色體才會表現，而 IGF2R 基因則是從母親來的染色體才會表現。看起來就好像一個小競賽：父親的基因試著幫助胚胎成長，而母親的基因則試著減緩它。[5]

黑格的理論預言了：在這樣對抗性的對偶基因中通常都會有印迹基因，甚至連人類也如此。人類的 IGF2 基因位在第 11 號染色體上，是父系的印迹基因。當有人意外遺傳到兩條父系的基因複製品時，便會顯現出貝克威－溫得曼症候群（Beckwith-Wiedemann syndrome）。患有這種症候群的人，心臟和肝臟都會長得過大，而胚胎組織中常見到腫瘤。雖然人類的 IGF2R 並非印迹基因，但相對於 IGF2 基因的母系基因——*H19*，卻似乎是一種印迹基因。

如果印迹基因的存在，只是為了彼此競爭，那麼它們的表現應該就可以被關閉，而且絕不會對胚胎的發展有任何影響。消除掉所有印迹基因便會產生正常老鼠。先回到我們熟悉的第 8 號染色體的範圍內，在這裡的基因都很自私，只做對自己有利的事情而不考慮

到整體組織的利益。實際上幾乎沒有任何事情對印迹基因有利（雖然還有許多科學家以其他的方式在思索這個論點），而這又是另一個理論說明了自私基因和它們的性別對抗。

以老鼠實驗說明印迹理論

　　一說到自私基因這個名詞，可能就會令人浮現一些其他的想法。試想這樣：在父方基因的影響下，同父同母的胚胎和異父同母的胚胎在同一子宮內的作為可能有所不同。在異父同母的情形下，他們可能會有更多自私的父方基因。如果你這樣想的話，可以很容易地進行一個自然實驗以測試這個理論。不是所有的老鼠都是一樣的。有些種類的老鼠，比如說鹿白足鼠（*Peromyscus maniculatus*），母鼠通常都是性濫交的，每一胎幼鼠群通常都有好幾個不同的父親。而另一種叫作東南白足鼠（*Peromyscus polionatus*）的老鼠，母鼠則是嚴格的一夫一妻制，每一胎幼鼠群都只有一個父親。

　　那麼如果把鹿白足鼠和東南白足鼠交配的話，會怎麼樣呢？那就要看什麼種類的老鼠是父親，而什麼是母親了。如果性濫交的鹿白足鼠是父親，生出來的幼鼠就會個頭超大。如果一夫一妻制的東南白足鼠是父親，生出來的幼鼠就會個頭小。你知道發生了什麼嗎？鹿足白鼠的父系基因，因預期它會在子宮內遭遇到其他父系基因的競爭，所以發展出搶奪母方資源的能力，同時犧牲同胎的其他鼠仔。反之，若父方為東南白足鼠，那麼來自鹿足白鼠母系基因，因已意識到子宮內的胚胎會極力消耗它的資源，就會蓄意地予以反制。所以在上述的雜交情況中，在東南白足鼠子宮裡，由於母方基因缺少戰鬥意識，所以好戰的鹿白足鼠父系基因僅僅遭遇些微的反

抗便贏得這場戰爭，而有較大的子代。同理，鹿白足鼠的子宮內好戰的母系基因，不讓來自東南白足鼠的父系基因在胚胎內充分發揮從母方取得資源，因而鼠仔發育不良、塊頭瘦小。對上東南白足鼠的父系基因，因母體的爭奪能力較強，而使得幼鼠發育較為瘦小。這完美地示範了印迹學說（imprinting theory）。[6]

　　不過正如大部分動人的學說一樣，如果都是那麼完美就真的是太好了，偏偏大部分的故事都不是這麼完美。個別來說，印迹基因也隱喻了一個預言：印迹基因會演化得非常快速。這是因為在性別上的對抗中，上場對抗的分子都只能暫時占上風而獲利。將不同物種生物之間的印迹基因進行比較，也無法證實這個預言。當然，印迹基因實際上似乎發展得相當慢。如果可以以黑格學說來解釋這個現象的話，印迹基因的發展似乎是逐漸加快，但是並不是所有印迹基因都是如此。[7]

　　印迹基因還有一個令人難以理解的結果。若一個男人，他來自母親的那一條第 15 號染色體帶有一個標記，以區分它是來自於母親。但是當他把這一條染色體再傳給他的兒子或女兒時，這一條染色體必須更換標記，以區分它是來自父親。這一條染色體必須在母系和父系之間轉換，在母親的情況也是一樣。我們知道這種轉換確實會發生，因為有一小部分的安奇曼症候群的患者中，在兩條染色體上都沒有不正常的地方，除非兩條染色體都好像是來自父系的；此等病例確實並沒有發生標記轉換。這個情況可以追溯回上一代的突變，這些突變影響到一個叫作「印迹中心」（impriting centre）的東西。印迹中心是一小段和兩個相關基因相近的 DNA，這一段 DNA 不知怎地會將親代的標記放在染色體上。標記中含有一種被甲基化的基因，而這種甲基化和我們在第 8 號染色體上曾討論過的

是一樣的。[8]

第 15 號染色體上的印迹區域

你如果還記得的話，基因內的字母 C 如發生甲基化，就表示有關基因不能表現，同時它也確保自私 DNA 沒有功能。但是就在胚胎發育早期所謂囊胚期（blastocyst）時發生去甲基化，待繼續發育至下一個時期——所謂原腸期（gastrulation）時——再把甲基加到 C 字母上。但不知怎的，印迹基因逃過這個過程，而抗拒去甲基化。對此一過程雖有若干解釋，但無一已成定論。[9]

我們現在已經知道，跳過了去甲基化過程的印迹基因，就是這許多年來在複製哺乳動物時所面臨問題的來源。蟾蜍是相當容易複製的，只要從一個體細胞內取出細胞核，放到一個去核的受精卵細胞質中便可以了，但哺乳動物卻不能這樣複製，因女性的體細胞基因組內某些重要基因，會被甲基化後關閉，而男性的體細胞基因組內某些重要基因，會被甲基化關閉——而成「印迹基因」。所以，在科學家發現印迹基因後，便很有自信地宣告：複製哺乳動物是不可能的。複製的哺乳動物出生時，在兩條同源染色體上所有的印迹基因，或者是同時關閉，或者是同時開放，兩者都有違自然，因而擾亂了動物細胞內的平衡，使發育失敗。發現印迹基因的科學家寫道[10]：「使用體細胞核移植來複製哺乳類是不太可能成功的。」

然而在一九九七年初，卻忽然出現了複製的蘇格蘭羊——桃莉。牠如何避開印迹基因問題仍是一個謎，甚至對牠的創造者來說也是一個謎，但似乎是在複製的過程中，對牠的細胞所進行的某些處理，讓所有的印迹基因都暫時把印迹洗去，以恢復受精卵或囊胚

期的基因狀態。[11]

第 15 號染色體上的印迹區域，含有大約八個基因。其中一個叫作 *UBE3A* 的基因，若損毀便可能造成安奇曼症候群。就在這段基因隔壁的兩個基因，分別叫作 *SNRPN* 基因和 *IP W* 基因，它們若毀損，可能會造成普拉德—威利症候群。也可能還有別的基因和普拉德—威利症候群有關，但現在讓我們先假設 *SNRPN* 基因就是這個罪魁禍首。

雖然，這種疾病並不都只是因為這些基因中的某一段有突變而造成的，有時候也是來自另一種不同的意外。一個卵子在一個女人的子宮中形成時，它通常會得到每一對染色體中的一份複製品，但是有少數個案，是染色體沒有分離，使得卵子最後會有兩條來自親代的第 15 號染色體。在經過精子受精後，胚胎的第 15 號染色體有三條，兩條來自母親和一條來自父親。這在母親較年長的情況下特別容易發生，而且卵子通常會死亡。只有在這三條染色體是第 21 號（也就是最小的染色體）的時候，胚胎可以繼續發育成活的胎兒，並可以在出生後生存好久，這便是唐氏症候群（蒙古症）。若是其他對染色體發生這種多一條染色體的情況，會擾亂細胞內的生化物質，而無法發育。

然而，在大多數的情況下，在達到這個階段之前，人體自有其方法去處理這種三條染色體的情況。它會「刪除」一條染色體，留下兩條。問題就是它是隨機刪除的。它沒辦法確定它刪除的是兩條母系染色體中的一條，或是父系單獨那一條。隨機刪除可以有百分之六十六的機會，是刪除掉多出來的那一條母系染色體，但是意外總會發生。如果發生什麼閃失，它刪除的是父系的那一條，那麼胚胎還是可以快快樂樂地用兩條母系的染色體繼續發育。在大多數的

情況下，這也沒什麼大影響，但如果這三條染色體是第 15 號染色體，你馬上就可以看到會發生什麼了。兩條母系的印迹基因 *UBE3A* 會表現出來，而沒有任何父系的印迹基因 *SNRPN* 表現出來。結果就是發生普拉德—威利症候群。[12]

表面上看來，*UBE3A* 基因並不像是一個非常有趣的基因。它的蛋白質產物是一種「E3 ubiquitin 連接酶」，是某些皮膚和淋巴細胞中不是那麼顯眼的蛋白質中間管理者之一。在一九九七年中期，有三組不同的科學家忽然發現，在老鼠和人類中，*UBE3A* 基因在腦中都是被啟動的。這真是太妙了。普拉德—威利症候群和安奇曼症候群都顯示出：在患者的腦部有些異常之處。更引人注目的是，有證據顯示：在腦中還有其他印迹基因是活躍的。特別是在老鼠中，大部分的前腦是由母系的印迹基因建造的，而腦的基部下視丘，大部分則是由父系的印迹基因建造的。[13]

這種不平衡是由一群聰明的科學家發現的，他們創造了一種老鼠的「嵌合體」（chimera）作為實驗對象。嵌合體就是將兩種遺傳上不同的個體融合在一起的新個體。嵌合體是自然發生的，你可能就見過一些，或甚至你自己就是，不過如果你沒有仔細研究過染色體，便可能不知道你見過嵌合體。兩個遺傳上不同的胚胎融合在一起後，會成長成一個。把它們當成一模一樣的雙胞胎的反面來想的話，它們是兩組完全不同的基因組在同一個身體內，而不是在兩個不同的身體內有著一樣的基因組。

在實驗室裡製造出老鼠的嵌合體會比較容易，將取自兩個早期胚胎的細胞融合在一起就可以了。但是聰明的劍橋科學家，則是將一個卵子的核植入受精的另一個卵子內，如此造成的胚胎就只有純粹的母系基因，而沒有父系基因。然後他們將這個胚胎和正常老鼠

的胚胎融合在一起。結果產生的老鼠，有一個非常巨大的頭。而科學家用一個由正常胚胎和只由父方的核所形成的胚胎（也就是說，這個胚胎是將一個卵子的核以兩個精子的核取代而發育成的）融合造成的嵌合體，則結果是相反的：一隻有著很大的身體、頭很小的老鼠。而將母系細胞加入特定比例的類似傳導物質生化物質，以使這些細胞將自己的存在訊號傳出去後，他們驚人地發現老鼠腦部大部分的紋狀體（striatum）、腦皮質以及海馬，都一致地是由母系細胞製造的，但這些細胞會被下視丘所排斥。腦皮質是處理感覺感官訊息，以及產生行為的地方。相較起來，在腦中就比較缺乏父系細胞，但在肌肉中卻較常見。其實腦中也有父系細胞的存在，這些細胞會負責下視丘、扁桃體和視葉前區（preoptic area）。這些區域會構成「邊緣系統」（limbic system），並負責控制情緒。科學家羅伯特‧特利弗斯（Robert Trivers）提出他的看法，認為這種差異性所反映的事實，就是腦皮質負責和母系合作，而下視丘則是個自我本位的器官。[14]

母性的行為來自父系基因？

換句話說，如果我們相信胎盤是因為父親的基因不相信母親的基因所製造的器官，那麼大腦皮質就是母親的基因不相信父親的基因所製造的器官。如果我們和老鼠的情況一樣，我們就會有著母親的思考模式和父親的情緒（影響的程度，也差不多就是遺傳天性的程度）。一九九八年時，老鼠中的另一個印迹基因——Mest 基因被找到了，這個基因對雌鼠的母性行為有明顯的決定性。有完整Mest 基因的老鼠，對牠們的幼鼠來說是很盡職的母親。但缺乏有

效 Mest 基因的雌鼠也很正常，只是牠們是很糟糕的母親。牠們做不出像樣的窩，幼鼠在外閒逛時也不會把幼鼠拖回窩裡，牠們不會使幼鼠保持乾淨，而且一般而言牠們似乎也不在乎。牠們的幼鼠通常會死亡。令人難以理解的是，這段基因是由父方來的。也就是遺傳自父親的才會有功用，遺傳自母親的則不會表現出來。[15]

　　黑格學說中有關胚胎成長時的對立，無法輕易地解釋這些事實。但是日本生物學家岩佐（Yoh Iwasa）卻有個學說可以解釋。他提出理由說，因為父親的性染色體決定了子代的性別（他若傳下 X 染色體而非 Y 染色體，子代就會是女性），父系的 X 染色體只會在女性個體中找到，因此女性特有而典型的行為，應該是父系的 X 染色體被表現出來的。如果從母系而來的 X 染色體也被表現出來的話，它們應該出現在男性個體上，或者它們可能在女性個體上過度表現。這也說明了：母性的行為應該是來自於父系的印迹基因。[16]

　　這個想法的最佳辨證，來自於倫敦兒童健康研究所（Institute of Child Health）的大衛・史庫斯（David Skuse）和他的同僚們所研究的一個特殊自然實驗。史庫斯找了八十位女人和女孩，年齡介於六至二十五歲，她們都有透納氏症候群（Turner's syndrome），這種症候群是由一條 X 染色體的全部或是部分缺失造成的失調。男人只有一條 X 染色體，而女人的兩條 X 染色體中有一條會被關閉，所以，在理論上，透納氏症候群在發育時應無何差異。透納氏症候群的女孩有許多異於正常女性的地方。就社會適應能力做研究，史庫斯和他的同僚們決定比較兩種透納氏症候群的女孩——沒有父系 X 染色體的女孩，以及缺少母系 X 染色體的女孩。相較之下，二十五位缺少母系染色體的女孩，比五十五位缺少父系染色體

的女孩，有顯著較佳的適應力，有著「優秀的語言和高度執行功能技巧，這些則是傳達社會互動關係所需的」。史庫斯和他的同僚們以設定兒童標準認知測試來決定這個結論，這個測試是給女孩的父母親問卷，以評估女孩的社會適應力。問卷會問父母親自己的孩子是否缺乏察覺他人感情的能力，或者無法了解他人何時心煩意亂或生氣，以及孩子們對自己的行為造成家中其他成員的反應是否健忘、是否對別人非常苛刻、是否難以推論他人何時心煩意亂、不自覺地以她的行為觸犯別人、對命令沒有反應，以及其他類似的問題。父母親必須以 0（表示「不盡然」）、1（表示「有時候」）、2（表示「常常」）做答，再將共十二個問題的分數加總起來。所有透納氏症候群的女孩，都會比正常的女孩和男孩有較高的分數，但缺乏父系 X 染色體的女孩，會比缺乏母系 X 染色體的女孩分數高出一倍以上。

推論的結果是，在 X 染色體上的某處有個印迹基因，這個基因通常只在父系染色體上才會被打開，所以這個基因以某種方式強化了社會適應能力的發展，也就是了解他人感覺等的能力。史庫斯和他的同僚們對此提供了更多證據，這些證據來自於一些在其中一條 X 染色體上只有部分缺失的兒童。[17]

基因對性別差異的影響

這個研究有兩個重大涵義。第一，它解釋了自我中心、閱讀障礙、語言損傷和其他社會性的問題，會比較常見於男孩而非女孩的事實。男孩只有一條來自母親的 X 染色體，所以他理論上得到的那一條 X 染色體，有著母系印迹基因，而這個基因是被關閉的。

在寫本書時，這個基因還沒被確定其位置，但已知印迹基因是來自X染色體。

　　第二點則是更常見。二十世紀末科學界爭論不休的主題：性別差異是自然形成或是後天環境因素造成，如今已可以窺見結論的影子了。贊同環境因素的人，試著去否定自然的任何角色，而贊同自然的人，卻很少否認環境因素的角色。問題不在於環境因素是否扮演了一個角色，因為沒有任何人敢否認環境因素確實扮演了一個角色，而是在於自然是否也扮演了一個角色。有一天，當我正在寫這一個章節時，我一歲的女兒坐在嬰兒手推車中，發現了一個塑膠娃娃，她發出一些快樂的尖叫聲；而她的哥哥也是一歲，卻靜靜地在一旁玩著牽引車。正和許多父母一樣，我覺得這很難讓人相信這純粹是因為我們強加給他們一些無意識的社會制約。男孩和女孩從有自主行為的時候，便有著截然不同的興趣。男孩比較具競爭性，對機械、武器以及動作性較有興趣。女孩則對人群、衣服以及語言文字較有興趣。打個極端的比方，男人像地圖，而女人像小說一樣，這不只是拜教養之賜。

　　有一個純粹的後天環境因素，而且是在毫無意識下進行的慘痛實驗，可以解釋後天和先天的影響。在一九六〇年代時，在美國的一場笨拙的割包皮手術後，使得一個男孩的陰莖嚴重受損，而持刀的醫師決定將它切斷。後來，又決定試著藉由去勢手術、外科手術，以及荷爾蒙治療，將男孩轉變成女孩。於是，約翰（John）變成了瓊安（Joan），她穿上洋裝並玩起洋娃娃，長成一位年輕女子。在一九七三年時，因為佛洛伊德學派的心理學家約翰·莫尼（John Money），突然出現在公開場合聲稱瓊安是一位適應良好的少女，並以她的個案為所有的迷思畫下句點——性別角色是在社會上構築

的。

　　直到一九九七年，米爾頓・戴蒙（Milton Diamond）和凱絲・西蒙生（Keith Sigmundson）追蹤到瓊安時，他們發現的卻是一個男人，已經快樂地和一個女人結了婚。他的故事和莫尼所說的大有出入。他在兒童時期一直對某些事深深地感到不快樂，而且老是想穿長褲，和男孩子混在一起，並站著小便。十四歲時，他的父母告訴他發生了什麼事，才使他心中如釋重負。他停止服用荷爾蒙，且把他的名字改為約翰，重新開始男人的生活。他將胸部切除，並在二十五歲時和一位女人結了婚，並領養了她的孩子。他粉碎了性別角色是在社會構築的證明，並證明了相反的事實——自然確實在性別中扮演著一個角色。動物學上的證據一直都如此指出：在大部分物種上，雄性的行為是和雌性的行為截然不同的，而這種差異性有著與生俱來的成分。腦部是個與生俱來的性別器官。來自基因組、印迹基因，以及性連行為基因的證據，現在也指出了同樣的結論。[18]

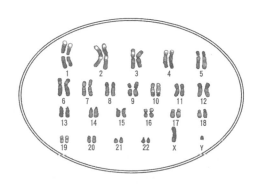

第16號染色體

記　憶

遺傳會為自己的機械裝置提供修正。

——美國演化理論家詹姆士・鮑德溫（James Mark Baldwin, 1896）

人類的基因組就像是一本書。只要從頭到尾仔細讀過，並適度考量如印迹之類的異常性，熟練的技術人員就可能製造出完整的人體。若被賦予能正確閱讀和理解這本書的機制，連能幹的現代科學怪人也能夠完成這項壯舉。但是然後呢？就算他製造出一具人類的身體，然後把這個人體灌滿長生不老藥，但想使這具軀體真正活起來，光存在是不夠的，它必須會適應、改變、回應，它必須擁有自主權，它還必須逃脫科學怪人的控制。就像瑪麗·雪利（Mary Shelley）筆下的倒霉醫學院學生，基因終究無法控制自己的創作，只好釋放它，任由它活出自己的路。基因組不會告訴心臟何時該跳，也不會告訴眼睛何時該眨眼，更不會告訴心靈何時該思考。即使基因對人格、智力和人性設下一些非常精密的參數，基因也知道何時該委任授權。在第 16 號染色體上就有一些最佳範例：提供學習和記憶的基因。

學習 vs. 本能

人類被基因界定的程度廣泛得令人驚訝，然而我們一生中所習得的知識訊息對我們的影響更甚於此。基因組就像是一部處理資料的電腦，利用天擇從世界中獲取有用的資料，並以它設計的方式具體表達這些資料。進化在處理這些資料的速度上簡直是慢得可怕，每種變化總需要歷經幾個世代才能完成。難怪基因組會想要發明一部速度快很多的機器，分分秒秒都可以從世界中得到資料，並且用行為具體表現這些資料；這部機器就是——腦。當你的手感覺到熱，是基因組透過神經將訊息傳達給你，而腦指揮你的身體做出「將手從火爐頂端移開」的動作。

　　研究「學習」得從神經科學和心理學著手。學習和本能是相對的；本能是由基因所決定的行為，學習則是被經驗修正的行為。學習和本能二者鮮有相同之處，至少在二十世紀大部分時間裡，心理學界的行為主義學派都希望我們如此相信。但是為什麼有些事物是學習得來的，而其他則是出於本能？為什麼語言是一種本能，但方言和字彙是習得的？本章的英雄詹姆士‧鮑德溫是上個世紀中一位無名的美國演化理論家。他在一八九六年發表過一篇文章，摘要了一個嚴謹且富哲理的論點，不過在當時並沒有造成多大的影響；實際上，在接下來的九十一個年頭，情況都是如此。但突如其來的好運，使他的見解終於在一九八〇年代後期為一群電腦科學家肯定，因為這些科學家認為，鮑德溫的論點和他們教導電腦如何學習時所面臨的困難有非常大的關係。[1]

　　鮑德溫所研究的是，在人的一生中，為什麼有些事情是經由學習得來的，而不是預先被規畫為本能。許多人認為學習是好的，而本能是壞的；他們甚至相信學習是高等的，而本能則是原始的。因此只要是人類，就得去學習動物們自然而然便已經會的事物。人工智慧研究員也是抱著這種傳統想法，不假思索便將學習置放在金字塔的頂端：他們的目標是製造出一般目的的學習機器。但這實際上是錯誤的。藉著本能，人類完成和動物行為相同的事。不管爬行、站立、走路、哭泣、眨眼，和小雞一樣，我們靠的是本能。只有動物本能所不及之處，才是我們需要學習的地方，像是閱讀、駕駛、存款，以及購物。鮑德溫寫道：「意識的主要功能，是使人學習自然遺傳無法傳遞的事物。」

　　藉由強迫學習，我們將自己置放在一種選擇性的環境中，以期在未來我們可以本能地解決問題。因此，學習便逐漸地讓步給本

能。正如同我在「第13號染色體」那一章曾描述過，乳品製造業的發明，卻給身體帶來難以消化乳糖的問題。第一個解決之道是文化的——製造乳酪。但是後來身體進化出先天的解決之道，也就是在成年後仍保有製造乳糖的能力。如果「文盲在繁殖上處於劣勢」這個現象持續的時間夠長久，說不定讀寫能力最後也會變成天生的。就功效來說，由於天擇的過程是從環境中萃取出有用的資料，並把它加入基因中，無怪乎我們能在人類的基因組上看到四十億年來累積的學習成果。

　　然而，「使事物成為本能」所帶來的優勢也是有限度的。就以口頭講的語言為例，我們對語言具有很強烈、也極有彈性的本能，但若要說天擇造就全部的語言能力，或者要語言中的字彙變成一種本能，這卻是不可能的。若果真如此，那麼語言就會變成非常不具彈性的一項工具。比方說，當我們沒有「電腦」這個詞來指稱電腦時，我們可能得這樣描述：「當你與之溝通時，它會進行思考。」同樣地，雖然功能或許並不十分齊備，但天擇已使遷移性鳥類擁有星象導航系統。由於歲差運動（precession of the equinoxes）會使正北的方向逐漸移動變化，所以每一世代的鳥類能經由學習而重新校準牠們的星象羅盤，這對鳥類來說是很重要的。

鮑德溫效應

　　所謂「鮑德溫效應」是指文化演進和遺傳演化之間的微妙平衡。這兩者並非敵手而是同志；彼此互相影響以期得到最好的結果。老鷹會從父母處學到生存的技巧，以適應當地的生活環境；相對地，杜鵑鳥就得把每件事物都建立在本能中，因為杜鵑鳥永遠都無法見

到牠們的父母。在沒有父母指引的狀況下，青年時期的杜鵑鳥得遷移到非洲的正確地點，還得找出覓食的方法；在來年春天，杜鵑鳥得回到出生地、覓得配偶、找到適當且可以寄居的鳥巢——這些都是由一連串的本能行為，再加上從經驗中反覆學習的結果。

正如我們低估人類腦部仰賴本能的程度，我們通常也會低估其他動物能夠學習的程度。舉例來說，有證據顯示大黃蜂會從經驗中學習如何從不同類型的花採集花蜜。如果只訓練牠們採集某種花蜜，除非實地採集過，否則牠們並不懂得該如何採集別種花蜜。然而，一旦牠們學會該如何處理像是附子類的毒草（monkshood）時，牠們就比較會處理其他形狀相似的花，像是馬光蒿屬植物（lousewort）。這證明大黃蜂不僅可以記得各種單一花種，還能歸納出一些抽象的原則。

海參的古典制約反應

動物學習的另一個有名的例子，是關於海參這種簡單的海洋生物。要想像這種卑微而基本的動物是有點難。海參是種怠惰、小型、簡單而沉默的生物。牠有一個微小的腦，而牠的生活中只有進食與交配，兩者都是在令人羨慕的無知覺狀態下進行。牠不會移動、溝通、飛翔，或是思考。牠僅僅是存在著。若和杜鵑鳥或甚至大黃蜂相比，海參的生活簡直是太輕而易舉了。如果「簡單的動物使用本能，而複雜的動物則要學習」這個觀念是正確的，那麼海參並沒有學習的需要。

但海參有能力學習。如果有水流沖在牠的觸手上，牠會將觸手撤回。但是如果水流重複地沖在觸手上，牠會逐漸地停止縮回觸

手。海參會停止回應這個現在被牠辨識為錯誤警報的刺激。牠已經
「習慣」了。海參當然不可能學會微分，但牠確實能夠學習。相反
地，如果在水流沖到觸手上之前給海參一次電擊，海參便會學習比
平常更進一步地撤回牠的觸手，這種現象稱之為「敏感化」
（sensitization）。就像巴夫洛夫（Ian Petrovich Pavlov）實驗中那
隻有名的狗一樣，海參也能夠被「古典制約」（classically
conditioned）：若只有溫和的水流沖激時，海參通常不會有反應。
但當非常溫和的水流沖激伴隨著電擊時，海參會撤回牠的觸手。其
後，即使只有溫和的水流沖激，也會使海參迅速地將觸手撤回。換
句話說，海參能夠進行和狗或是人類相同類型的學習：習慣化
（habituation）、敏感化，和聯想學習（associative learning）。然
而這些學習都沒有用到海參的腦。這些反射動作以及修正其行為的
學習，發生在海參腹部的神經節，位於這種黏滑生物腹部的小型神
經分部中。

學習的基本機制

進行這個海參實驗的是艾瑞克·坎得爾（Eric Kandel）。他的
動機當然不光是打擾海參，他想要了解學習的基本機制。什麼是學
習？當腦（或腹部神經節）培養出新習慣或是改變行為時，神經元
發生了什麼變化？中樞神經系統是由許多神經元所組成，而電子信
號在神經元上移動、傳遞；神經元的相接處，則是所謂的突觸。當
電子神經信號傳到突觸時，會轉變為化學信號（就像火車乘客搭渡
船橫越海峽一樣），然後再轉變為電子信號。坎得爾的注意力很快
便集中在神經元間的突觸上。學習似乎像是突觸性質方面的改變。

所以當海參習慣了錯誤的警報後，在感覺神經元和移動觸手的神經元之間的突觸不知何故也變弱了。相反地，當海參對刺激敏感時，突觸便被強化了。最後，坎得爾和他的同事終於在海參腦裡找到一個特別的分子，位在突觸變弱或加強處的中心點。這個分子被稱為環狀單磷酸腺苷酸（cyclic AMP，簡稱 cAMP）。

坎得爾和其同事發現了一連串以 cAMP 為中心的化學變化。先不要管這些化學物質的名稱是什麼，姑且暫以 A、B、C 等名之：

A 製造 B，

B 活化 C，

C 打開一個通道叫 D，

如此使得更多的 E 進入細胞內，

於是延長了 F 的釋放時間，

這也就是神經傳導物質經由突觸，將訊息傳遞給下一個神經元的方式。

現在，藉由改變其形式，C 另外活化了一個叫作 CREB 的蛋白質。缺乏活化態 CREB 的動物雖然學習事物，但是最多一小時，就會記不住習得的事物。這是因為 CREB 一旦被活化了，便開始啟動某些基因，而改變了突觸的形狀和功能。被啟動的基因被稱為 *CRE* 基因，是 cAMP 反應的基礎元素。如果我再深入談更多細節，可能會使你覺得無聊得要命，但是相信我，馬上就會進入簡單易懂的部分了。[2]

「學習變種」果蠅

　　事實上真的是非常簡單，現在讓我們來介紹一下「劣等生」（*dunce*）果蠅。「劣等生」是一種變種果蠅，牠們無法學會辨識電擊將伴隨而來的某種味道。這種果蠅是在一九七〇年代發現的；研究者以輻射照射果蠅，再給這些果蠅一些簡單的任務去學習，然後選出沒有辦法完成這些任務的果蠅進行繁殖。「劣等生」便是一系列「學習變種」（learning mutants）果蠅中最早被發現的那種，接著很快地又發現了其他變種，分別叫作「捲心菜」（*cabbage*）、「健忘者」（*amnesiac*）、「蕪菁甘藍」（*rutabaga*）、「小蘿蔔」（*radish*）和「蕪菁」（*turnip*）——比起人類遺傳學家，果蠅遺傳學家在基因命名上有較多的自由度——如此一共發現了十七種學習變種果蠅。冷泉港實驗室的提姆‧杜利（Tim Tully）在注意到坎得爾在海參實驗上的成就後，決心要找出這些變種果蠅到底是哪裡出了差錯。讓杜利和坎得爾高興的是，這些變種果蠅中有毀損的基因，全都和製造或回應 cAMP 有關。[3]

　　杜利推論，如果他能夠損毀果蠅的學習能力，他應該也能改變或提高它。藉由除去 CREB 蛋白質的基因，他創造出一種能夠學習，但是不記得牠學了什麼的果蠅——學到的東西很快便從牠的記憶中淡去。杜利緊接著又培養出一種學習能力超強的果蠅。比方，要讓果蠅學會害怕某種永遠伴隨著電擊的氣味，一般果蠅需要十次才學得會，但是這種學習能力超強的果蠅卻只要一次就學會了。杜利描述，這些果蠅具有照相般的記憶力；牠們並不聰明，而是過分輕易將事情歸成法則，就好像某人在騎腳踏車發生意外的那天豔陽

高照，從此這個人便拒絕在晴天騎腳踏車。一些偉大的記憶術專家，像是著名的俄國人雪拉席夫斯基（Sherashevsky）便曾碰過這種問題。他們的腦袋中塞滿了許多瑣事，以至於他們往往見樹不見林。智力是記性和忘性巧妙混合所得的結果。我時常會忽然想起一些我可以輕易地「記得」（也就是「認出」）某段文章我曾經讀過，或是某個電台節目我曾經聽過，但我無法覆誦它們：這段記憶被藏在我的意識中。然而，記憶較少以這種形式隱藏在記憶術專家的心裡。[4]

　　杜利相信 CREB 基因是學習和記憶機制的核心，同時也是啟動其他基因的控制基因。因此，要了解學習終究還是得由基因下手。了解如何學習，而非一味依本能行動，並不能讓我們脫離基因無所不在的影響與控制。我們發現，了解學習的最佳方式，是了解使學習發生的基因及其產物。

　　目前已知不只果蠅和海參才有 CREB 基因。事實上老鼠也有相同的基因，而且科學家已能以剔除 CREB 基因的方式產生變種老鼠。正如所預期的，這些變種老鼠沒有能力完成簡單的學習任務，像是記得水池中哪裡有隱藏著的水底平台（這是老鼠學習實驗中的標準酷刑），或記得吃哪些食物是安全的。藉由注射 CREB 基因的「互補鏈」（antisense）到老鼠的腦中，可以造成暫時性的健忘——因為這樣可以使 CREB 基因停止活動一陣子。同樣地，當老鼠的CREB 基因特別活躍時，牠們便會成為超級學習者。[5]

Integrins 是學習和記憶的中心

　　而從老鼠到人類，在演化上也不過是一根頭髮寬度那樣的距

離。我們人類也有 CREB 基因。人類的 CREB 基因是在第 2 號染色體上，但是它的重要盟友，也就是幫助 CREB 基因進行其工作的 *CREBBP* 基因，則正好坐落在第 16 號染色體上。連同另外一個也坐落在第 16 號染色體上，叫作 alpha-integrin 的「學習」基因，*CREBBP* 基因剛好提供我專章論述「學習」（雖然稍嫌薄弱）的理由。

果蠅的 cAMP 系統在其腦部的蕈體（mushroom bodies）——神經元的蕈狀突出物——區域中似乎特別活躍。假設果蠅腦中沒有蕈體，則牠通常無法學習某種味道和電擊之間的關聯性。CREB 基因和 cAMP 似乎是在蕈體內進行它們的工作，但「如何進行」直到現在才搞清楚。美國休斯頓（Houston）的羅納德‧戴維斯（Ronald Davis）、麥可‧葛羅提衛（Michael Grotewiel）和他們的同事，系統性地搜尋其他沒有能力學習或記憶的變種果蠅。結果發現另一種不同類型的變種果蠅，他們將牠命名為 *volado*（他們解釋說，「volado」在智利的口語中，有「健忘的」或是「沒有頭腦」的意思，而且通常是用在教授身上）。而 *volado* 和劣等生、捲心菜、蕪菁甘藍一樣，都有著艱苦的學習過程。但是和其他變種果蠅身上受到毀損基因不同的是，*volado* 似乎和 CREB 基因或 cAMP 無關，而是和 alpha-integrin 蛋白質的次單元有關。alpha-integrin 蛋白質會在蕈體中表現，而且似乎扮演著將細胞結合在一起的角色。

為了確定這並不是一個「筷子」基因（也就是說要確定這個基因除了改變記憶以外，並沒有太多其他效用——參見第 11 號染色體那一章），這群休斯頓的科學家想出了聰明的點子：他們先剔除部分果蠅的 *volado* 基因，然後再插入連接著「熱休克」（heat-shock）基因的一個新 *volado* 基因；這種「熱休克」基因在突然加熱時會

被啟動。科學家很小心地安排這兩種基因，以確保 *volado* 基因只有在熱休克基因被啟動時才會發生作用。結果，在低溫的情況下，果蠅沒有辦法學習；但是在熱休克發生三個小時後，牠們突然變成良好的學習者。再過了幾個小時後，熱休克的功效逐漸衰退，果蠅又再次喪失了學習的能力。這表示在學習發生的那一刻的確需要 *volado* 基因，它並不只是構築進行學習時，結構中所需要的一個基因。[6]

Volado 基因的工作是要製造出可以把細胞連接在一起的一種蛋白質，這個事實不禁讓人推論記憶可能是由神經元間連結的緊密性所組成。當你學習某件事，你腦中的實體網路被改變，進而在過去沒有連結，或連結性較弱之處產生一種新的緊密連結。我幾乎就要接受學習和記憶正是如此構成，但我實在很難想像：「volado」這個字的意思，在我記憶中是如何由少數神經元間被強化的突觸連結所組成的。這真是太令人驚訝了。然而，我並不打算用「將問題簡化到分子層次」的方式來解開這個謎，我感覺科學家在我面前展開了一個既新且極吸引人的謎，也就是試著去想像，神經元之間的連結不僅提供了記憶的機制，而且它本身即是記憶。這個謎的每一小片段都和量子物理學一樣充滿了謎團，而且比碟仙和飛碟更令人覺得刺激。

長期相乘作用：新增記憶的關鍵

讓我們再更深入這個謎一點兒，以一探究竟。*volado* 的發現暗示了「integrins 是學習和記憶的中心」這項假說，但實際上這一類的暗示早就存在。截至一九九〇年，已知某種會抑制 integrins 的藥

物能夠影響記憶。這種藥物會干擾新增記憶的關鍵——「長期強化作用」（long-term potentiation, LTP）的過程。在腦的基底深處有所謂海馬，而其中有個叫作安蒙角（Ammon's Horn）的部分——命名原由是這樣的：有位埃及神祇曾和一頭公羊結交，在神祕地拜訪位於利比亞的西瓦綠洲（Siwah Oasis）後，亞歷山大大帝就認這頭公羊為義父。在安蒙角中，有特別多「金字塔形」的神經元（注意埃及這個主題的延續性），而這些錐體神經元（pyramidal neurons）會收集其他感覺神經元所輸入的訊息。錐體神經元並不容易啟動，但如果有兩個個別的輸入訊息同時到達，其聯合效果便可以啟動錐體神經元。一旦啟動後，錐體神經元就變得較容易啟動；然而，也只限於原來啟動它的那兩個輸入訊息中的一個才有作用，其他輸入訊息則無此效力。因此，「看到金字塔」和「聽見『埃及』這個地名的發音」這兩個訊息結合在一起，便可以啟動錐體細胞，從而創造這兩者之間的聯想式記憶（associative memory）。或許「想到海馬的具體形象」也連接到上述錐體細胞，但因為這個輸入訊息的發生時間和前兩者有別，所以並不會循相同方式造成「強化作用」。這就是長期強化作用的例子。如果你過分簡化地把錐體細胞想成「埃及」的樣子，那麼這個錐體細胞現在開始可以被「錐體細胞」這個詞或「埃及」的影像所啟動，卻無法被一隻海馬啟動。

　　長期強化作用，像是海參的學習，完全要仰賴突觸性質方面的改變，也就是輸入訊息細胞和錐體細胞之間的突觸。我們幾乎可以確定，這種變化與 integrins 有關。奇妙的是，integrins 的抑制作用並不干擾長期強化作用的形成，而會干擾長期強化作用的維護。若想將突觸緊密聯結在一起，integrins 可能是不可或缺的。

兩則不尋常的病例

　　我剛剛開玩笑地暗示錐體細胞可能就是記憶本身，這是胡說八道的。你孩童時期的記憶甚至不長期存在海馬中，而是存在新皮質（neocortex）裡。長駐在海馬內及其附近的，是創造新的長期記憶的機制。理論上，錐體細胞要以某種形式將新形成的記憶傳輸到它將留存之處。我們之所以能如此推斷，是因為在一九五○年代有兩位非常不幸的年輕男人曾遭逢奇異的意外事故。在科學文獻中，取其姓名首字縮寫，第一位男人被稱為 H.M.。在一次自行車意外事故後，為避免引起癲癇症發作，醫生移去 H.M. 一大塊的腦。第二位男人被稱為 N.A.，是位空軍雷達技術人員。某天他正坐著建造一個模型，當他一個轉身，身旁正在耍小型西洋劍的同事正巧將劍向前刺出，而劍頭刺穿 N.A. 的鼻孔，直達其腦部。

　　這兩個人從發生意外的那一天開始，便為可怕的健忘症所苦。他們能清楚地記得從孩童時期直到發生意外事故之前幾年的事件。對於當下發生的事件，他們也能短暫記憶，但前提是不要被別人的問話打斷，他們無法形成新的長期記憶。他們無法辨認出他們每天見到的臉孔，或是學會回家的路。以症狀比較輕微的 N.A. 為例，他沒有辦法享受看電視的樂趣，因為廣告會使他完全忘記前一段的節目內容。

　　H.M. 能夠成功地學習新的職務，而且保有這些技術，但是他完全不記得自己曾經學過這些東西——這代表著程序的記憶和「陳述」事實或事件的記憶是在不同地方形成的。這種區別可由一項研究證實：三個患有嚴重的事實和事件健忘症的年輕人都如常地完成

學校教育，在學習閱讀、寫作和其他技巧上也沒有什麼困難。但經掃描後發現，他們三人的海馬異常地小。[7]

除了確知記憶是在海馬中製造的，我們對記憶的理解其實不只如此。H.M. 和 N.A. 的病徵顯示，腦中其他兩個部分和記憶形成之間的連結：H.M. 缺少的是內側的顳葉，而 N.A. 缺少的則是部分的間腦。這使得神經科學家搜尋和記憶有關組織中的最重要組織時，逐漸鎖定在一個主要結構：鼻周圍皮質（perirhinal cortex）。視覺、聽覺、嗅覺或其他區域的感覺訊息被送到鼻周圍皮質來處理，並（也許藉 CREB 之助）轉成記憶。然後這個訊息傳給海馬，再傳到間腦進行暫時性的儲存。如果這個訊息被判定為值得永久保存，便會再被送回新皮質，儲存為長期記憶：也就是你不需要去翻查資料，但某人的電話號碼會自動浮現腦海的時候。記憶從內側的顳葉傳送到新皮質的過程似乎多發生在晚上的睡眠期間：鼠類的腦葉細胞在晚上會變得特別活躍。

人類的腦是遠比基因組還要更令人訝異的機器。如果用數量來描述，腦有百萬兆個突觸，而基因組只有幾十億個鹼基；腦重達數公斤，而基因組只有幾毫克。如果用幾何學來看，腦是一具類比式、三次元的機器，而基因組則是數位式、二次元的機器。如果改用熱力學的觀點來看，腦在工作時會產生大量的熱，就像個蒸氣引擎一樣。就生物化學的觀點而言，腦需要數千種不同的蛋白質、神經傳導物質，和其他的化學物質，而非只是 DNA 的四種核苷酸。就性急程度來說，當你用眼睛看事物，腦已發生變化，因為突觸已經改變，以創造習得的記憶；而基因組的改變則比冰河還要緩慢。就自由意志而言，腦中神經網路的修剪是由「經驗」這個無情園丁來進行，這對保持腦部正常運作是極為重要的，而基因組則是按預定的

方式來演繹訊息,幾乎沒有什麼彈性可言。從各方面看來,生命似乎意識到,由意志操控的生活比起自動化的、由基因決定的生活占優勢。然而,正如詹姆士‧鮑德溫所領悟而現代人工智慧高手所激賞的——二分法是個錯誤。腦是由基因創造的,它再好也只不過像是它天生設計得那麼好,而「腦是一具需由經驗來修正的機器」這個事實早就寫在基因裡。但「這一切是如何辦到的」卻是現代生物學最大的挑戰之一。毫無疑問地,人類的腦是基因能力表現的最傑出作品。偉大領導者的特徵之一是,他知道何時該委任授權——而基因組深諳此道。

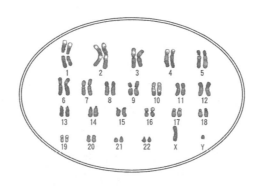

第17號染色體

死 亡

他們哭泣，但英勇地離開。

——羅馬詩人賀瑞斯（Horace, 65-8 B.C.）

舊的謊言。

——威爾弗瑞德·歐文（Wilfred Owen）

有捨才有得

如果學習是在腦細胞之間製造新的連結，它同時也是失去舊的連結。腦天生就和細胞之間有著太多的連結，但隨著腦的發育，逐漸失去許多連結。舉例來說，在一開始時，視皮質（visual cortex）的每一側和由左右雙眼所輸入的訊息各有一半連結。唯有藉由相當激烈的修剪來進行變化，於是一側的腦會收到來自右眼的輸入，而另外一側的腦則收到來自左眼的輸入。經驗可以使無用的連結降低，而讓腦從一個一般的裝置，轉變成特定的裝置。正如一個雕刻家將大理石一片一片削下後，才能使它呈現出人類的形體，環境也會將多餘的神經元除去，使腦的各種技巧變得更加敏銳。但是，失明或永久被蒙住眼睛的年輕哺乳動物，這種「修剪」永遠不會發生。

但是，連結的消失不只代表失去突觸間的連結，也代表著整個細胞的死亡。若是一個叫作 *ced-9* 的基因出了差錯，老鼠便無法適當地發育，因為腦中不被需要的細胞無法完成它們的死亡任務；最後這隻老鼠會有一個缺乏組織、過度超載，但毫無功能的腦。俗民智慧老愛說一個無情的（但是毫無意義的）統計數值：我們每天會喪失一百萬個腦細胞。在我們年輕的時候，甚至當我們還在子宮裡時，我們的確會快速地失去腦細胞。若非如此，我們可能根本無法思考。[1]

藉由 *ced-9* 這類基因的刺激，不再需要的細胞會集體自殺（別的 *ced* 基因會在身體的其他組織中引發自殺現象），這些垂死的細胞都遵從某個精確的程序。在顯微鏡下才能看得到的線蟲，成長後的胚胎最終會有一○九○個細胞。但是精確來說，其中有一三一個

細胞會在發育過程中自殺，成蟲的細胞數目僅有九五九個。這些自殺的細胞似乎是犧牲自己，以使身體能獲得更大的利益。它們哭泣但英勇地離開，就像在弗敦（Verdun）翻山越嶺的士兵，或是工蜂自殺性地螫刺侵入者。其間的相似性並非虛構；實際上，身體細胞之間的關係，和蜂窩中的蜜蜂非常相似。我們的細胞的祖先也曾單打獨鬥，直到大約六億年前，其演化的「決定」才使得它們一起合作；而社會性昆蟲大約在五千萬年前也做出了類似的決定，也就是在個體的層次上共同合作：基因上的近親（close genetic relatives）發現，如果它們能找到有共同感受的夥伴，它們便可以更有效率地複製；如果是細胞的話，便可以將繁殖的任務派給生殖細胞，如果是蜜蜂的話，便可以將繁殖的任務交給蜂后。[2]

叛變的細胞

上述的高度相似性，使得演化生物學家了解到，合作的精神也僅止於此。正如弗敦的士兵有時會叛變，不願為成就人我而犧牲；如果有機會的話，工蜂也能繁殖出自己的後代，但其他工蜂會警戒地避免此事發生。蜂后為了使其他的工蜂保持忠誠，而不會和其他工蜂沆瀣一氣，於是同時和數隻公蜂交配，以確保大部分的工蜂是同母異父，從而將分享基因共同利益的狀況減到最小。身體裡的細胞也是這樣；叛變是一個永久的問題。細胞會不斷忘記自己該「效忠領袖」，也就是服侍生殖細胞的責任，而開始進行自我複製。畢竟，每個細胞都是從生殖細胞開始一路過來的；細胞不免會違反原本為了整個世代而停止分裂的意願。於是，每天每個組織都有細胞打破這些層級，而開始再次分裂，彷彿它無法抵抗基因古老的呼喚

而不得不如此做。如果不能制止這些開始進行分裂的細胞,我們便將這種結果稱之為癌症。

　　通常這些細胞會被制止。癌的叛變是個老掉牙的問題,所以所有軀體較大的動物,其細胞都配有一系列精巧的開關,讓細胞在發現自己本身癌化時,便誘使細胞自殺。這些開關中最有名也最重要的,便是坐落於第 17 號染色體短臂上的 *TP₅₃* 基因。事實上,自從一九七九年發現這個基因之後,*TP₅₃* 基因可能是所有人類基因中最常被討論的。本章預備從基因的角度來說明癌症的故事,而這些基因的工作,正是要避免癌症的發生。

癌症是遺傳性的,還是病毒傳染?

　　當理查・尼克森(Richard Nixon)於一九七一年向癌症宣戰時,科學家甚至連敵人是什麼都還不曉得,只知道有身體組織過度生長這個明顯的事實。大部分的癌症既不具傳染性也不是遺傳而來的。傳統的想法認為,癌症並不是一種單一形式的疾病,而是由許多原因引起的多樣性病變;這些原因大部分是外在的。打掃煙囪的工人會從煤焦油「感染」陰囊癌;X 光技術員和廣島核爆生還者從輻射「感染」了血癌;吸菸的人會從香菸的煙「感染」肺癌,而造船廠工作人員則是從石綿纖維「感染」肺癌。這些看來並無任何共通之處,若非要說有相同點,大概就是「免疫系統無法抑制住腫瘤」——這是傳統智慧的說法。

　　然而,有兩條競爭的研究路線開始帶來新的想法,並開啟我們對癌症的革命性理解。第一條研究路線是:美國加州的布魯斯・埃姆斯(Bruce Ames)於一九六〇年代發現,許多會引發癌症的化學

藥品和輻射，像是煤焦油和 X 光等，都有一個很重要的相同處——它們都具有損害 DNA 的強大能力。於是埃姆斯推論，癌症可能是一種基因的疾病。

第二個突破開始得比較早。在一九〇九年，培頓・路斯（Peyton Rous）已經證實，長有肉瘤（癌症的一種形式）的雞能夠將這種疾病傳染給其他健康的雞。由於極少有證據能證明癌症具傳染性，路斯的研究因而被嚴重地忽略。但是在一九六〇年代，從路斯肉瘤病毒算起，發現了一整系列的動物癌症病毒或致癌病毒。路斯最後在八十六歲時獲得諾貝爾獎，以褒揚他的先見。人類的致癌病毒很快地也陸續發現，而且，顯然所有種類的癌症（像是子宮頸癌）的確也都有部分是由病毒感染所引起的。[3]

藉由基因定序儀分析發現，路斯肉瘤病毒帶有一種特別致癌基因（oncogenes），即 src 基因。隨著其他致癌病毒的發現，其他的「致癌基因」很快地陸續現形。和埃姆斯一樣，病毒學家也開始了解癌症是一種基因的疾病。當一九七五年發現 src 基因根本不是病毒基因時，癌症的研究世界徹底被顛覆了。src 基因是一種包括雞、老鼠和人類全都擁有的基因。路斯肉瘤病毒是從它的某位宿主中偷得致癌基因。

比較傳統的科學家不太願意接受癌症是一種遺傳性疾病。畢竟，除了非常罕見的情況下，癌症並不是遺傳來的。然而，他們忘了基因的作用並不僅限於生殖細胞，而是在所有器官的體細胞中也有功能。發生於身體器官上的遺傳性疾病，雖然並非發生於生殖細胞中，但它仍然是一種遺傳性疾病。在一九七九年，從三種腫瘤中取出的 DNA 被用來誘發老鼠細胞內癌的生長，這證明了基因自己也能引發癌症。

致癌基因和抑癌基因間的角力賽

　　從一開始事情就很明白，會鼓勵細胞生長的基因往往容易成為致癌基因。由於細胞持有這樣的基因，才能使我們在子宮中和孩童時期不斷成長，也才讓我們擁有自我療傷的能力。但重要的是，這樣的基因在大部分時間應該不會發生作用，如果它們持續不斷地發揮功能，結果可能變成一場災難。我們體內有一百兆個體細胞，而且更換率相當快，所以即使沒有抽菸或曬太陽等引起突變的因素，在人的一生中，致癌基因還是有許多機會，突然被干擾而停不下來。幸運的是，身體內另外有些基因的工作，就是要找出過度生長的基因並將它關閉。這些基因被稱為抑癌基因（tumour-suppressor genes），是牛津的亨利・海瑞斯（Henry Harris）於一九八○年代中期所發現的。抑癌基因和致癌基因剛好完全相反：當致癌基因持續不斷地發揮功能（jam on）時，便會引起癌症；而當抑癌基因一直不發生作用（jam off）時，也會引起癌症。

　　抑癌基因用各種不同的方式進行其任務。其中最重要的方式，便是使細胞拘留在生長和分裂週期中的某一點上，直到所有必須條件都完備並就緒後，才予以放行，讓細胞繼續進行生長和分裂。因此，若要超越這個階段，腫瘤的細胞必須同時含有持續不斷發揮功能的致癌基因，和一直不發生作用的抑癌基因。這樣似乎不夠嚴格，但實際上檢查還沒結束。若想要逃脫規範、不受控制地成長，腫瘤還得再經過一個更難通過的檢查點。這個檢查點是由某個基因負責操縱；這個基因會偵測出細胞中不正常的行為，並指示不同的基因從內部瓦解這個細胞：讓這個細胞自殺。這個基因便是 TP_{53}。

TP_{53} 基因：癌症治療的一線曙光？

　　蘇格蘭東部的丹地（Dundee）的大衛‧蘭恩（David Lane），在一九七九年發現了 TP_{53} 基因，當時它被認為是致癌基因，但是後來才被判定為抑癌基因。一九九二年的某一天，蘭恩和他的同事彼得‧赫爾（Peter Hall）在一家酒館中討論 TP_{53} 基因。當時赫爾同意提供他的上臂作為實驗活體，用來測試 TP_{53} 基因是否真是抑癌基因。要獲得執行動物實驗的許可得花上幾個月，但若有人自願進行實驗，則可即刻進行。赫爾反覆地用放射線在他的上臂劃下一小道傷痕，而蘭恩則在接下來的兩個星期內，持續取傷疤上的組織進行切片檢查。結果顯示，在放射線傷害身體後，由 TP_{53} 基因所製造出來的蛋白質 p5 3 大幅增加，這是基因對致癌傷害有所回應的明證。於是蘭恩便在臨床實驗中，繼續發展 p5 3 成為具有潛力的癌症治療方法，當本書（在美國）出版時，第一位人類志願者已開始服用這種藥物。實際上，丹地當地的癌症研究飛快地成長，p5 3 現在已經是這個位於泰河（Tay）河口小城第三出名的產品，僅次於麻線和橘子果醬。[4]

　　TP_{53} 基因的突變，幾乎可以說是致命癌症的特徵。所有人類癌症中，有百分之五十五的 TP_{53} 基因是損壞的。在肺癌案例中，這個比例則會升高到超過百分之九十。如果遺傳得來的兩份 TP_{53} 基因中有一份受損，則此人有百分之九十五的機會會得到癌症，而且通常會發生在年輕的時候。讓我們以結腸直腸癌為例來說明。這種癌症是由一種叫作 APC 的抑癌基因發生突變所引起的。如果發育中的息肉發生了第二個突變，而且這個突變是發生在一個叫作 RAS

的致癌基因上，便會發展出所謂的「腺瘤」（adenoma）。如果在某個抑癌基因上又再發生第三個突變，則這個腺瘤會長成更嚴重的腫瘤。假設此刻在 TP_{53} 基因上發生第四個突變的話，這個腫瘤便會惡化成癌瘤（carcinoma）。類似的多突變模式也適用於其他的癌症，而 TP_{53} 常是最後突變的那一個。

突變是隨機的，但選擇不是

你現在便能了解，為什麼「在腫瘤發育早期偵測是否為癌症」如此重要了。腫瘤長得愈大，愈有可能發生下一個突變。這可能是一般機率的因素，也可能是因為腫瘤內的細胞快速增殖，很容易引發基因上的錯誤，而導致突變。特別容易罹患特定癌症的人，他們的「突變者」（mutator）基因——即促使突變發生的基因——往往引發突變（「第 13 號染色體」那一章所討論的乳癌基因 BRCA1 和 BRCA2，可能是乳房特定的突變者基因），或是他們的抑癌基因也可能已經發生變異。腫瘤就像兔群的總數一樣，傾向具有迅速且強烈的演化壓力。正如繁殖得最快的兔子，其後代很快便會占有兔群聚生處，在腫瘤中分裂得最快的細胞，也會犧牲比較穩定的細胞而成為優勢細胞。正如突變的兔子會在地下挖洞以避免鵰的獵殺，犧牲了坐在地面上的兔子，變種兔子很快就成為占優勢的一群。當抑癌基因發生突變，便可使細胞分裂不受抑制，並在犧牲掉其他突變細胞後，而成為最占優勢的突變細胞。腫瘤內的環境選擇了這些基因上的突變種，正如外在環境選擇兔子一樣。突變最終會在如此多癌症種類中出現，並不令人詫異。雖然突變是隨機的，但選擇卻不是。

　　現在我們終於能理解，為什麼癌症發生的頻率，大約是每長十歲便會加倍，而且好發於老年。按居住國家不同而有別，癌症終將逃過不同抑癌基因（包括 TP_{53}）的把關，使占各國人口總數的十分之一到二分之一之間的人，得到這種可怕且可能會致命的疾病。雖說預防醫學至少消除了工業化世界裡許多其他的死因，而上述比率可說是預防醫學成效的代表，卻沒有什麼好令人感到安慰的。當我們活得愈久，基因中便累積了愈多的錯誤，同一個細胞中的某個致癌基因被啟動，同時還有三個抑癌基因被關閉的機會也就愈大。雖然這種巧合發生的機會是微乎其微，然而我們在一生中製造的細胞數量卻是難以想像的大。正如羅伯特·溫伯格（Robert Weinberg）所說：「每十萬兆次（per one hundred million billion）細胞分裂中才會發生一次致命的惡性腫瘤，似乎還算不太壞。」[5]

程序化死亡

　　讓我們來仔細看看 TP_{53} 基因。TP_{53} 基因有一一七九個字母長，會製造出一種叫作 p5 3 的蛋白質。由於 p5 3 通常很快便會被其他酵素消化掉，所以它的半衰期只有二十分鐘。而這種狀態下的 p5 3 是沒有活性的。然而一旦收到某種信號，p5 3 蛋白質的製造便會快速地增加，而所有對它的破壞都幾乎停止。這個信號到底是什麼還是個謎，但是 DNA 發生損傷應該占了訊號的部分。損毀 DNA 的片段似乎會去警示 p5 3。彷彿犯罪偵防小組或特警隊，p5 3 立刻蜂擁至事件現場。接下來，p5 3 會接管這整個細胞。p5 3 的角色就好像電影中的湯米李瓊斯（Tommy Lee Jones）或是哈維基太（Harvey Keitel）一樣，當他們到達事件現場後，說：「FBI，現在開始由我

們接管。」p5 3 主要的手段是啟動其他基因，並要求細胞自兩種選擇中擇一進行：停止增殖，並暫停複製 DNA，直到毀損部分的 DNA 修復為止；不然就乾脆自殺。

　　細胞開始缺氧是另一個會引起 p5 3 注意的徵兆，因為這也是腫瘤細胞的診斷特徵。在一群不斷成長的癌細胞中，血液供應有可能不足，因此細胞便會開始感到窒息。惡性癌症要克服這個問題，其方法便是送出信號給身體，讓新長出的動脈能伸進腫瘤內——而這些長得像螃蟹爪的動脈，便是癌症的希臘名字「Cancer」的由來。有些最具希望的新抗癌藥物，便是阻斷這個叫作「血管生成」（angiogenesis）的過程。但是 p5 3 有時會察覺這些異狀，趕在血液供應到達前，早一步除掉腫瘤細胞。在某些血液供應較少的組織裡發生的癌症（如皮膚癌），必須在它們發育的早期先破壞 TP_{53}，否則它們就沒有辦法成長。這也就是黑色瘤 ❶ 為什麼如此危險的原因。[6]

　　難怪 p5 3 會有「基因組的護衛」或甚至「基因組的守護天使」這種綽號。TP_{53} 捍衛著「大我的利益」，彷彿士兵嘴裡的自殺藥丸；只有在偵測到士兵準備要叛變時，藥丸才會溶解。這種細胞的自殺，被稱為「程序化死亡」（apoptosis），這個希臘名字是指秋天樹葉的墜落。這是身體對抗癌症的最重要武器，也是最後一道防線。實際上，程序化死亡非常重要。研究逐漸發現，幾乎所有癌症治療法之所以生效，都是因為療法會使 p5 3 及其夥伴有所警覺，進而啟動程序化死亡的緣故。過去，研究者一直認為，放射線療法和化學療法會破壞正在進行複製的 DNA，而將分裂中的細胞殺死。

---

❶　譯註：皮膚癌的一種。

假設情況真是如此，為什麼有些腫瘤對放射線療法和化學療法的反應那麼差？在致命癌症的不同發展階段中，有個療程不再發生作用的時點；換言之，過了某個時點後，即使受到化學藥物或放射線的攻擊，腫瘤也不再縮小。怎麼會這樣呢？如果某種療法可以殺死分裂中的細胞，這種療法應該可以持續發揮功效才是。

　　在冷泉港實驗室工作的史考特‧羅伊（Scott Lowe）有個巧妙的答案：這些療法雖然在 DNA 上引起些微的損傷，但還不足以殺死細胞。不過這些損傷剛好足以使 p5 3 警覺，並指示那些細胞去自殺。因此，化學療法和放射線療法就好像接種疫苗一樣，這些療法的功效是幫助身體進行自救。羅伊的理論有良好的證據來支持。不管是放射線，或者 5-fluorouracil、etoposide、adriamycin 這三種化療藥物，其作用都是鼓勵感染病毒致癌基因（viral oncogene）的細胞進行程序化死亡。而當原本受控制的腫瘤又開始故態復萌，突然對治療毫無反應，這種變化很可能是因為發生了將 TP_{53} 剔除的突變。同樣地，如黑色瘤、肺癌、結腸直腸癌、膀胱癌、前列腺癌等這些最難以控制的腫瘤，其 TP_{53} 基因通常已經發生了突變。某些類型的乳癌會抗拒治療，而其 TP_{53} 基因也都是毀損的。

　　這些洞見對癌症的治療非常重要。目前主流派的醫療方式是錯誤理解下的產物。醫生應該努力尋找可以促使細胞自殺的因子（agent），而非能殺死分裂中細胞的因子。這並不意謂著化學療法是完全無效的，它只不過是碰巧有效而已。現在醫學研究人員已了解腫瘤治療是怎麼一回事，所以結果應該會更有希望。在短期內，至少可減輕許多癌症患者死亡時所承受的痛苦。因為藉由測試 TP_{53} 基因是否已受損，醫生可以很快地預先判斷化學療法是否會有效。如果預知化療並不能發揮效用，患者和家人則可以免除接受化

療之苦，也不會對化療抱持虛幻的期望，相信化療能起死回生。[7]

在適當時刻停止分裂

　　在沒有發生突變的狀態下，致癌基因是我們一生中，細胞生長和正常增殖時不可或缺的要角：像是更新皮膚、產生新血液細胞、修復創傷等等。抑制潛在癌症發生的機制也得允許正常生長和增殖的「例外」。細胞必須時常被准予進行分裂，而且得帶有會促使細胞分裂的基因，前提是它們得在正確的時刻停止分裂。我們現在愈來愈清楚這些是如何辦到的，但我們不禁驚嘆，能創造這一切複雜機制的主宰，必擁有惡魔般機敏的心智。

　　容我再次提醒，關鍵就是程序化死亡。致癌基因是會引起細胞分裂和生長的基因，但令人訝異的是，有些致癌基因同時也會引發細胞死亡。MYC 基因便是這類致癌基因中的一個，它會引發細胞分裂和死亡，但是它的死亡信號（death signal）會暫時被數個生存信號（survival signals）的外部因素所抑制。而當這些生存信號都用完時，便是死亡降臨的時刻。彷彿設計者深知 MYC 基因亂砍亂殺的本質，所以設計了自動攔截陷阱，只有當生存信號耗盡，才會立刻啟動自殺指令。這位聰明的設計者還進一步地將 MYC、BCL-2 和 RAS 這三種不同的致癌基因綁在一起，好讓它們彼此控制。唯有當三種致癌基因都適切地運作，細胞才能正常成長。發現其間關連性的科學家表示：「如果沒有那些（生存信號）的支持，陷阱便會起作用，而受其影響的細胞不是被殺死就是垂死投降；不論如何，這些細胞都不再是（致癌的）威脅。」[8]

　　就像本書中常常提及的，p5 3 蛋白質和致癌基因的故事挑戰了

「遺傳研究必定是危險的，而且應該被縮減」的爭論。這個故事也
強烈地挑戰「簡化派（reductionist）科學有瑕疵且無用」的觀點。
簡化派科學將系統拆解成許多簡單的部分來研究、理解，腫瘤學
（Oncology）則是對整個癌症的醫學研究。雖然許多勤奮、聰明的
研究人員已投入大量時間和精力，和簡化派科學採取的遺傳研究法
在幾年內所獲得的進展相較，腫瘤學的成果少得可憐。義大利的諾
貝爾獎得主雷納塔‧杜爾貝科（Renato Dulbecco）在一九八六年首
先呼籲，應將完整的人類基因組定序。他認為，這是贏得癌症之戰
的唯一方法。癌症是西方社會裡最殘酷、最常見的凶手。人類歷史
上首度對癌症的治療有了真正的展望，而這些希望來自於簡化派科
學的遺傳研究，以及這些研究所帶來的理解。那些詛咒科學，並認
為科學很危險的人，應將這一切謹記在心。[9]

奉行極權主義的身體

　　當天擇選定了解決某個問題的方法，常會延用同一個方法來解
決別的問題。程序化死亡除了消滅癌細胞以外，還有其他功能：它
也可以用來對抗一般的傳染疾病。如果細胞發現自己被病毒感染，
為了身體的整體利益，細胞會自殺。螞蟻和蜜蜂也會為了所屬社群
的利益而這麼做。不可避免地，有證據顯示，某些病毒則和避免進
行程序化死亡有關。會導致淋巴腺熱（glandular fever）和單核白血
球增多症（mononucleosis）的非洲淋巴細胞瘤病毒（Epstein-Barr
virus），含有潛伏性的膜蛋白質，可防止被傳染的細胞自殺。會引
起子宮頸癌的人類乳突病毒（human papilloma virus）具有兩種基
因，可以將 TP_{53} 基因和另一種抑癌基因關閉。

正如我在第 4 號染色體那一章中曾提到，亨丁頓舞蹈症是由腦細胞未經計畫且過度進行的程序化死亡所構成的，而腦細胞是不能夠替換的。成人的腦無法產生新的神經元，這正是有些腦部損傷是不可逆的原因。這在演化上確實說得通，因為和皮膚細胞不一樣，每個神經元都是精心捏塑、訓練而成的老練操作員，想要隨便塑造一個完全未經訓練的神經元來取代它，結果可能會比一無所成還糟糕得多。當病毒進入某個神經元的時候，神經元並沒有下達進行程序化死亡的指令。相對地，由於某種尚未完全被了解的理由，病毒本身有時會誘使神經元進行程序化死亡。比方致命的阿爾發病毒腦炎（alphavirus encephalitis），其作用機制便是如此。[10]

除了癌症以外，程序化死亡還可以預防其他類型的基因異常，像是由自私的轉移子（selfish transposons）所引起的基因失序。有證據顯示，在卵巢和睪丸中的生殖細胞分別受到卵泡和賽托利氏細胞（Sertoli cells）的監視，看看細胞是否有這類的自私行為，若真有此事，它們會誘使這些細胞進行程序化死亡。舉例來說，在五個月大胎兒的卵巢中，有接近七百萬個生殖細胞，但在胎兒出生時，生殖細胞只剩下二百萬個。在胎兒未來的一生中，只會自二百萬個生殖細胞中排出四百個左右的卵細胞，其餘大多數都會奉令進行程序化死亡。遵循著嚴厲的優生學，命令那些不完美的細胞進行自殺——身體是一個奉行極權主義的地方。

相同的原則也適用於腦。腦在發育的過程中，會由 *ced-9* 和其他基因進行大規模的細胞選擇。同樣地，任何表現得不夠好的細胞便得為了整體的利益而犧牲。所以，經過程序化死亡篩選後，不僅使留下的神經元能夠學習，也提高了剩餘細胞的平均品質。在免疫細胞上也有類似的事情發生，而這又是另一個以程序化死亡無情地

篩選細胞的例子。

　　程序化死亡是個分權化的動作，沒有一貫的計畫，身體也沒有統一的最高當局來決定誰該死、誰可以活下去。但這也就是它美妙的地方。就像胚胎的發育利用每個細胞的自覺一樣。說穿了，只有一項概念上的難題難解：那就是程序化死亡是如何演化來的？細胞檢驗的標準如果是發現被感染、癌化或基因有缺陷，便會進行自殺，如此一來，這些細胞便沒有辦法將它的優點傳給子代。這個被稱為「神風特攻隊之謎」的問題，其對策是一種群體選擇（group selection）的形式：凡程序化死亡運作順暢的個體要較程序化死亡不能運作的個體占優勢。因此，後者可以將對的特質傳給其子代細胞。但這代表著程序化死亡系統無法在人的一生中有所改善，因為它無法在體內經由天擇而進化。我們擺脫不了這個遺傳得來的細胞自殺機制。[11]

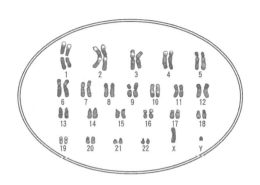

第18號染色體

治　療

我們的懷疑是叛徒，
因為害怕嘗試，使我們喪失原本應得的好處。

——莎士比亞，《量罪記》（*Measure for Measure*）

在這第三個千禧年的破曉前夕，我們首度可以編輯人類遺傳密碼的文本。它不再是一份寶貴的手稿，而可以保存在磁片中。我們有能力變動它：增刪部分內容，將段落重組，甚或是進行改寫。本章要探討的，便是有關我們如何進行這些變動？我們是否應該這麼做？還有，為什麼當執行變動時，我們的勇氣會愈來愈薄弱，甚至會有把整台「文字處理機」丟掉，堅持保有文本原貌的強烈企圖？本章的主旨是遺傳操縱（genetic manipulation）。

對大多數的外行人而言，研究基因最明顯的目的（如果你喜歡的話，也可以稱它為終極大獎），便是以遺傳工程製造出人類。可能在幾個世紀以後，那代表著人類身上擁有全新發明的基因。但在此刻，那只代表人類可從另一個人，或其他動植物借來的現有基因。「以遺傳工程造人」這種事情有可能發生嗎？如果有可能發生的話，合乎道德規範嗎？

巧奪天工的剪刀和膠水

想想看，在第 18 號染色體上的某個基因可以抑制結腸癌。我們在上一章中已簡短介紹過：這個基因是抑癌基因，不過它的位置尚未完全確定。這個基因曾被認為是一個叫作 *DCC* 的基因，但是現在我們已知 *DCC* 基因會引導脊柱中神經細胞的生長，卻和抑癌沒什麼關係。那一個抑癌基因很接近 DCC 基因，但其確實位置仍難以捉摸。如果你的這個基因天生異常，你會比別人有更高的風險得到癌症。未來有沒有可能會有遺傳工程學家能夠把這個異常基因取出，就像換掉故障的汽車火星塞一樣，換上正常的基因？這個問題的答案很快便會是肯定的。

　　當我剛進入新聞業界時，如果我想剪貼文件，就得動用真的剪刀和膠水。現在，當我要移動某段文字到別處，我只需妥善使用文件編輯軟體中的「剪下」和「貼上」兩項功能，便可以達成同樣的效果。因為兩者的原則是相同的：想要移動某段文字，我得先剪下它，再把它貼到別的地方。

　　要剪貼基因的文本，同樣也需要剪刀和膠水。幸運的是，自然早就為此目的發明了分別叫作「限制酶」和「連接酶」的剪刀和膠水。連接酶是一種可將鬆開的 DNA 句子（sentence）縫合起來的酶。限制酶則是在一九六八年從細菌中發現的。它在細菌細胞中扮演的角色，是利用切碎病毒基因的方式來擊敗病毒。但研究人員很快就發現，和真的剪刀不一樣，限制酶很挑剔：它只會剪切具有特定序列字母的 DNA。現在我們已找到四百種不同類型的限制酶，每一種都只會辨認特定序列字母的 DNA，並只會在這特定序列上下刀。就像一把剪刀只剪在出現「限制」字樣的位置上。

　　在一九七二年，史丹福大學的保羅・伯格（Paul Berg）將限制酶放在試管內，把兩段病毒 DNA 各切成一半，然後再用連接酶把它們重新拼貼成新的組合。他便這樣製造出第一條人造的「重組 DNA」（recombinant DNA）。人類現在能夠做到反轉錄病毒長久以來一直在做的事：將一個基因插入染色體內。接著在不到一年的時間內，第一個經由基因工程改造的細菌便出現了：一種腸道細菌，帶有一個取自蟾蜍的基因。

　　這立即引來大眾的高度關切，甚至連部分科學家對此也多有保留，認為在急切地進一步開發新技術前，應先停下來想一想。他們在一九七四年時呼籲應先暫停所有遺傳工程的實驗，但這只是更加助長了群眾的憂慮：如果連科學家都因為擔憂而停止此事，那麼一

定真有值得煩惱之處。大自然將細菌的基因放在細菌裡，將蟾蜍的基因放在蟾蜍裡，我們憑什麼有權去交換它們？難道不會造成可怕的結果嗎？一九七五年在艾西羅門（Asilomar）舉行了一場會議。會中徹底檢討安全上的顧慮，並決議使美國的遺傳工程在聯邦委員會的監督下，謹慎地重新恢復運作。科學界試圖自行監督管理，而公眾的焦慮似乎也逐漸減弱，直到一九九〇年代中期才又突然復甦。但是這次大眾關切的焦點並不是安全，而是在道德規範上。

　　生物科技於焉誕生。先是有基因科技公司（Genentech），然後是希特斯公司（Cetus）和拜基公司（Biogen），接著許多其他公司紛紛開始開發這項新技術。在這尚未成熟的新興商機面前，是一個充滿了各種可能性的世界。細菌現在能被誘導、製造出醫藥、食物或工業上所需的人類蛋白質。現在唯一令人失望的是，細菌並不十分擅長於製造大部分的人類蛋白質，而且對於將人類蛋白質應用在醫藥上，我們所知極為有限。雖然投入大量資金，少數能為股東創造利潤的公司，全都是專門製造設備以供其他單位使用，像是應用生物系統公司（Applied Biosystems）。這些產品現在仍持續採用中。到了一九八〇年代晚期，細菌製造的人類生長荷爾蒙，已經代替了以往從屍體上取得的人類生長荷爾蒙——這是既昂貴又危險的方法。到此為止，倫理和安全上的恐懼已被證明是毫無根據的：三十年來，從來沒有任何環境或公共衛生上的意外事件肇始於遺傳工程實驗。到目前為止，一切看來都還不錯。

基因組定序的大工程

　　此時，遺傳工程在科學上造成的衝擊遠大於它在商業上的影

響。現在，要「複製」（clone）基因已是可能的（這句話在此的意義不同於一般的認知）：如果想從像乾草堆一樣的基因組中，分離出像一根針般的一個人類基因，只要把這個基因放到細菌中，繁殖複製出幾百萬份後，這些基因會因此而純化，而基因中的字母序列也可以被讀出來。應用這個方式，我們可以將人類基因組中大量的基因片段交疊處理，而且每　個（基因）都有充分的量以供研究，如此便可以建立巨大的人類 DNA 圖書館。

從這樣的圖書館中，人類基因組計畫的研究人員才得以拼湊出完整的文本。其任務規模是極為龐大的。共計三十億個字母長的文本，可以填滿整疊高達一百五十英尺的書。在英國劍橋附近的威康基金會（Wellcome Trust）的桑格中心（Sanger Centre），非常努力地領導著這項計畫，以每年一億個字母的速度進行基因組解讀工作。

當然，也有捷徑可循。方法之一是，不去理會占有文本百分之九十七的無意義部分——像是自私的 DNA（selfish DNA）、插入序列、反覆多次的迷你衛星體序列，和生鏽的偽基因——而只專注在有功能的基因上。要找出這類基因的最快方法，便是複製選殖另一種圖書館，也就是所謂的 cDNA 圖書館（cDNA library）。首先，篩選出細胞中所有的 RNA 片段。這些 RNA 中，有許多是傳信者（messengers）——它們的任務是在轉譯過程中，對基因進行編輯和刪節。這些傳信者會製造出 DNA 複製品，於是，理論上你會得到許多原來基因文本的複製品，但其間卻沒有任何垃圾 DNA。這個方法最主要的難處在於，它無法告訴你這些基因在染色體上的順序或位置。到了一九九○年代晚期，明顯地出現了兩派不同的意見：一派主張在人類基因組上使用這種「散彈法」（shotgun method）

並申請專利權,另一派則希望以緩慢的、徹底完整的、公開的方式進行。前者的代表人物是克雷格・文特爾(Craig Venter),這位藉由生物技術致富的高中肄業生,曾是職業衝浪好手、越戰退役軍人,有他自己的瑟雷拉公司(Celera)做後盾;後者則由好學的、蓄有鬍鬚、受過劍橋教育的科學家約翰・蘇爾斯頓(John Sulston)領軍,有醫學慈善團體威康基金會作為後盾。

反轉錄病毒與基因療法

現在,讓我們再回到基因操縱這個話題上。將一個基因放到細菌裡,和將一個基因插入人類基因是完全不同的兩回事。細菌樂於吸收一種叫作質體(plasmids)的 DNA 小環,並把它當成自己的一部分。此外,每個細菌都是一個單細胞,但人類有一百兆個細胞。如果你的目標是以基因操縱一個人類,你就得在每個相關的細胞內插入一個基因,或者從單細胞的胚胎開始。

在一九七〇年發現反轉錄病毒能夠從 RNA 製造 DNA,一時之間使「基因療法」(gene therapy)像是個能實現的目標。反轉錄病毒的 RNA 中帶有一個訊息:「製造一份我的複製品,再將它加入你的染色體內。」基因治療專家所要做的,就是去找一個反轉錄病毒,先刪除它的一些基因(尤其是那些使病毒在一開始嵌入宿主基因後便具有傳染性的基因),再放入人類基因內,然後用它來感染患者。接下來,病毒會將基因嵌入人類身體的細胞內。瞧!現在你有個基因改造過(genetically modified)的人。

在一九八〇年代早期時,科學家為前述程序的安全性擔憂:反轉錄病毒的工作成效可能太好,所以不只感染一般的身體細胞,還

會感染生殖細胞；反轉錄病毒可能會不知道從哪裡再度獲得它已失去的基因，而回復其高傳染性；反轉錄病毒可能會使身體的基因不穩定，因而引發癌症；任何事都有可能發生。有關基因療法的恐懼，在一九八〇年達到最高潮。當時有位叫作馬丁・克萊（Martin Cline）的科學家，專門研究血液病變。他打破了生物技術界的承諾，而試著將一個無害的重組基因插入一個以色列患者身上。這位患者患有地中海型貧血這種遺傳性的血液病變（雖然他用的並不是反轉錄病毒）。克萊因此丟掉工作和信譽，而其實驗的結果則從未被發表。保守地說，進行人體實驗的時機在當時尚未成熟。

然而，在老鼠身上進行的實驗則讓人既感安心，又不免失望；根本不用考慮基因療法是否安全，因為它似乎根本就不可行。每一種反轉錄病毒只能感染特定的某種組織；首先要小心地包裝，以便將基因放入病毒的包膜（envelope）中；病毒會隨機降落在染色體上的任何角落，還經常發生啟動失敗的狀況；再加上身體中的免疫系統本來就是專門打擊傳染性疾病，當然也不會錯過這樣一個笨拙的自製反轉錄病毒。而且，在一九八〇年代早期，只有極少數的人類基因已被複製選殖。即使反轉錄病毒真能發揮功效，也欠缺看來適合放在反轉錄病毒中的基因。

基因療法的人體實驗

然而，到一九八九年時，生物技術界已歷經幾個重要的里程碑。反轉錄病毒已將兔子基因帶入猴子細胞內；複製選殖出來的人類基因，已成功地被放入人類細胞中；還有人將複製選殖出來的人類基因放入老鼠細胞裡。佛蘭奇・安德生（French Anderson）、麥

可・布萊斯（Michael Blaese）和史帝芬・羅森堡格（Steven Rosenberg）認為，進行人體實驗的時機已經成熟。經過和美國聯邦政府的 DNA 重組諮詢委員會（Recombinant DNA Advisory Committee）長期周旋後，他們終於獲得在癌症末期患者身上進行實驗的許可。但這也引出科學家和醫生對不同優先順序的爭論：對純粹的科學家來說，這項實驗進行得過於輕率而不成熟；但是對醫生來說，他們看著太多病患死於癌症，所以要求迅速是很自然的事。「為什麼要這麼趕？」安德生在一次會議中如此自問。」在這個國家，每一分鐘都有一位癌症患者死去。打從我們在一百四十六分鐘前開始討論這個議題，到現在已經有一百四十六位癌症患者死亡。」

終於，在一九八九年五月二十日，DNA 重組諮詢委員會終於同意他們進行人體實驗。兩天後，一位患有黑色瘤的瀕死患者莫里斯・昆茲（Maurice Kuntz），接受一個蓄意導入的（而且是經過核准的）新基因。這個新的基因並不是用來治療他，甚至也不會永遠留在他的體內，它只是一種新形式癌症療法的附加物。醫生先在人體外培養一種特別的白血球，這種白血球擅於滲透到腫瘤內，並吃掉腫瘤。然後以帶有一小段細菌基因的反轉錄病毒去感染這些白血球，目的是要追蹤這些白血球，以便找出它們後來到體內的哪個部分去了。最後才把這種白血球注射到人體內。昆茲最後難逃一死，而這項實驗也沒有任何驚人的發現。但是基因療法卻從此展開。

在一九九〇年，安德生和布萊斯帶著更具野心的計畫來到諮詢委員會面前。這次，基因不只是辨識用的標籤，而是真正具有療效。其目標是一種叫作嚴重混合型免疫缺乏（severe combined immune deficiency, SCID）的極罕見遺傳性疾病，會使所有的白血球迅速死

亡，導致兒童無法對感染有免疫性的防衛能力。除非讓病童活在無菌箱中，或者找到骨髓僥倖相配的親屬，進行骨髓移植，否則在其短暫的生命中，病童得面對不斷地感染和疾病。這種疾病肇因於第20號染色體上的 ADA 基因中有個「拼法錯誤」的突變。

安德生和布萊斯計畫從病童身上取出一些白血球，用帶有新 ADA 基因的反轉錄病毒去感染這些白血球後，再把這些白血球注射回病童體內。他們的計畫再次遇上麻煩，但這一次的阻力卻來自另一個不同的方向。到了一九九○年時，已有一種叫作 PEG-ADA 的治療法。這個方法並不是將 ADA 基因送入人體，而是將牛隻體內 ADA 基因所製造出來的 ADA 蛋白質，送到病童血液中。就像治療糖尿病（注射胰島素）或是血友病（注射凝血因子）一樣，SCID 幾乎已經可以用蛋白質（注射 PEG-ADA）來治療，為什麼還需要發展基因療法？

任何新技術在剛出現時，往往缺乏競爭力。第一條鐵路的造價比現有的運河高出許多，卻比較不可靠。經過一段時間以後，新發明的成本才會逐漸下降，或者其效能逐漸提高，才能和原來的相當。雖然注射蛋白質在治療 SCID 上似乎略勝一籌，但每個月病童的屁股得痛苦地挨上針刺，更別提價格昂貴，以及得持續治療一輩子。如果基因療法確實可行，便可使身體重新擁有欠缺的基因，進而免除上述的不便和痛苦。

一九九○年九月，安德生和布萊斯又往前邁了一步。他們用遺傳工程製造出來的 ADA 基因治療一個三歲的女孩，阿申西・德席爾法（Ashanthi DeSilva），並獲致立即的成功。她的白血球計數增為三倍，免疫球蛋白計數也急速上升，同時她開始製造 ADA，數量幾乎達到一般人所製造的四分之一。因為她已經接受蛋白質注

射，並持續使用 PEG-ADA，我們不能夠說是基因療法治好了她的病。然而基因療法確實能夠發揮功效。如今，全球已知 SCID 病童中，已有超過四分之一的人採用基因療法。雖然還沒有任何病童的狀況好到可以完全擺脫 PEG-ADA，但是副作用已經縮小許多。

卡爾佛醫生的疱疹病毒實驗

　　很快將有其他病變會開始以反轉錄病毒的基因療法來處理，包括家族性高膽固醇血症（familial hypercholesterolaemia）、血友病，以及纖維性囊腫症等。但毫無疑問地，癌症才是基因療法的主要目標。肯尼斯‧卡爾佛（Kenneth Culver）在一九九二年嘗試進行一項大膽的實驗：他將帶有所需基因的反轉錄病毒，首度直接注射在人體內（原本的作法是以反轉錄病毒感染在人體外培養的細胞，再把感染後的細胞注射回人體）；他將反轉錄病毒直接注射在二十個人的腦瘤上。要注射任何東西到腦部這個點子聽起來就夠嚇人了，更何況是注射反轉錄病毒。但且聽我告訴你這個反轉錄病毒中有什麼再說。這些反轉錄病毒都帶有取自疱疹病毒的基因，而那些腫瘤細胞也就接受了這些反轉錄病毒，並表現出疱疹病毒的基因。然後，聰明的卡爾佛醫生再給患者治療疱疹的藥物，於是這些藥物便會去攻擊腫瘤。這個方法似乎在第一個患者身上發揮了功效，但是在接下來的五個患者中，有四個是失敗的。

　　這些是基因療法早期的情況。有人認為，總有一天基因療法會像現在的心臟移植手術一樣，沒什麼大不了的。但要說基因療法會是打敗癌症的策略，似乎還言之過早。或許某些以阻斷血管生成為基礎的藥物、端粒酶或 p5 3 蛋白質會拔得頭籌也說不定。但不管

是哪一種方法，在癌症治療的歷史上，從未有過像現在這樣看來充滿希望——這多歸功於新遺傳學。[1]

像這樣的體細胞基因療法（somatic gene therapy）試驗，已不再引起許多爭議。當然，安全上的顧慮仍然存在，但幾乎沒有人會拿道德倫理來作為反對的理由。基因療法只是另一種形式的治療方法。在看過朋友或親人歷經化學療法和放射線療法後，沒有人會忍心反對採用基因療法；與其牽強地用安全為反對的理由，不如考慮基因療法在相較之下是使病患承受較少疼痛的選擇。外來的基因並不會接近生殖細胞，進而影響到下一代，因此可以完全摒除這方面的顧慮。然而生殖細胞基因療法（germline gene therapy）——也就是將會傳遞給未來世代的生殖細胞基因加以改變——將此應用在人類身上，目前仍是個禁忌，但就某個角度來說，這會是個更簡單的方法。曾在一九九〇年代再度引發爭議的基因改造黃豆和老鼠，便是生殖細胞基因療法的產物。借用反對人士的說法，這是科學怪人的技術。

植物的遺傳工程

使植物的遺傳工程快速起飛的原因有好幾個。第一個是商業的：多年來，市場對新品種的植物種子有熱烈需求。在古代的史前史中，傳統的植物培植藉由基因操縱，將麥、稻、玉蜀黍等，從野草變成生產性作物；雖然這些早期的農夫並不知道他們所做的正是遺傳操縱。在現代，相同的技術使生產量增為三倍。即使在一九六〇到一九九〇年間，全球人口總數成長了一倍，人均食物產量（per-capita food production）仍然增加了百分之二十以上。熱帶地

區農業的「綠色革命」便幾乎可以說是一種遺傳現象（genetic phenomenon）。然而這一切的進行都是「盲目的」，沒有人知道，如果有目標地、謹慎地進行基因操縱，結果能達到怎樣不同的境界？植物遺傳工程的第二個理由是，植物比較容易進行複製選殖或繁殖。你無法從老鼠身體切下一塊，再讓切下來的那一塊長出一隻新老鼠，但許多植物可以讓你這麼做。而第三個理由源自某個幸運的意外事件：研究人員發現一種叫作「根瘤土壤桿菌」（Agrobacterium）的細菌。這種細菌會用一種叫作 Ti 質體（Ti plasmids）的 DNA 小環去感染植物，再把自己的 DNA 放入植物的染色體內。根瘤土壤桿菌是個現成的載體（vector，即傳染媒介）：只要把一些基因加入質體內，拿它和葉子摩擦而發生感染，然後從葉部細胞培養出新的植株。此時，植株便會將新的基因傳遞給種子。於是在一九八三年，先是菸草，接著是牽牛花，以及棉花等植物的基因都曾如此被修改。

穀類作物對根瘤土壤桿菌的感染具有抵抗力，得改用比較粗魯的方法：將基因覆蓋在黃金之類的高密度微粒子上，再藉由火藥或粒子加速器的推動力，將微粒射入植物細胞中。這種技術現在已成為所有的植物遺傳工程的標準方法。經由植物遺傳工程，創造出不容易在陳列架上腐爛的番茄，對棉子象鼻蟲具有抵抗力的棉花，對科羅拉多甲蟲具有抵抗力的馬鈴薯，對穿孔蟲有抵抗力的玉蜀黍，以及許多其他基因改造的植物。

植物的遺傳工程從實驗室到田野實驗再到商業性銷售，這一路上並沒有遇上什麼麻煩。雖然有時實驗並不成功，像是一九九六年時，曾發生棉子象鼻蟲破壞了理論上應具有抵抗力的棉花，有時候會引來環保人士抗議，但植物的遺傳工程從來沒有發生什麼「意外

事件」。當遺傳改造農作物（genetically modified crops）橫越大西洋來到歐洲，才首度面臨較強烈的抵抗。特別是在英國，由於「狂牛症」爆發，大眾對食品安全管理機關已經失去信心，基因改造食物（genetically modified food）在一九九九年突然成為重要議題。相對地，基因改造食物在美國被接受的時間已有三年之久。此外，歐洲的默沙東藥廠（Monsanto）犯下錯誤，推出對除草劑「圍捕」（Roundup）有抵抗力的農作物，這使得農夫能夠使用「圍捕」來殺死雜草，但又不會因此損害農作物。但是這種藉由操縱大自然和鼓勵使用除草劑來創造自身利潤的手法，卻激怒了許多環保人士。激進的環保人士開始破壞以遺傳操縱歐洲油菜（oilseed rape）的實驗計畫，並穿扮成科學怪人的樣子到處遊行。這項議題後來變成綠色和平組織（Greenpeace）最關心的三件事之一，也是平民主義（populism）的明確標誌。

泛政治化的遺傳工程爭議

　　一如往常地，媒體很快便將這些爭論兩極化，讓激進份子在深夜時段的電視節目裡較量對罵，並在訪談中將問題簡化，強迫受訪者針對「贊成或反對遺傳工程」表態。惡劣的態勢在一位科學家被強迫提早退休時，變得最為嚴重。在參加某個充滿歇斯底里情緒的電視節目時，這位科學家證實了「被植入血球凝集素（lectin）基因的馬鈴薯，對老鼠是有害的」這個說法。後來環保組織「地球之友」（Friends of the Earth）召集了一群研究同僚為他辯白，但結果只說明了血球凝集素的安全性（已知其為動物毒藥），至於遺傳工程，其安全性似乎並未因而得到進一步說明。媒體對這樣的訊息感

到困惑。把砒霜放到大鍋裡燉湯會有毒，但這並不代表所有的烹飪都是危險的。

　　同樣地，遺傳工程就和被操縱的基因一樣，有些是安全的，有些則是危險的，有些對環境無礙，有些則對環境有害。對「圍捕」有抗藥性的油菜可能對環境有害，因為它會鼓勵使用除草劑，它也可能把對除草劑的抵抗力散播給雜草。相對地，具抗昆蟲性的馬鈴薯對環境而言是友善的，因為它們只需使用少量的殺蟲劑，而噴灑殺蟲劑的曳引機可以因此少用點柴油，運送殺蟲劑的卡車也可以減少道路的使用。反對遺傳改造農作物的人，其動機與其說是熱愛環境，倒不如說是憎恨新的技術。他們完全無視於以下事實：已完成數以萬計的安全測試，並無任何不好的發現；經研究得知，不同物種（尤其是微生物）間的基因交換，其實比過去我們相信的次數頻繁許多，並未違反任何「自然的」原則；過去沒有基因改造這項技術時，植物培育者便常蓄意或隨機地利用伽瑪射線（gamma rays）照射種子，以期能造成突變的新品種；基因改造的主要功效是，藉由增加對疾病和害蟲的抵抗力，以減少對化學藥劑的依賴；而且快速增加作物產量對環境有益，因為這麼一來，可以減少必須不斷開發野地的壓力。

　　當這個爭議被政治化後，終於有了荒謬的結果。在一九九二年時，全球最大的種子公司，先鋒公司（Pioneer），將一個巴西堅果（brzail nuts）的基因引入黃豆內。因為黃豆天生缺乏甲硫胺酸（methionine，一種人體必須胺基酸），先鋒公司希望為那些以黃豆為主食的人修正黃豆的基因，以便創造出更有營養價值的黃豆。然而很快便出現另一個問題：世界上有非常少數的人會對巴西堅果有過敏反應，於是先鋒公司也測試了他們的基因轉殖（transgenic）

黃豆，結果發現這些黃豆也會引起那群人的過敏反應。有鑑於此，先鋒公司便提報主管當局，發表實驗結果，並捨棄這個計畫。事實上根據統計顯示，在美國，每年對新型黃豆過敏而造成的致死率可能不到兩個人，但新型黃豆卻可以使全球數十萬人免於營養失調。這個企業極度審慎的範例，卻被環保人士重新包裝成一個遺傳工程會帶來危險，而企業既魯莽又貪婪的故事。[2]

　　然而，即使考慮到有許多計畫會因謹慎而被取消，根據保守估計，在二〇〇〇年以前，在美國販賣的農作物種子中，有百分之五十到六十是經過基因改造的。不論是好是壞，基因改造農作物已是無法忽視的既存事實了。

動物的基因轉殖

　　基因改造的動物也已是既存事實。將一個基因放進某隻動物身上，以使它和其子孫永久地改變；不論動物或植物，這都已經是相當簡單的技術。只要用一根非常細的玻璃吸管吸住你想要的基因，再將這個玻璃吸管的尖端戳進單細胞階段的老鼠胚胎（由交配後十二個小時的老鼠體內取出）內，確定玻璃吸管尖端已停留在兩個細胞核其中任一個核內之後，輕輕地將玻璃吸管內的基因送進去。這種技術的結果並不完美：如此培育而得的老鼠，只有約百分之五的比率，其體內那一個我們想要的基因會被啟動，而其他動物（比如，牛）的成功率甚至更低。此外，這少數成功的「基因轉殖」（transgenic）老鼠，所放進去的那一個基因，是隨機嵌入老鼠某條染色體的某個位置上。

　　基因轉殖老鼠是科學上的金砂。牠們使科學家發現基因的作用

為何，以及基因作用背後的原因。被插入的基因不一定要來自於老鼠，也可以是人的基因：這一點和電腦不太一樣，實際上，所有生物個體都能跑任何類型的軟體。舉例來說，一隻異常易罹患癌症的老鼠，在導入人類的第 18 號染色體（之前我們已提過，第 18 號染色體上有一個抑癌基因）後，便能再次成為正常的老鼠。但是比起插入一整條染色體，只插入單一基因是比較常見的方式。

顯微鏡下注射法已被另一種更精密的技術所取代。這種精密技術的最重要優點就是，它能使基因插在精確的位置上。老鼠的胚胎在胎齡三天時，會出現胚幹細胞（embryonic stem cells，或稱 ES 細胞）。馬里歐·卡本奇（Mario Capecchi）在一九八八年首度發現，如果取出胚幹細胞，並注射一個基因進去，細胞便會將注入的基因精確地接合在這個基因所屬的地方，並取代原有的那一個基因。卡本奇在一種電場中，讓細胞上的孔洞暫時打開，然後將一個複製選殖出來的老鼠致癌基因（int-2）插入一個老鼠細胞內，觀察新的基因如何找到有缺陷的基因，並取而代之；這個程序稱作「同源重組」（homologous recombination）。我們也因此了解，有毀損 DNA 的修復機制常是以對偶染色體上的備用基因作為範本。老鼠胚胎誤以為新的基因便是範本，因而據此修改原有的基因。經過這樣的改變，再將這個胚幹細胞放回胚胎內，就可培育出一隻「嵌合體」老鼠，其部分細胞含有新基因。[3]

同源複製不僅使遺傳工程學家得以修復基因，也可以進行相反的事：在適當位置上插入錯誤的基因，以便刻意地破壞原有功能。結果產生的便是所謂「基因剔除」（knockout）老鼠；培育這種有一個基因功能無法發揮的老鼠，就可以看出那一個基因的真正功能。記憶機制的發現（參見「第 16 號染色體」那一章），以及現

代生物學的其他範疇，都要歸功於這種「基因剔除」老鼠的貢獻。

基因轉殖的未來

基因轉殖動物不只對科學研究有用。基因轉殖的羊、牛、豬、雞都有商業上的用途。羊已被植入人類凝血因子的基因，以期能從羊奶中取得這些凝血因子，並用來治療血友病。（幾乎是偶然地，進行這個研究的科學家還複製了桃莉羊，並在一九九七年上半年時，將這隻複製羊向驚訝的世人公開展示。）在加拿大魁北克，有家公司將蜘蛛製造絲網的基因，插入山羊的基因中，希望能從羊奶中萃取出生絲蛋白，再把這些蛋白質捲成絲。還有一家公司把希望放在母雞所生的蛋上，希望把雞蛋變成工廠，生產各種有價值的人類用產品，比方藥品、食物添加劑等等。即使這些半工業的應用都失敗了，正如基因轉殖技術使植物培育業發生變化一樣，基因轉殖技術也會給動物飼養業帶來變化，像是使肉牛長出更多的肉，乳牛生產更多乳汁，或是母雞生下更好吃的蛋等等。[4]

這些聽起來很容易，但是非要有設備完善的實驗室和一組好的研究團隊，才能克服培育「基因轉殖人類」或「基因剔除人類」的障礙。幾年後，說不定便可以從你自己身上取出一個完整的細胞，然後在某條特定染色體上的某個特定位置插入一個基因，再把這個細胞核送到一個細胞核已被移除的卵細胞中，接著將這個細胞混入從你的身體複製選殖出來的人類胚胎中，讓這個新的嵌合體人類，從胚胎逐漸長大成人。這個人便是你自己的基因選殖株，和你完全一模一樣。唯一不同的，比方說，只是改變了那個會使你變成禿頭的基因。你也可以用這個複製株的胚幹細胞多養一個備用的肝臟，

好讓你在喝酒過多而肝硬化時，還能換個新的肝。或者你也能在實驗室裡培養出人類的神經元，好用來測試新藥，如此就不用犧牲那麼多實驗動物的生命。甚至如果你夠瘋狂的話，你還能在你的複製株中留下你的特質，然後安心地自殺。因為你知道，部分的你仍然存在這個世界上，而且可能還稍微有些改進。沒有人會知道這個人是你的複製株。如果當他年紀漸長，和你的相似處愈來愈明顯，那堅不後退的髮際線很快就能平息紛亂的懷疑。

以上這些想像目前都還不可能實現，因為人類的胚幹細胞才剛剛被發現而已。但是這種不可能實現的日子似乎也維持不了多久。當複製人變成可能時，這麼做是否合乎倫理？身為一個自由的個體，你擁有你自己的基因組，沒有政府可以將它國有化，也沒有公司可以買下它，但這是否就賦予你權力，去將自己的意願強加在另一個個體（複製株算是另一個個體）上？或是玩弄自己的基因組？此刻，這個社會似乎急欲將自己縛住，以抗拒這一類的誘惑，盡量延緩進行複製或生殖細胞基因療法，並嚴格限制胚胎研究，寧可犧牲醫學發現的可能性，也不願意為未知的恐懼而冒險。我們腦中盡是科幻電影裡浮士德式的訓誡：倘若我們干預自然，必定會招致毀天滅地的復仇。當我們從選民的角度來思考時，我們變得愈來愈謹慎。然而身為消費者，我們可能會採取完全不同的行動。未來若出現複製人，可能並不是因為大多數人贊同，而是由於少數人採取了行動。畢竟，試管嬰兒的情況也差不多是這樣發生的。社會從來沒有決定要允許這樣的事發生，社會只是逐漸接受了「那些拚命想要個嬰兒的人，能夠以這種方式擁有嬰兒」的想法而已。

同時，對現代生物學最反諷的故事之一便是，如果你的第18號染色體上某個抑癌基因有缺陷，不用再苦等基因療法了，現在有

個更簡單的預防性治療。最新研究指出，那些帶有易罹患腸癌的基因的人，富含乙醯柳酸（aspirin，即俗稱的阿斯匹靈）的飲食和生香蕉有助於對抗這種癌症。病因是基因的，但治療法卻不是。用遺傳方法來做診斷，然後用傳統方法進行治療，這或許是基因組對醫學的最大恩惠。

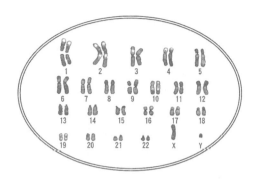

第19號染色體

預 防

　　對這場即將到來的革命會以多快的速度發生，百分之九十九的人毫無概念。

——史提夫·弗德（Steve Fodor），艾菲麥特力公司（Affymetrix）總裁

任何醫藥技術上的進步都會使人類面臨道德上的困境。如果這種技術能夠救命，即使有附帶的危險，不發展、不使用這種技術才該受到道德上的譴責。在石器時代時，我們只能束手無策地看著親人死於天花。但在金納（Edward Jenner, 1749-1823）製造出完美的疫苗後，束手就範是推諉責任的作法。在十九世紀時，我們只能眼睜睜地看著父母向結核病屈服。然而在弗來明（Alexander Fleming, 1824-1875）發現盤尼西林（金黴素）後，如果我們不帶垂死的結核患者去看醫生，那就是我們怠忽了自己的責任。這些個人層級的準則，同樣可以適用於國家和族群的層級，且應可發揮更大的力量。富有的國家不能再坐視貧窮國家裡數不盡的孩子被腹瀉等傳染病奪去生命，因為「無藥可醫」已不能繼續是個方便的藉口。道義上，我們應該給予這些腹瀉的孩子口服再水化治療（oral rehydration therapy）。當我們有能力做些什麼，我們就該去做。

本章將討論兩種最常見的遺傳疾病：一種是動作迅速而無情的殺手，另一種動作緩慢而殘酷，像是個專偷記憶的賊；它們就是：冠狀動脈心臟病（coronary heart disease）和阿茲海默症（Alzheimer's disease）。我認為在運用會影響這兩種疾病的基因知識上，我們太過於拘謹審慎，因此可能犯下一種道德的錯誤：拒絕讓患者接觸、了解拯救生命的研究。

APO 基因與冠狀動脈心臟病

有個叫作脂蛋白本體基因（apolipoprotein genes，或稱 *APO* 基因）的基因家族有四個不同的基本成員，分別叫作 A、B、C、E（跳過 D 顯得有點奇怪），而且每個成員都還有許多不同的分身，分

別坐落在不同的染色體上。最使我們感到興趣的 *APOE* 基因剛好就落在第 19 號染色體上。要了解 *APOE* 基因的工作，得先離題來談談膽固醇（cholesterol）和三甘油脂脂肪（triglyceride fat）的特性。當你吃下一盤培根和蛋，你會吸收很多脂肪和膽固醇；膽固醇是油溶性的分子，並可製造出許多荷爾蒙（參見「第 10 號染色體」那一章）。肝臟把膽固醇消化了以後，便將它送到血液內，以運往其他組織。由於三甘油脂脂肪和膽固醇都不溶於水，所以得藉由脂蛋白這種蛋白質帶著它們流過血液。在這趟血液之旅剛啟程時，裝載並搬運膽固醇和脂肪的卡車叫作「極低密度脂蛋白」（very-low-density lipoprotein, VLDL）。當它卸下一些三甘油脂後，就變成「低密度脂蛋白」（或稱為 LDL，壞的膽固醇）。最後，在卸下膽固醇後，它就變成「高密度脂蛋白」（或稱為 HDL，好的膽固醇），然後回到肝臟，準備進行下一次的運送任務。

　　APOE 基因所製造出來的蛋白質，其工作便是將 VLDL 上的三甘油脂引介給需要三甘油脂的細胞上的受體，而 *APOB* 基因所製造出來的蛋白質也從事同樣的工作，只是它引導的是膽固醇。由此可以很容易地得知，*APOE* 基因和 *APOB* 基因是和心臟疾病有關的重要關係人。如果這兩個基因失去功效，膽固醇和脂肪便會停留在血流裡，使得動脈壁變厚，造成動脈粥樣硬化症。將 *APOE* 基因剔除的老鼠即使飲食正常，也會罹患動脈粥樣硬化症。脂蛋白本身的基因，以及細胞上受體的基因，也都能影響膽固醇和脂肪在血液中的行為，因而導致心臟病發作。比方「家族性高膽固醇血症」（familial hypercholesterolaemia）這種天生便容易罹患心臟病的體質，就是因為膽固醇受體基因上有一個罕見的「拼字改變」。[1]

多型性的 *APOE* 基因

　　APOE 基因之所以如此特別，是因為它具有「多型性」（polymorphic）。除了極為罕見的例外，我們每個人擁有一種類型的 *APOE* 基因。就像眼睛顏色一樣，*APOE* 基因有三種常見的類型，分別被稱為 *E2*、*E3*、*E4*。由於它們將三甘油脂從血液中移走的效率不同，所以罹患心臟病的可能性也不相同。在歐洲，*E3* 是「最好」也最常見的類型：超過百分之八十的人至少有一份 *E3* 基因，而約百分之三十九的人有兩份 *E3* 基因。有兩份 *E4* 基因的人口數約占百分之七，有兩份 *E2* 基因的人口數則約占百分之四，兩者狀況雖略有不同，但都明顯地有較高的風險會罹患早發性心臟病。[2]

　　不過這是全歐洲的平均值。和許多其他多型性基因一樣，不同類型 *APOE* 基因的比率隨地理區域而有所變化。愈往北歐，*E4* 基因便愈常見，*E3* 基因便相對地愈少見，*E2* 基因則大概維持差不多的水準。在瑞典和芬蘭，*E4* 基因的出現頻率幾乎是義大利的三倍。這和冠狀動脈心臟病的發生頻率約略相當。[3]更進一步地說，全球各地的變異性其實更為明顯：大約百分之三十的歐洲人至少有一份 *E4* 基因；東方人的比率最低，只有百分之十五左右；美國黑人、非洲人，以及玻里尼西亞人達到百分之四十以上；而新幾內亞人甚至超過百分之五十。這或許是部分反映出，過去幾百萬年以來，各地居民日常飲食中所攝取的脂肪和肥肉量。研究指出，新幾內亞人的傳統日常飲食中包括甘蔗、芋頭，偶爾才會吃點負鼠和樹袋鼠的瘦肉，所以他們極少罹患心臟病。然而，一旦他們遠離家鄉到露天礦場工作，並開始吃起西方的漢堡和炸薯片，他們罹患早發性心臟

病的風險便大幅增加，而且增加的速度比大部分歐洲人都還要快。

應用基因知識預防心臟病

　　心臟病是可以預防和加以治療的疾病。對擁有 *E2* 基因的人來說，高脂肪和高膽固醇的飲食特別容易引發心臟病；換句話說，只要遠離這類的食物，就可以有效預防心臟病的發生。這真是非常有價值的遺傳知識：只要簡單的遺傳診斷，就可以辨識出誰罹患心臟病的風險比較高，並針對這群人予以診治，如此便可以拯救許多生命，還可以避免早發性心臟病的發生。[4]

　　遺傳篩選（genetic screening）不一定會導致像是墮胎或基因療法等比較激烈的解決方法。對壞基因的多方了解，反而讓人採取比較不激烈的治療法，像是改用不含膽固醇的人造植物奶油，以及去上有氧課程等。除了警告所有人避免食用脂肪含量過高的食物以外，醫界人士更應該學著找出這些警告對哪些人真的有用，哪些人則可以放心地大吃冰淇淋。這可能會和醫界嚴肅的本性相牴觸，但絕不會違背希波克拉底誓約（Hippocratic oath）❶。

棘手的阿茲海默症

　　然而，我在此提到 *APOE* 基因的主要目的，並不是要講心臟病的故事，我很擔心自己在不知不覺中，又開始寫下另一種疾病的故事。*APOE* 基因是被研究調查得最多的基因之一，這並不是因為它

---

❶ 譯註：希波克拉底是古希臘「醫學之父」。希波克拉底誓約則是指醫科學生立誓拯救人命及遵守醫業準繩。

在心臟病中扮演吃緊的角色，而是和它在另一種更歹毒且難以治療的疾病——阿茲海默症——上所扮演的角色有關。阿茲海默症會造成記憶和個性的嚴重流失，是伴隨著許多人老年時的一種疾病，但也有少數人在相當年輕時便得病。阿茲海默症的起因廣而不明，包括有環境、病理，以及意外等因素。阿茲海默症的臨床症狀是，在腦部細胞出現塊狀的不溶性蛋白質，這些蛋白質的積聚會傷害到腦細胞。曾經有人懷疑其病因可能是病毒感染，或者腦部經常性吹風。蛋白質塊中含有鋁成分的這個發現，也曾經有段時間讓人懷疑料理用的鋁鍋可能是病因。傳統的想法認為，基因和阿茲海默症沒有什麼關係。某本教科書還堅定地宣稱：「阿茲海默症並非遺傳造成的。」

　　但是正如遺傳工程的共同發明者伯格曾這麼說，即使還有別的因素存在，「所有疾病都和基因有關」。追蹤族譜後發現，祖先來自窩瓦河地區的日爾曼裔的美國人，患有阿茲海默症的頻率很高，此外，在一九九〇年代早期也發現，至少有三個基因和早發性的阿茲海默症有關，其中一個位於第 21 號染色體上，另外兩個則落在第 14 號染色體上。但在一九九三年又有一項更重要的發現，那就是在第 19 號染色體上發現了另一個基因，而這個基因似乎和老年人的疾病有關，因此，好發於老年人身上的阿茲海默症可能和這個基因有部分關係。後來很快就發現，這個可疑的基因正是 *APOE* 基因。[5]

E4 基因：與生俱來的「壞」基因

　　血脂肪基因和腦部疾病有關係，這個發現一點兒也不令人感到

驚訝。畢竟，科學家早已注意到，許多阿茲海默症患者的膽固醇指數很高。儘管如此，血脂肪基因和腦部疾病兩者關係的密切程度，確實令人吃驚。再提醒一次，「壞」版本的 *APOE* 基因是 *E4*。那些沒有 *E4* 基因的人，罹患阿茲海默症的機會是百分之二十，而發病的平均年齡是八十四歲；對有一份 *E4* 基因的人來說，罹病可能性會提高為百分之四十七，而發病的平均年齡降為七十五歲；如果有兩份 *E4* 基因，罹病可能性會驟升為百分之九十一，而發病的平均年齡急降至六十八歲。換句話說，如果你有兩個 *E4* 基因（有百分之七的歐洲人正是如此），唯一能使你避免慘遭阿茲海默症毒手的方法，便是提早因為其他因素而死亡。當然，還是有少數人能逃脫這種二選一的命運——實際上有項研究便發現，有個具有 *E4/E4* 基因的人，活到八十六歲依然風趣機智，但是這種人畢竟十分稀有。不過，許多人雖然出現阿茲海默症典型的蛋白質塊，卻沒有任何喪失記憶的症狀；而且，具有 *E4* 基因的人，通常病情會比具有 *E3* 基因的人來得糟。和具有 *E3* 基因的人相較，至少具有一份 *E2* 基因的人似乎較不會得到阿茲海默症，不過其間的差別很小。這一切並非偶然的副作用，也不是統計學上的巧合：這似乎就是這種疾病的機制核心。[6]

　　E4 基因在東方人身上相當罕見，在白人和非洲人身上較常見，而在新幾內亞的美拉尼西亞人身上最為常見。理論上來說，在這幾種人身上，阿茲海默症的分布也應該依序呈梯度分配，但事實上卻沒有這麼簡單。同樣具有 *E4/E4* 基因，白人得到阿茲海默症的相對風險，會比黑人或西班牙人高得多；當然這裡所指的相對風險，是和 *E3/E3* 基因相比的結果。假設阿茲海默症的罹病可能性會受到其他基因所影響，那麼其程度高低也會因人種不同而變化。此外，*E4*

在女人身上發生的效應似乎比在男人身上還要嚴重。女人不僅比男人更容易罹患阿茲海默症,而且和具有 *E4/E4* 基因的女性相比,具有 *E4/E3* 基因的女性得到阿茲海默症的風險是相同的,然而假如男性身上有一份 *E3* 基因,便可以降低罹病的風險。[7]

你可能會覺得奇怪,為什麼會有 *E4* 這種基因存在,而且還有這麼高的比率。如果 *E4* 基因會使心臟病和阿茲海默症的病情惡化,它老早就該被比較良性的 *E3* 和 *E2* 基因給消滅了。我想試著這麼回答:直到最近才有所謂的高脂肪飲食,所以會引發冠狀動脈疾病這種副作用,這對演化來說幾乎無關痛癢。而且阿茲海默症和天擇完全無關。因為阿茲海默症通常只發生在子代早已長大獨立的老年人身上,同時石器時代的人根本來不及活到足以罹患阿茲海默症的年紀,就已經死了。但我不確定這個答案是否夠好,因為以肉品和乳酪之類為主食的飲食習慣,在世界的某些地方已經行之有年,久到足以讓天擇發生作用。我猜想,*E4* 基因在人體內可能還扮演著某種 *E3* 基因無法取代的角色,只是我們對此還一無所知。請牢記:**基因的存在並非為了引發疾病。**

E4 基因和較常見的 *E3* 基因之間的差別,在於 *E4* 基因的第三百三十四個字母是 G,而同一位置上,*E3* 基因的字母是 A。*E3* 基因和 *E2* 基因之間的差別,則是 *E3* 基因的第四百七十二個字母是 G,而 *E2* 基因的字母是 A。把 *E2* 和 *E4* 的蛋白質相比,上述突變使 *E2* 多了兩個硫胱胺酸(cystein),*E4* 則多了兩個精胺酸,而 *E3* 則居於二者之間。在這個全長共有八百九十七個字母的基因上,這種小小的改變已足使 *APOE* 基因的蛋白質改變其作用方式。雖然其作用為何我們目前並不明瞭,但有個理論認為,它可以使一種叫作 tau 的蛋白質穩定,而 tau 蛋白質的任務是,使神經元的管狀「骨

架」保持良好的狀態。tau 特別喜歡磷酸鹽（phosphate），但磷酸鹽會使 tau 無法執行任務，所以 *APOE* 蛋白質的任務便是，使 tau 蛋白質遠離磷酸鹽。另一種理論則認為，*APOE* 蛋白質在腦部的工作和它在血液中的一樣。*APOE* 蛋白質會在腦細胞內和腦細胞間傳送膽固醇，以便建造、修復腦部隔絕脂肪的（fat-insulated）細胞膜。第三種理論的主張比較直接：不論 *APOE* 蛋白質的任務是什麼，*E4* 基因對於澱粉樣乙型胜肽（amyloid beta peptide）具有特別的親和力，而澱粉樣乙型胜肽是建立阿茲海默症患者腦部神經元的物質。不知怎麼地，*E4* 基因對那些具破壞性的蛋白質塊的生長有所助益。

預測阿茲海默症

這些細節總有一天會水落石出，但目前重要的事實是，我們突然擁有可以預言未來的工具。經由測試個人的基因，我們可以準確預測出誰會罹患阿茲海默症。遺傳學家艾瑞克・蘭登（Eric Lander）最近提出一種令人擔憂的可能性：現在眾人皆知前美國總統朗諾・雷根（Ronald Reagan）患有阿茲海默症，而且當他還住在白宮的時候，可能已經出現了阿茲海默症的早期症狀。假設在一九七九年美國總統大選前，有個積極但立場不中立的新聞記者想找出可以破壞雷根名聲，讓他無法參選的法子。他只要取一條雷根擦過嘴的餐巾，然後分析餐巾上的 DNA（不過這種測試在當時還沒被發明）。假設他發現，這位美國有史以來年紀第二大的總統候選人，很有可能會在其任內發病而出現阿茲海默症，而且把這個發現公布在他的報紙上，猜猜看結果會如何。

　　這個故事說明了遺傳測試可能為公民自由帶來危險。當被問及，如果有人想知道自己未來是否會罹患阿茲海默症，是否應提供 *APOE* 基因測試來滿足這樣的好奇，大部分醫界人士的答案是否定的。英國的紐菲爾德生物倫理評議會（Nuffield Council on Bioethics）是這個領域中具領導地位的智囊團，最近在慎重考慮這個問題後，也達成同樣的否定結論。因為為一種無法醫治的疾病進行測試，充其量只能讓人對結果半信半疑。對那些發現自己沒有 *E4* 基因的人，測試的結果讓他們安心，但代價是相當可怕的：因為對那些有兩份 *E4* 基因的人來說，測試結果幾乎是宣判了他們未來會得到這種無法醫治的癡呆。如果診斷結果是完全確定的，那麼（正如南西‧威克斯勒對自己即將面臨亨丁頓舞蹈症時的想法，參見「第 4 號染色體」那一章），測試可能會造成更大的破壞。另一方面，如果診斷結果是完全確定的，那麼至少不會造成誤導；倘若測試結果並非能完全確定，像是 *APOE* 基因的這種情形，那麼測試就沒有多大的價值。如果你非常幸運，即使你有兩份 *E4* 基因，你仍能毫無任何症狀地安度晚年；但假若你運氣很差，即使你根本沒有任何 *E4* 基因，也還是會在六十五歲時罹患阿茲海默症。因為診斷出擁有兩份 *E4* 基因並不足以（也就無須）預測是否會得到阿茲海默症，也由於阿茲海默症目前尚無治癒的可能，除非你已經出現了類似症狀，否則醫院根本不該提供你進行這類測試的機會。

　　剛開始我覺得這些論點極具說服力，但現在我卻不那麼確定了。畢竟，愛滋病目前也是不能治癒的，但我們同意，對想要測試自己是否感染 HIV 病毒的人提供測試，是合乎道德規範的。罹患愛滋病並不是被 HIV 病毒感染後唯一的、不可避免的結果：某些 HIV 病毒帶原者可以持續生存下去。的確，在愛滋病的例子裡，還

附加了社會希望能防止愛滋病被散布的條件，而這並不適用於阿茲海默症。但是我們在這裡考慮的，是個人所需承擔的風險，而不是社會整體得要承擔的風險。利用區辨出基因測試和其他測試不同的暗示，紐菲爾德生物倫理評議會強調「個人必須承擔風險」的論點。這篇報告的作者菲歐娜・考迪克特夫人（Dame Fiona Caldicott）如此論述道：將某人對某種疾病的罹病可能性歸因於其自身的基因構成，將扭曲其態度。這樣的歸因會使人們誤信基因的影響力無遠弗屆，從而使人們忽略社會性和其他因素；最後，就像精神疾病被污名化一樣。[8]

這是個公平議論卻被錯誤應用的例子。紐菲爾德生物倫理評議會採用的是雙重標準。由心理分析學家和精神科醫師所提出的精神疾病的「社會性」解釋，只是基於一些非常薄弱的證據，因此「社會性」解釋和遺傳性解釋一樣，都可能使患者被污名化。正當「社會性」解釋獲得愈來愈多回響的同時，偉大且良善的生物倫理卻禁止遺傳性的診斷，認為這樣的證據太過薄弱。為了找出理由禁止遺傳性解釋，但讓「社會性」解釋更受肯定，紐菲爾德生物倫理評議會甚至批判 *APOE* 基因測試的預測力「非常低」──這真是非常奇異的說法，尤其當你知道，和有 *E3/E3* 基因的人相比，有 *E4/E4* 基因的人得到阿茲海默症的風險可高達十一倍。[9]正如約翰・麥道克斯（John Maddox）評論道，若以 *APOE* 基因為例：「我們有理由懷疑，醫師在向患者揭露不受歡迎的遺傳資料時，並未說明雖然基因檢測尚未發展完備，但檢測結果仍極有價值……。醫生的態度可能太過保留了。」[10]

運動員易罹患阿茲海默症

此外，雖然阿茲海默症無法治癒，但已有藥物可以減輕部分症狀，而且人們還可採取預防措施，雖然不知是否有用。但如果得採行每個預防措施，是否不如不知道比較好？如果我有兩份 *E4* 基因，我可能很想知道這個事實，這樣我就可以自願去當某些藥物實驗的實驗對象。某些活動會增加罹患阿茲海默症的風險，對沉迷於這類活動的人來說，進行測試當然是有意義的。舉例來說，現在已知有兩份 *E4* 基因的職業拳擊手，會有比較高的風險發展出早期的阿茲海默症，所以拳擊手最好能先測試自己是否具有兩份 *E4* 基因。每六位拳擊手中便有一位在五十歲前，會得到帕金森症或阿茲海默症（兩者的細微症狀很類似，但涉及的基因並不相同），而且還有許多拳擊手——比方拳王阿里（Mohammed Ali）——甚至在更年輕的時候便已得病。在這些得到阿茲海默症的拳擊手中，*E4* 基因頻率異常地高，其頻率正如頭部曾經受傷，稍後在神經元中形成蛋白質塊的病患一樣。

這個狀況不只發生在拳擊手身上，也可能發生在其他頭部容易受創的運動員身上。根據某些軼聞顯示，許多偉大的足球員在老年時會出現早發性衰老現象 —— 丹尼・布蘭奇弗勞（Danny Blanchflower）、喬・馬瑟（Joe Mercer），和比爾・貝斯里（Bill Paisley）已飽嘗這樣的痛苦，近期的例子則屢見於英國足球聯隊中。神經學家已開始著手研究阿茲海默症在運動員間盛行的現象。曾經有人計算過，一個足球隊員在一個賽季內，平均得用頭頂球八百次，這對頭部造成相當可觀的耗損。荷蘭的一項研究確實發現，

足球隊員的記憶損傷情況比其他種類運動員更為嚴重；另一項挪威的研究也證明，足球隊員常有腦部傷害。因此，進行基因檢測至少讓具有 *E4/E4* 基因同質接合子（homozygote）❷的人，在其事業剛起步時，就先知道自己從事這個行業會有特別高的風險。正如某人的頭老是撞到門檻，因為建築師在蓋房子時，沒有為高個子把門框做大一點，好讓他們方便進出。我也想知道自己的 *APOE* 基因是什麼樣子。或許我該去做個 *APOE* 基因的測試。

你是基因組的主人

測試還有其他的用途。至少有三種新的治療阿茲海默症藥物正在發展和測試。其中一種叫作 tacrine，目前已知這種藥應用在具有 *E3* 和 *E2* 基因的人身上，比應用在具有 *E4* 基因的人身上來得有效。基因組一再要我們認清個體的差異性，「人性的多樣化」是基因組想傳遞的最主要訊息。然而醫界人士仍不情願放棄群體治療的觀點而改採個別治療的想法。適合某人的治療方式並不一定就適合別人。救了某人一命的飲食建議，可能對其他人完全無效。總會一天，醫生要先確定你擁有哪些或哪種版本的基因，才能開處方箋給你。這項技術已在研發中，其中有家叫作艾菲麥特力（Affymetrix）的小公司，想把整個基因組的基因序列都放在一個矽晶片上。有一天我們每個人都可以帶著這種晶片，讓醫生用電腦去讀出他要找的基因，然後開立專屬於我們個人的處方箋。[11]

也許你已經感覺到這會帶來什麼樣的問題，還有這些專家對

---

❷　譯註：指兩個同源染色體上，具有兩個完全相同的基因。

APOE 基因測試如此審慎的真正理由是什麼。假如我剛好有 *E4/E4* 基因，而且我還是個職業足球隊員，那麼我會比常人有更高的機會罹患心絞痛和早發性阿茲海默症。如果今天我不是去看醫生，而是要去找保險經紀人，幫我為抵押貸款重擬新的人壽保險單，或是為未來可能發生的疾病預購健康保險。他們給我一張表格，上面列出許多問題，像是：我是否抽菸、喝酒、有沒有愛滋病，以及體重多重。接著問我是否有家族心臟病史？這是個和遺傳有關的問題。每個問題的設計都是為了將我分類、歸入某個風險類別裡，以便為我的保單估算出一個既可使保險公司保有適當利潤，但仍具有相當競爭性的保費。在不久的將來，相信保險公司也會針對我的基因狀況進行詢問，以便確認我是具有 *E4/E4* 基因，還是有一對 *E3* 基因。令人擔心的不只是因為基因測試結果可能會讓我的保費大幅增加，甚至為了逃避高額保費，我得欺瞞他們，就像某人替自己計畫要燒掉的建築物投保，好去詐領保險金一樣；更甚者是基因測試會引來有賺頭的商機，提供那些測驗結果正常的人保費折扣。這正是「柿子挑軟的吃」。一個年輕、纖瘦、異性戀，且不抽菸的人，其保費一定會比又老又胖又抽菸的同性戀者來得便宜。有兩份 *E4* 基因跟這些判別標準沒什麼兩樣。

　　無怪乎美國的健康保險公司對阿茲海默症的基因測試極感興趣，因為這種疾病對他們來說所費不貲（在英國，健保基本上是免費的，所以關切的焦點就轉至人壽保險上）。但當保險公司把同性戀男人的保費調得比異性戀男人還要高，以反應愛滋病風險的時候，曾引發眾人的不平，所以保險業對此顯得格外謹慎。如果許多疾病的基因測試已變成家常便飯，保險業的基礎概念「集中風險」（pooled risk）便會因此動搖。倘若能確知我未來的命運，我的保

單費用便必須能囊括我這一生中的所有費用。對於那些基因表現不盡如意的人來說，他們可能根本無法負擔其保費，從而變成保險中的低階層。感受到這些議題的重要性，在一九九七年，英國保險業聯盟同意在未來兩年內，不會要求進行基因測試，作為接受保險時的考慮要項，也不會要求抵押貸款小於十萬英鎊的保戶，告知已做過基因測試的結果。有些公司還進一步宣稱，基因測試並不在他們的計畫中。但這種保守的態度可能持續不了多久。

如果這個制度真的實施，對許多人來說反而可以付出較少的保費。為什麼眾人對此議題的感覺如此強烈？實際上，不同於生命中許多其他事物，基因上的好運氣會公平地分布在特權階級和一般平民身上。也就是說，有錢人也買不到好基因。不過有錢人本來就會在保險上花比較多的錢。我想答案就在決定論（determinism）的中心。一個人可以決定他是否要抽菸、喝酒，甚至連得到愛滋病——就某種角度來說，也是一種自願性的行為。但在 *APOE* 基因上是否具有兩份 *E4* 基因，這種事不是我們所能決定的；自然已為我們預作決定。以 *APOE* 基因為由的歧視行為，就好像以膚色或種族為由的歧視行為一樣是錯誤的。非吸菸者有理由抗議自己被分入和吸菸者一樣的風險類別內，還得因此分擔吸菸者的風險，繳交高額保費。但若具有 *E3/E3* 基因者反對分擔具有 *E4/E4* 基因者的保費，這麼做只是對一群無罪但運氣不好的人，表現出自己的固執和偏見。[12]

但我們不必過分憂慮雇主會使用遺傳測試來篩選潛在的員工，即使有更多測試可供選擇，雇主想要利用這些測試的意願也不會太高。實際上，當我們能接受環境因素對疾病的影響遠超過基因因素對疾病的影響時，進行某些測試對雇主和員工來說都是件好事。如果某項工作必須暴露在某種致癌性物質中（像是救生員必須曝露在

陽光下），而受雇者的 TP_{53} 基因有毛病的話，雇主未來可能會疏於照顧這樣的員工。不過換個角度來說，雇主也可能為了自私的動機，要求來應徵工作的人進行遺傳測試，以便選擇體質比較健康的人，或個性比較外向的人（這正是工作面談的功能），但法律已明令禁止歧視。

雖然為了投保和求職而進行遺傳測試的危險，可能會讓我們嚇得不願為良善的醫學利益進行遺傳測試。但更令我感到害怕的是，讓政府告訴我該對我的基因做什麼。我絕不想和保險公司分享我的基因密碼，但我熱切地希望醫生了解我的基因密碼並善用它；但我堅持，這些都是我自己的選擇。我的基因組是我的財產，而不是政府的。政府無權決定我可以和誰分享我的基因內容，政府也無權決定我是否可以去進行這些測試，我才是唯一有權決定的人。目前有種可怕的、父權主義式的傾向，認為「我們」對此類事務應有個政策方針，而且政府應該立下規定，規範個人了解自己基因密碼的程度，以及能讓誰知道你的基因密嗎。**基因密碼是你的，不是政府的，你要永遠記得這一點。**

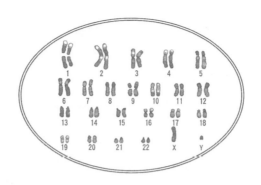

第20號染色體

政 治

哦！英國的烤牛肉，還有老英國的烤牛肉。

——亨利·菲爾亭（Henry Fielding, 1707-1754）

〈葛拉布街歌劇〉

　　科學的動力是無知。科學就像個飢餓的大火爐，必須用圍繞著我們的無知森林中的木頭去餵養它。在此過程中，新墾地的出現也就是知識的擴張。隨著新墾地的擴張，其周長也就愈長，視野中便會出現更多的無知。在發現基因組之前，我們並不知道在每個細胞中心，都有一份三十億個字母長，而內容不為我們所知的文件。現在，閱讀基因組這本書的部分後，我們發覺了許多新謎題。

　　本章的主題是個謎。真正的科學家對知識感到厭煩，只有對無知發動突擊，才能引發他的興趣——也就是解開先前發現所帶來的新謎面。森林比新墾地更有趣。在第 20 號染色體上，有個像灌木林般既刺激且迷人的謎。光是揭露這個謎的存在，便已產生了兩位諾貝爾獎得主，但它仍頑強抵抗，不願變成知識。它像是提醒我們，深奧難解的知識往往會改變世界。打從一九九六年的某天起，它一躍而為科學上最聳動的政治議題之一。它和一個叫作 *PRP* 的小小基因有關。

羊搔癢症的謎團

　　故事從羊群開始。在十八世紀的英國，一群企業家對農業進行了大規模的變革。其中有個來自蘭斯特郡（Leicestershire）的企業家叫作羅伯特・貝克威爾（Robert Bakewell），他發現選擇最好的羊和牛，讓牠們和自己的後代交配繁殖，能夠集中令人滿意的特徵，進而快速地改良羊群和牛群的品質。如此近親交配後，可產生長得又快、又胖、毛又長的小羊。但卻出現了一個料想不到的副作用。特別是有一種黑臉無角羊（Suffolk），在年紀漸長後，會開始出現精神失常的症狀。牠們會不斷地抓癢、絆倒，用一種奇特的姿

態快步行走，而且會變得焦慮、孤癖，沒多久便會死去。這種無法
治癒的疾病被稱作羊搔癢症（scrapie），後來變成了一個大問題，
每十頭羊裡，大概會有一頭得病。羊搔癢症先是發生在黑臉無角羊
身上，接著又發生在其他種類的羊身上（只是規模較小），然後再
擴展到世界其他地方。羊搔癢症的成因一直是個謎。這種病似乎並
不是遺傳而來的，但是又無法追蹤到別的起源。在一九三〇年代，
有位獸醫學家在為另一種疾病測試新的疫苗時，不料竟在英國引發
一場羊搔癢症的大流行。這種疫苗的部分是由羊腦製成的，雖然這
些羊腦已被浸在福馬林中徹底地消毒，但仍保有部分傳染的能力。
從那時候開始，「羊搔癢症之所以能被傳播，一定是由微生物所引
起的」成為獸醫學家的正統觀點。

　　但那到底是什麼微生物？福馬林不能殺死它。即使改用清潔
劑、煮沸，甚至照射紫外線，也都不能殺死它。這個致病因子能通
過可以抓住最小病毒的濾膜。拿它去感染動物，也不會引起免疫反
應。而且從注射這種致病因子到發病，之間往往相隔一段很長的時
間，不過如果把這種致病因子直接注射到腦部，那麼從注射到發病
間的時間便會大幅縮短。羊搔癢症建造了一面無解的無知之牆，擊
敗了一整個世代堅決的科學家。甚至後來在美國的貂繁殖場，還有
洛磯山脈國家公園特有的野生麋鹿、黑尾鹿身上，都出現了相似的
症狀，而更加深了這個謎。經過實驗性的注射，貂被證明對羊搔癢
症具有抵抗力。到了一九六二年，有位科學家回到遺傳的假說上。
他猜想，也許羊搔癢症是遺傳疾病，但同時也具有傳染性，是一種
前所未有的組合。遺傳性疾病有許多種，也有遺傳因素會決定對傳
染性疾病的罹病可能性，像霍亂便是個典型的例子。但是「有一種
具有傳染性的粒子，不知何故竟能透過生殖細胞遺傳給子代」的這

個想法，科學家詹姆士‧培利（James Parry）堅決地指出，似乎違反了生物學的所有規則。

羊搔癢症與克魯病

　　大約也是在這個時候，美國科學家比爾‧海洛（Bill Hadlow）在倫敦威康醫學博物館（Wellcome Museum of Medicine）的某項展覽中，看到患有羊搔癢症的羊腦部受損、呈蜂窩狀的照片。他感到非常震驚，因為他曾在一個完全不同的地方看過類似的照片。羊搔癢症此時變得和人類更有關係了。那個地方是巴布亞新幾內亞（Papua New Guinea），當地有種會使腦部變得衰弱的可怕疾病叫作克魯病（kuru）❶，已經使森林原住民富雷族（Fore）中的許多族人（尤其是女性）病倒了。這種病剛開始發作時，病患的腿部會不斷搖晃，然後整個身體會開始搖動，說話的聲音變得含糊，而且會突如其來地大笑。在短短一年內，患者腦部會漸漸地從內部開始消失，最後難逃一死。在一九五〇年代後期，克魯病是富雷族女性的主要死因，也因此使富雷族的男女比例變為三比一。兒童也會罹患這種疾病，但成年男性的罹病機率相對較小。

　　這證明了一個決定性的線索。在一九五七年，文生‧吉加斯（Vincent Zigas）和卡爾頓‧加德賽克（Carleton Gajdusek）這兩個在當地工作的西方醫生，很快便了解這是怎麼一回事。當某人死了以後，由同族的女性來支解遺體，這是對死者表示哀榮葬禮的一部分，然後（根據奇談的說法）將屍肉裝入竹筒加以蒸熟，供眾人食

---

❶　譯註：其意為笑死 laugh death。

用。這種在葬禮中同類相食的儀式是被當地政府徹底禁止並力求消除的，而且還帶有相當程度的污名，所以沒有什麼人願意公開談論它。這使得有些人質疑這種儀式是否真正存在。但是加德賽克和其他人找到足夠的目擊證人，證明確有其事。根據富雷人描述，一九六〇年以前，葬禮儀式用土語來說，就是「katim na kukim na kaikai」，也就是切開、烹煮、吃下去。通常，女性和孩童吃器官和腦，男性吃肉。這立刻為克魯病的出現模式提出了解釋。克魯病最常發生在女性和孩童身上，而且會出現在遺體被吃掉的克魯病患其親戚之間——這些親戚包括姻親和血親。當同類相食變得不合法後，克魯病患者發病的年齡便穩定地往上增加。加德賽克的學生，羅伯特・克里茲曼（Robert Klitzman），檢視了三群人的死亡狀況，其中每個人都曾經在一九四〇到五〇年代參加過克魯病患者的葬禮。舉例來說，在一九五四年曾有一場為尼諾（Neno）這個女人所辦的葬禮。在十五位參加葬禮的親戚中，有十二位之後死於克魯病。逃出克魯病魔掌的那三位，有一位在年輕時便喪生於其他死因；有一位是因為和尼諾共事一夫，所以根據傳統，她不得分食尼諾的遺體；另一位則聲稱她只吃了一隻手。

當比爾・海洛看到克魯病患者呈蜂窩狀的腦，和呈蜂窩狀的羊腦如此相似時，他立刻提筆寫信給在新幾內亞的加德賽克。加德賽克立刻追蹤這項暗示。如果克魯病是羊搔癢症的另一種形式，那麼經由直接注射到腦部的方式，克魯病應該可能從人類傳染給動物。加德賽克的同事，喬・吉布斯（Joe Gibbs），在一九六二年開始進行一長串的實驗，試著以死於克魯病的富雷人的腦，去感染黑猩猩和猴子（這類實驗是否涉及道德倫理的問題，並不在本書討論範圍內）。頭兩隻接受注射的黑猩猩，在注射後兩年內就病發身亡，而

牠們的症狀和克魯病患者一模一樣。

庫茲菲德－賈克症候群

　　證明克魯病是自然形成的人類版羊搔癢症，這個結果的助益並不大，因為羊搔癢症的成因根本還是一團謎。自從一九○○年開始，一種罕見但致命的人腦疾病一直讓神經學家傷透腦筋。第一個病例後來被稱為庫茲菲德－賈克症候群（Creutzfeldt-Jakob disease, CJD），是由漢斯‧庫茲菲德（Hans Creutzfeldt）在德國布列斯勞（Breslau）所診斷出來的。當時有個十一歲的女孩開始發病，隨病情慢慢地演進，在發病後十年才死亡。由於 CDJ 幾乎從不曾襲擊那麼年輕的人，而且很少會拖這麼久才死亡，所以這幾乎被認定為在一開始便被誤診的奇怪病例，留給我們一個非常典型的弔詭：第一個 CDJ 患者曾被認為並未罹患 CDJ。然而在一九二○年代，艾爾方‧賈克醫生（Alfons Jakob）確實發現可能是 CDJ 的病例，於是這樣的疾病從此被定名。

　　吉布斯的黑猩猩和猴子很快便證明會被 CDJ 感染，就像牠們先前曾被克魯病感染一樣。在一九七七年，事件的發展愈來愈駭人。兩位癲癇症患者在同一家醫院用電極進行勘探性的腦部手術後，突然發展出 CDJ。他們所使用的電極，先前曾用於一位 CDJ 患者，但使用後曾經過適當的消毒。這種神祕的實體不僅不怕福馬林、清潔劑、煮沸，以及用紫外線照射，而且經過外科手術的滅菌消毒後仍能繼續生存。這些電極被運到貝希斯達（Bethesda）並用在黑猩猩身上，牠們很快也染上 CDJ。這證明了一種全新且更加奇異的傳染病的開始：由治療引起的 CDJ（iatrogenic CJD）。這種新

版本的 CDJ 害死了接近一百個人。這些人因為身材矮小，所以醫生給他們注射人類生長荷爾蒙，而這些荷爾蒙是用屍體的腦下垂體腺製備的。因為要好幾千個腦下垂體才足夠供給每個患者所需的荷爾蒙，所以只要有非常少數的天然 CDJ 患者的腦下垂體腺體混入其中，便會在治療過程中發生作用，進而形成真正的傳染病。也許有人會譴責，認為這是科學干預自然後自然的反撲，但也別忘了，這個方法的確解決了某些人欠缺生長荷爾蒙的問題。其實，早在一九八四年由注射生長荷爾蒙而引起 CDJ 傳染病流行之前，合成的生長荷爾蒙（遺傳工程細菌的首批產品之一）正逐漸取代由屍體取出的荷爾蒙。

「它」到底是什麼？

讓我們仔細思考這個大約出現在一九八〇年時的奇怪事件。羊、貂、猴子、老鼠和人類，都能夠藉由注射污染的腦，而得到不同版本的相同疾病。這種污染的物質經過所有標準的殺菌程序後仍可繼續生存，而且即使透過最強的電子顯微鏡，也還是看不見它。它在日常生活中並不具有傳染性，也不會透過母乳傳給下一代，在體內不會引起免疫反應，其潛伏期有時可超過二十或三十年，而且只要極小的劑量便能致病——不過染病的可能性和接受劑量大小有強烈的關係。「它」到底是什麼？

差點就忘了我們在開頭時曾提過的黑臉無角羊的故事，以及近親交配會使得羊搔癢症更形惡化的暗示。情況變得愈來愈清楚，在少數的人類例子中（雖然少於百分之六），這些疾病似乎有著家族性連結，也暗示著這可能是一種遺傳性疾病。若想要了解羊搔癢

症，關鍵不在於病理學，而是遺傳學。羊搔癢症的病因藏在基因中。對於這點，以色列有很深刻的體認。在一九七〇年代中期，當以色列科學家想在自己國家內找出 CDJ 時，他們注意到一件很明顯的事。有十四件完整的病例發生在從利比亞移民到以色列的少數猶太人之中。科學家立刻懷疑問題出在他們的日常飲食上，因為他們有個特別的嗜好：吃羊腦。但事實並非如此，真正的解釋是遺傳性的：所有被感染的人都來自同一支但已經分散了的族譜。現在已知他們都有著相同的某種突變，而且在少數的斯洛伐克人、智利人，以及德裔美國人家族中，也都曾發現這種突變。

羊搔癢症的世界既怪誕又充滿異國色彩，同時又令人感到一種模糊的熟悉感。正當一群科學家堅決地主張羊搔癢症的病因藏在基因中，同時有另一群人提出一種革命性的看法（實際上也可以說是異端的理論）。一開始，這種看法似乎是朝反方向進行。早在一九六七年，有人就曾提出羊搔癢症的致病因子可能根本沒有 DNA 或 RNA 基因，它可能是地球上唯一不使用核酸，也沒有自己的基因的一種生命體。但是由於法蘭西斯·克里克當時剛剛半認真地創造了他稱之為「遺傳學中心教條」的理論——即 DNA 製造 RNA，RNA 再製造蛋白質——所以要是有人在生物學界提出「天底下有不具 DNA 的生物」這種說法，就好比在羅馬教廷提出馬丁路德原則一樣，會被視為離經叛道。

異端普利子理論

在一九八二年，遺傳學家史坦利·普西那（Stanley Prusiner）提出一種理論，以期解決「一種沒有 DNA 的生物」和「一種藉由

人類 DNA 傳遞的疾病」兩者間明顯的弔詭。普西那發現了一種不被一般蛋白質水解酶（protease enzymes）消化的蛋白質，而且這種蛋白質只會出現在患有類羊搔癢症的動物身上，卻不會出現在健康的同種類動物身上。這使得普西那有了明確的方向：先找出這個蛋白質的胺基酸序列，計算出相對的 DNA 序列，然後在老鼠的基因中找出這一段序列，接著在人類的基因中找出這一段序列。於是普西那找到這個叫作 *PRP*（protease-resistant protein，抗蛋白質水解酶的蛋白質）的基因，並帶著他的異端之說前去叩擊科學聖殿之門。經過接下來幾年的逐步修正，現在他的理論是這麼說的：*PRP*基因在老鼠和人類體中都是個正常的基因——它會產生一種正常的蛋白質——它並不是病毒的基因。然而它的產物——被稱為普利子（prion）——是一種具有特殊性質的蛋白質，它可以突然改變其形狀，變成一種既堅韌又黏的形式，並能抵抗各種對它的破壞。這種蛋白質會聚集在一起形成塊狀，進而破壞細胞的結構。上述的說法是前所未聞的，但是普西那心中還有更驚人的想法：他認為這種新形式的普利子有能力將正常的普利子轉化為新普利子的形式。它並不會改變序列——蛋白質就像基因一樣，是由一長串數位化的序列所構成的——但確實會改變它們的摺疊方式。[1]

普西那的理論終究還是碰了壁；它完全無法解釋羊搔癢症和相關疾病的一些最基本特徵，尤其是這些疾病會發生在不同品種上的這件事實。正如他日前悲傷地表示：「這樣一個假設竟無法引發太多狂熱。」我還清楚地記得，當我請幾位羊搔癢症專家針對當時我寫的一篇文章給些建議時，他們對普西那的理論表現出輕蔑的態度。但隨著事實逐漸增加，似乎證明普西那的推測是正確的。最後真相終於大白：沒有普利子基因的老鼠，便不會得到任何這類疾病；

然而只要有少量的變形普利子，便足以把這類疾病傳染給另一隻老鼠——這類疾病是由普利子所引起的，也是由普利子進行傳播。雖然普西那理論自此砍下了一大片無知的森林，但仍留有一大片的林木。繼加德賽克之後，普西那也到瑞典斯德哥爾摩抱回一座諾貝爾獎。普利子仍是個深不可測的謎，目前最重要的任務便是找出它們存在的目的。*PRP* 基因不光是出現在目前曾檢視過的所有哺乳動物中，而且它的序列變化很小，這就表示 *PRP* 基因的工作非常重要。*PRP* 基因的工作幾乎確定是和腦有關，因為腦是 *PRP* 基因被啟動的地方。*PRP* 基因也可能和銅有關，因為普利子似乎喜歡和銅在一起。但是——這裡又有個謎——若在一隻老鼠出生前，將牠的兩份 *PRP* 基因都刻意剔除，使牠成為一隻完全沒有普利子的老鼠，似乎不論普利子原來的功能是什麼，老鼠都能在沒有它的情況下順利生長。至今，對於為什麼在我們體內會有這種潛在致命的基因，仍然一無所知。[2]

謎樣普利子

　　同時，如果我們的普利子基因上有一或二個突變，便會使我們得到這種疾病。在人類身上，這個基因有二百五十三個「詞」（word），每個詞具有三個字母，不過在蛋白質製造完成時，最前面的二十二個詞和最後面的二十三個詞會被切除。這一長串詞上，有四個地方的詞如果被改變，便會引起四種不同表現形式的普利子疾病。如果把第一○二個詞從脯胺酸（proline）改成白胺酸（leucine），會引起 GSS 症（Gerstmann-Sträussler-Scheinker disease），這是 CDJ 的遺傳性版本，發病後很久才會死亡。如果將第二○○個詞從

麩胺醯酸（glutamine）改成離胺酸（lysine），會引起利比亞籍猶太人的典型 CDJ。如果把第一七八個詞從天門冬胺酸（aspartic acid）改成天門冬胺（asparagine），會引起典型的 CDJ；除非同時也將第一二九個詞從纈胺酸（valine）改成甲硫胺酸（methionine），才可能引起普利子所產生的所有疾病中最可怕的一種——極為罕見的致命的家族性失眠症（fatal familial insomnia），在發病後的幾個月中會持續失眠，直到死亡為止；這種疾病會吃掉丘腦（thalamus，也就是腦的睡眠中心）。不同普利子疾病的不同症狀，似乎都源於腦的不同部分被侵蝕所致。

在這些事實首次變得清晰後的十年內，科學已經逐漸壯大到可以更深入地探究這個基因的祕密。在普西那和其他人的實驗室中，進行著令人驚異的精巧實驗，顯示出不尋常的決定論和特異性。「壞的」普利子藉由重新摺疊其中心段（第一〇八到第一二一個詞的位置）來變化其形狀。這個中心部位如果發生突變，將使形狀變化益形容易，在生命早期帶來致命的效應；得到這種普利子疾病的老鼠，在出生後幾個星期內便會發病。在遺傳性普利子疾病的不同家族裡，我們所看見的突變都是不重要的突變，只是使形狀變化的可能性略略變動而已。科學便是這樣告訴我們愈來愈多和普利子有關的事，可是每個新的知識片段，不過是暴露出更深刻的謎。

這種形狀變化的效用究竟是怎麼發生的？是否真如普西那所預測的，這還牽涉到第二種尚未被找出來的蛋白質？普西那將它命名為「X 蛋白質」。如果真有這種蛋白質的存在，為什麼我們找不到它？對此，我們一無所知。

但同樣的基因如何靠著不同種類的突變，在腦的不同部位有不同的表現？在染病的山羊身上，會有從昏昏欲睡到過動的不同症

狀，端視牠們感染的是疾病中兩種版本的哪一種。我們不懂為何會發生這樣的事。

　　為什麼會有一座種類間的屏障（a species barrier），使普利子疾病很難跨越這道藩籬，進行種間的傳播，但同種個體間的傳播卻相當容易？為什麼這種疾病非常難以口服的方式傳播，卻較容易以直接注射到腦部的方式來傳播？對此，我們一無所知。

　　為什麼症狀開始發作的時間會依劑量而不同？當老鼠攝取愈多的普利子，就愈快表現出症狀。當老鼠具有愈多的普利子基因，經注射有缺陷的普利子後，這隻老鼠便會愈快得到普利子疾病。這是為什麼？對此，我們一無所知。

　　為什麼如果這個基因是異質接合子（heterozygous）的話，會比同質接合子（homozygous）來得安全？換句話說，如果你的兩份普利子基因在第一二九個詞的位置上，分別是纈胺酸和甲硫胺酸，這樣的你為什麼會比具有兩個纈胺酸或兩個甲硫胺酸的人更能抵抗普利子疾病（致命的家族性失眠症除外）？對此，我們一無所知。

　　為什麼這種疾病那麼吹毛求疵？老鼠不會輕易地染上倉鼠的搔癢症，反之亦然。但是，如果故意在老鼠的基因中加入倉鼠的普利子基因，然後再把倉鼠的腦注射到這隻老鼠體內，這隻老鼠就會感染倉鼠的搔癢症。如果在老鼠的基因中加入兩種不同版本的人類普利子基因，這隻老鼠便可以感染兩種人類的搔癢症，一種像致命的家族性失眠症，另一種則像 CDJ。如果在老鼠的基因中同時加入人類和老鼠的普利子基因，比起只加入人類普利子基因的老鼠，前者會較慢感染人類的 CDJ：這是否代表著不同的普利子會互相競爭？對此，我們一無所知。

　　當普利子移動到一個新的種類時，基因如何改變普利子的特

質？老鼠不會輕易地染上倉鼠的搔癢症，一旦真的感染了，就比較容易能傳染給其他的老鼠。[3]這是為什麼？對此，我們一無所知。

為什麼這種疾病會從注射的位置緩慢而漸進地散布開來，彷彿壞普利子只能將自己隔壁的好普利子加以轉化？我們知道這種疾病是透過免疫系統的 B 細胞來移動，最後抵達腦部。[4]但為什麼選擇免疫系統的 B 細胞？其機制為何？對此，我們一無所知。

我們得不斷地體會自己的無知，而且範圍急遽增加。但真正令人感到挫折的是，普利子攻擊的要害，是比克里克的「遺傳學中心教條」更核心的想法；它侵蝕了我在本書首章便開始傳布的訊息：生物學的核心是數位式的。在普利子基因裡，我們有貨真價實的數位式變化——用另一個詞來替代原有的；然而倘若欠缺了其他知識，則無法完整地預測變化的起因。普利子系統是類比式的，而非數位式的。它改變的不是序列而是形狀，它會依劑量、所在位置而有不同的效用。這並不是說它缺乏定性；比起亨丁頓舞蹈症，CDJ襲擊的年齡更加精準。根據紀錄顯示，即使兄弟姊妹從未曾住在一起，其發病年齡卻完全相同。

狂牛病爆發

普利子疾病是由一種連鎖反應所引起的。在這個連鎖反應中，普利子會將它的鄰居轉換成和自己一樣的形狀，然後這些被轉換形狀的普利子會再改變其接鄰的普利子；依此類推，呈幾何級數地增加。它就好像李奧・西拉德（Leo Szilard）在一九一一年某天的倫敦街頭，當他等著穿越馬路時，腦中所浮現的決定性影像：一個原子分離後，射出兩個中子；這兩個中子會分別使另一個原子分離，

並射出兩個中子，如此循環不已——這個連鎖反應的影像後來幻化為廣島的原子彈核爆。普利子的連鎖反應當然比中子慢許多。但是它也有能力引發幾何級數的爆發；新幾內亞的克魯病正是這種可能性的證明，而普西那在一九八〇年代早期，才開始挖掘相關的細節。然而在英國，一場規模甚至更大的普利子流行病已經啟動其連鎖反應。這一次的受害者是牛。

沒有人確實知道，這個受了詛咒的祕密究竟從什麼時候、打哪兒、用什麼方法再次出現人間。大約在一九七〇年代晚期或一九八〇年代早期，英國家畜加工食品製造業者開始將變形的普利子混入其產品中。這可能是因為牛羊等獸脂的價格下降，使得精煉油脂工廠的製造過程也跟著改變。也可能是因為被送入工廠的老羊數量愈來愈多，飼主便把牠們送到工廠中做成小羊豐富肥沃的補品。無論哪個才是真正的原因，變形的普利子得以混入系統中——只要有一頭被羊搔癢症的普利子侵蝕成蜂窩狀，具高度傳染性的動物被混入牛飼料中，就能成就這一切。這些老牛和老羊的骨頭與內臟經過高溫煮沸消毒後，被當成乳牛的高蛋白質補給品。但是，會引起羊搔癢症的普利子經過高溫煮沸後，仍然能生存。

讓一頭牛染上普利子疾病，其機會是非常小的，但是當數十萬頭牛吃下這些飼料，染病的機會就會變得夠大。當第一隻患有「狂牛病」（mad-cow disease）的牛回到食物鏈中，成為其他牛的食物，這個連鎖反應就此被啟動。於是有愈來愈多的普利子透過飼料被小牛吃下，而小牛接受的普利子劑量愈來愈大。漫長的潛伏期意謂著這些註定要死亡的動物，平均要花上五年才會出現症狀。當最初的六宗病例在一九八六年底被發現有不尋常之處，此時英國大約已有五萬頭被感染的動物，只不過還沒有人知道這個狀況而已。在一九

九〇年代後期，幾乎完全將這種疾病根除之前，大約有十八萬頭牛死於牛海綿狀腦病變（bovine spongiform encephalopathy, BSE）。

以口服路徑進行跨物種之間的傳播

在首樁病例報告後的一年內，英國官方獸醫技巧地找出問題的來源——受污染的飼料。這是唯一能符合所有細節的理論，同時還能解釋一些奇怪的異常，比方同樣位於英吉利海峽的耿西島（Guernsey Island）和澤西島（Jersey Island），耿西島上狂牛病的流行，遠比澤西島要提早許多。這兩個島分別有不同的飼料供應者，一個用了很多肉和骨粉，另一個則用得很少。在一九八八年七月，英國政府頒布了「禁用反芻動物製造飼料禁令」（Ruminant Feed Ban）。除了放馬後砲，專家或政府機關首長的行動都很緩慢。同年八月，薩斯武委員會（Southwood committee）❷建議立法：銷毀所有被 BSE 感染的牛，並禁止這些被銷毀的牛再度進入食物鏈中。這時英國政府犯下了第一個錯誤：英國政府決定只支付所銷毀動物價值的百分之五十作為補償。如此一來，讓農夫不願理睬疾病的症候。不過這個錯誤的代價並不如人們所想像的那麼昂貴——當英國政府提高補償金額後，通報病例的數字也沒有因此突然激增。

一年後，英國政府頒布「禁售特定牛隻內臟禁令」（Specified Bovine Offals Ban），其用意在避免成年牛隻的腦進入人類的食物鏈。直到一九九〇年，才將小牛也列入禁令範圍內。這項禁令本該早一點施行的，但由於研究已知，除非將被污染的腦直接注射到另

---

❷ 譯註：理查・薩斯武（Richard Southwood）是牛津大學動物學教授。他所領導的這個委員會，專門研究狂牛病及其相關問題，並建議政府如何因應。

一個腦中，否則要跨越種類去感染羊搔癢症並不容易，所以當時認為這些禁令似乎太過謹慎。此外，實驗證明，除非使用非常高的劑量，光是經過食物而想讓猴子感染人類的普利子疾病是不可能的；而且想讓這種病從牛跳到人身上，比從人跳到猴子身上要更難許多。根據估計，經由腦部注射感染普利子疾病的風險，是經由食用染病風險的一億倍。然而，在這個階段說「吃牛肉以外的其他食物都是『安全的』」，簡直是不負責任到了極點。

　　對科學家來說，以口服路徑進行跨物種之間的傳播，其染病風險實在是非常非常小：小到在實驗中想要產生一個這樣的病例，至少需要數十萬頭實驗動物才有可能。但這就是重點：現在這項實驗是以五千萬名——稱之為英國人——動物來進行的。在這麼大的樣本數中，發生幾個病例是不可避免的。但是對政客來說，「安全」是一種絕對，而非相對的概念。他們無法滿足於「極少的」人類病例，他們要的是「完全沒有」人類病例。就像每種先前被發現的普利子疾病一樣，BSE 也很擅於創造出讓人意料之外的驚嚇。吃下飼育牛隻用的肉和骨粉後，貓也會得到 BSE——從那個時候起，超過七十隻以上的家貓，外加三頭印度豹、一頭美洲獅、一頭美洲豹貓，甚至一隻老虎，都死於 BSE。但是目前尚未有狗出現 BSE。人類會像狗一樣，對 BSE 具有抵抗力？或像貓一樣容易受到感染呢？

牛肉還能吃嗎？

　　到了一九九二年，雖然這種傳染病的高峰期還沒來臨，因為從感染到症狀出現需要五年的時間，牛隻的問題已被有效地解決。在一九九二年以後出生的牛隻，鮮少已感染或可能感染 BSE。然而讓

人類真正抓狂的事才正要開始。現在正能看出政客所做的決定是怎樣一步比一步瘋狂。感謝「禁售特定牛隻內臟禁令」，在一九九二年吃牛肉，可比過去十年間的任何時候都還要安全。然而此刻也正是民眾杯葛這項問題的開始。

在一九九六年三月，英國政府宣布有十個人確實死於某種形式的普利子疾病，並懷疑這些普利子疾病是在那一段危險期內由牛肉傳染而得：死者的症狀前所未見，但和 BSE 部分症狀吻合。民眾開始有所警覺，再加上媒體的積極搧動，使情勢變得一發不可收拾。誇張的預測說，將會有數以百萬計的英國人因此喪生，而且居然有人相信這是真的。將牛變成同類相食的動物，這個愚行被廣泛描繪成有機農業的「實況」。到處都是陰謀論：懷疑這種疾病是由殺蟲劑所引起的；懷疑科學家對此事的言談已被政客封鎖；懷疑事實的真相仍被壓住、沒有公開；懷疑撤銷管制飼料工業的規定已引起問題；懷疑德國、愛爾蘭、法國和其他國家也都發生了大規模的傳染，只不過是封鎖新聞。

為了對此回應，英國政府不得不再頒布一條毫無用途的禁令：不可食用年齡超過三十個月的牛。這條禁令使民眾更加驚慌，毀了整個畜牧業，難逃一死的牛隻讓整個系統快要窒息。同年稍晚，在歐洲政客的堅持下，英國政府下令銷毀經「選擇性挑出」的十多萬頭牛。雖然英國政府明知這是個沒有意義的動作，而且會進一步離間農夫和消費者。這已不只是亡羊補牢，連無辜者也被犧牲了。可以預見的是，犧牲十多萬頭牛並不能使歐盟回心轉意，解除禁止進口英國牛肉，因為這本來就是個利己主義的禁令。更糟的是，歐盟隨後在一九九七年所頒布對帶骨牛肉的禁令。大家都認為帶骨牛肉的危險極小——每四年最多只會導致一個 CJD 病例。英國政府要

怎麼處理這個問題，此刻已成為全英國關注的焦點；雖然這個風險甚至比被閃電擊中的可能還小，但是農業部部長並不打算讓民眾自己決定要不要冒險食用帶骨牛肉。英國政府看待風險的荒謬態度，只會鼓勵民眾做出更危險的行為。不合作主義瀰漫於某些場合中，以非暴力的方式反抗、拒絕遵守政府法令。當這些禁令頒布後，我自己也發現，餐廳比過去更常端出牛尾燉湯。

整個一九九六年，英國都籠罩在人類 BSE 這種傳染病的陰影下。然而，從當年三月起，一整年中只有六個人死於這種疾病。這個數字非但沒有增加，似乎還有持平或下降的趨勢。當我撰寫這篇稿子的時候，仍未確定將有多少人會死於「新變種的」CJD。死亡總人數已經超過五十人，每個案例都是一場難以想像的家庭悲劇，但仍不足以構成所謂的傳染病。調查顯示，剛開始的時候，這些新變種 CJD 受害者似乎都是在危險的年份時特別愛吃肉的人，雖說首先發現的幾個病例中，有一個人在發病之前好幾年已變成素食者。但當科學家向那些被認為死於 CJD 的人（但驗屍後發現，部分死者是死於其他原因）的親戚，詢問死者的飲食習慣時，科學家發現受訪者會說死者喜歡吃肉。然而，這種說法與其說是反應了事實，不如說是反映出死者親戚的心理。

這些 CJD 受害者的共同處在於，其基因型—同質接合子上的第一二九個「詞」幾乎都變為甲硫胺酸。也許數量更多的異質接合子和纈胺酸的同質接合子，其潛伏期會變得比較長：當利用腦部間注射的方式將 BSE 傳播給猴子，其潛伏期比大部分普利子疾病要來得久。另一方面，「人類從食用牛肉感染 BSE」的許多病例都是在一九八八年年底前感染，過了十年的潛伏期後才發作——是牛隻平均潛伏期的兩倍長。也許物種間的障礙真的像動物實驗中觀察到

的那麼高，不過我們已經知道這場傳染病的最壞情況是怎麼樣。或許，新變種 CJD 也和吃牛肉沒什麼關係。許多人現在相信，應用牛肉產品製造出來的人類疫苗和其他醫學產品，可能會帶來更大的危險，但這想法在一九八〇年代後期，曾被英國政府當局匆忙否認。

CJD 也曾害死終身素食者；此人從未進行過外科手術，從沒有離開過英國，更從未在農場或肉店工作。關於普利子，我們還有個最大的謎未能解開：即使我們已知，經由包括同類相食、外科手術、注射荷爾蒙，甚至可能因為吃牛肉等種種方式，我們會感染許多形式的 CJD。但百分之八十五的 CJD 病例是「偶發的」，換言之，此刻我們只能用「隨機的機會」來解釋染病的原因。這又違反了自然決定論，也就是說凡患病，必有病因；但我們並非居住在一個完全定調的世界裡。也許，CJD 是以每百萬人中選一的比率自然發生。

普利子使我們了解自己的無知，進而學會了謙卑。我們並不懷疑，也許真有某種自我複製的形式是不需要使用 DNA，也就是完全不需要使用數位化的資訊。我們從來沒有想像過，會有一種疾病帶有如此深刻的祕密，不但從這麼不可能的地方冒出頭來，同時還如此地致命。我們仍然不能理解，一段胜肽鏈 ❸ 上的摺疊變化，如何能引發如此的大破壞？或者胜肽鏈組成上的極小改變，為什麼能有如此複雜的意涵？正如兩位普利子專家曾經這樣寫道[5]：「個人和家庭的悲劇、族群的災難，以及經濟的巨變，究其根源才發現，竟全都只是因為一個小分子淘氣的錯誤摺疊方式。」

---

❸ 譯註：也就是蛋白質。

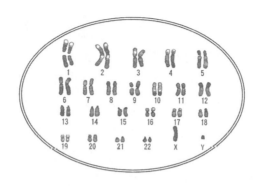

第21號染色體

優 生 學

除了民眾心裡，我不知道還有什麼更安全的地方，足以儲存社會的終極力量。如果我們認為，民眾的知識尚不足以謹慎地運用這種力量，補救的辦法並不是將這種力量從他們手中拿走，而是告訴他們要小心行事。

——美國總統湯瑪士·傑弗遜（Thomas Jefferson）

　　第 21 號染色體是人類最小的染色體。雖然理論上，它該被稱為第 22 號染色體，但直到最近，第 22 號染色體都還被認為它小於第 21 號染色體，而且這些名稱是老早以前就被定妥的。或許由於它是比較小的染色體，因此它所帶的基因也比較少。活著的人體內，只有第 21 號染色體有可能同時有三條存在於一個細胞之內。其他染色體若多了一條額外的染色體，便會破壞人體基因組的平衡，使得身體根本無法適當地發育。有些孩子出生時，在第 13 號或第 18 號染色體會多出一條，這種孩子通常活不過幾天。但若是第 21 號染色體，與生俱來便多了一條，這種孩子可以存活許多年。但他們通常不被認為是「正常的」孩子，因為他們具有唐氏症候群（Down syndrome，即蒙古症）。他們的外表特徵——較矮的身材、圓胖的身體、狹窄的眼睛、快樂的臉孔——非常容易辨認。他們心智遲緩、個性溫和，註定會快速地老化，經常會發展出某種形式的阿茲海默症，而且往往在四十歲以前便會死亡。

　　蒙古症嬰兒的母親通常年紀較大。母親的年齡愈大，生出蒙古症嬰兒的機會也呈指數性地急速上升：二十歲的母親生下蒙古症嬰兒的機會是每二千三百人中有一人，到了四十歲時，機會就增加為每一百人中有一人。也就是因為這個原因，蒙古症的胚胎成了主要的受害者；換句話說，他們的母親是遺傳篩檢技術的主要使用者。大部分國家現在都為高齡產婦提供羊膜穿刺術——有些國家甚至是強迫性的——以檢查胎兒是否多攜帶了一條額外的染色體。如果確實如此，便提供（或哄騙）母親進行墮胎手術。理由是，不管這些孩子看起來有多快樂，大部分的人還是不願意當蒙古症兒童的父母。一種看法認為這是良性的科學，奇蹟般地在這些孩子尚未受苦前，便避免此事的發生。另一種看法則認為，這是以「使人類更完

美、輕視殘障者」為名，公然鼓勵謀殺一條神聖的生命。你看，從五十多年前被納粹黨殘暴地濫用後，優生學現在仍在進行中。

　　本章談的是遺傳學黑暗的過去，也就是遺傳學家族裡的害群之馬——以淨化基因為名，犯下謀殺、絕育，以及墮胎等罪行。

優生學的初衷

　　優生學之父法蘭西斯·高爾頓在許多方面都和其堂兄達爾文相反。達爾文是有條理、有耐性、膽怯而傳統的人，高爾頓對知識經常不求甚解，性心理亂七八糟，而且是個愛現的人。不過，高爾頓是個絕頂聰明的人。他遠赴南非探險、研究雙胞胎、蒐集統計數字，而且嚮往著烏托邦。如今，他幾乎和其堂兄一樣知名——不過是以聲名狼藉著稱。達爾文主義（Darwinism）常有被轉變成政治教條的危機，但高爾頓卻希望他的想法能受到政壇的注意。哲學家赫伯·史賓賽（Herbert Spencer）熱情地擁抱「適者生存」，認為這個觀念支持了自由經濟的確實性，並為當時維多利亞時代社會上的個人主義辯護。這種個人主義被命名為：社會達爾文主義（social darwinism）。相較之下，高爾頓的想法比較枯燥：若如達爾文所主張的，物種已經被系統性的選擇繁殖而改變，那麼人類也能像牛和賽鴿一樣，在控制下繁殖，進而改良人種。高爾頓的主張在某種意義上比達爾文主義更接近舊有的傳統：那是十八世紀繁殖牛隻的傳統，也是長久以來培育出不同品種的蘋果和玉米蜀的方式。他呼籲道：讓我們改良人類的品種。正如我們改良其他種類一樣，讓我們以最好而非最差的人類樣本繁衍下去。高爾頓在一八八五年將這種繁殖方式命名為「優生學」（eugenic）。

　　但「我們」是指誰？在史賓賽哲學的個人主義世界中，「我們」指的是每一個人：優生學意謂每個人會努力尋找一個好配偶——也就是具有好心腸和健康身體的人。雖然每個人都會選擇自己的婚姻伴侶，但優生學的意義是讓我們在選擇婚姻伴侶時，更挑剔一點點。然而，在高爾頓的世界中，「我們」是一種群體的指稱。高爾頓的第一個，也是最有影響力的追隨者是卡爾・皮爾森（Karl Pearson），一個激進的社會主義烏托邦份子，也是個才華洋溢的統計學家。皮爾森對德國成長中的經濟能力既愛又怕，於是將優生學轉為軍國主義（jingoism）的一支。他主張，該進行優生化的不是個人，而是國家。唯有選擇性地繁殖自己的國民，才能使英國在面對歐洲大陸的競爭對手時，仍立於不敗之地。這也就是說，國家必須規範誰該被繁殖，而誰又不該被繁殖。當優生學初來乍到這個世界，就已確定它並不是一種被政治化的科學，而是披著科學外衣的政治教條。

　　在一九○○年，優生學已開始引起民眾的想像。像「尤金」（Eugene）這樣的名字突然蔚為時尚，同時計畫性生育的觀念變得極為盛行，優生學會議在全英國四處展開。皮爾森在一九○七年寫信給高爾頓說：「許多可敬的中產階級婦女告訴我，如果在路上看見身體虛弱的孩子，她們心中會想：『啊！那一定不是優生的婚姻！』」波爾戰爭（Boer War, 1899-1902）召募新兵的窘境，更刺激了大量針對是否該繁殖更好的下一代的討論，就像過去討論是否該有更好的福利一樣熱烈。

　　類似的狀況也可以在德國看見。尼采（Friedrich Nietzsche）的英雄哲學和恩斯特・漢克爾（Ernst Haeckel）的生物性命運（biological destiny）教條的混合體，伴隨著經濟和社會的進步，產

生出對演化進步的狂熱。這種輕易地被獨裁哲學吸引的現象意謂著，在德國（狀況比英國更甚），生物學已成為民族主義的禁臠。但此時，這一切都還只停留在觀念的階段，尚未在生活裡實際運用。[1]

限制移民以防種族劣化

到現在為止的發展都還算是好的。然而焦點很快地就轉變了，從鼓勵「最好」的人優生化繁殖，變成強制「最壞」的人停止繁殖。所謂的「最壞」很快就變成對「低能者」的指涉，包括酒鬼、癲癇患者、罪犯和智能不足的人。這種狀況在美國尤其真切。在一九〇四年，欽佩高爾頓和皮爾森的查爾斯‧戴文波特（Charles Davenport）說服卡內基（Andrew Carnegie），為他創設冷泉港實驗室，以便研究優生學。戴文波特是個精力充沛，但個性嚴格又保守的死硬派，他關切的是怎樣避免對人類有不良影響的繁殖（dysgenic breeding），而非優生化繁殖（eugenic breeding）。他的科學觀是相當簡化的。舉例來說，他認為孟德爾遺傳學說已證明遺傳的微粒子性質，所以認為美國就像個「大熔爐」的想法已經過時了；他也相信，海軍的家族必有親近或喜愛海洋的基因。但在政治上，戴文波特可是既老練又具有影響力。靠著亨利‧哥達爾（Henry Goddard）所撰寫的暢銷書，戴文波特和其盟友說服美國政壇相信，美國的人種正面臨劣化的迫切危機。那本書的內容大部分是虛構的，說的是喀里喀卡（Kallikaks）這個智能不足家庭的故事，強烈地暗示心智上的缺陷是遺傳得來的。美國總統羅斯福（Theodore Roosevelt, 1858-1919）曾如此說道：「有一天我們終將

了解，我們無可避免的主要責任，是讓正確類型的良好國民將他們的後裔留在這個世上。」而錯誤類型的國民自然不需要這麼做。[2]

　　許多美國人之所以熱中於優生學，其實來自於他們反對移民的情緒。曾經有段時間裡，大量來自東歐和南歐的人迅速移民至美國，這種狀況很容易激起某種偏執，認為「比較好的」盎格魯撒克遜人的血統會因此被稀釋沖淡。而優生學的理論剛好為那些持傳統、種族主義等理由，想要限制移民的人提供了方便的掩護。一九二四年的「移民限制法案」（Immigration Restriction Act）便是優生學主張的直接產物。在接下來的二十年內，美國政府拒絕在美國給這些歐洲移民一個新家，使得許多拚命想移民的歐洲人只能待在家鄉面對更糟的命運。而且這個法案歷經四十年都未曾修改過。

強制絕育

　　限制移民不是優生學家在法律上唯一的成功案例。在一九一一年時，美國已經有六個州制定法律，強制智能不足的人接受絕育；六年後，另外九州也加入他們的行列。其背後的主張是，如果州政府能夠取走罪犯的生命，那麼當然也可以否定某些人的生育權利（這是將心智的單純無知，視同違法的罪行）。美國醫生羅賓森（W.J. Robinson）曾如此寫道：「要說這些人具有個人自由或人身權利……那真是愚蠢到了極點。這些人……沒有權利繁殖像自己的那種人。」

　　美國最高法院在剛開始時否決了許多強制絕育的法案，但它在一九二七年改變了路線。在「巴克訴貝爾」（*Buck v. Bell*）案中，法院裁定維吉尼亞州可以強制凱莉‧巴克（Carrie Buck）接受絕育

手術。凱莉當時才十七歲，和母親艾瑪及女兒薇薇安，被監禁在一個專門收容癲癇患者和弱智者的機構裡。在一項粗略的檢驗後，七個月大（！）的薇薇安被判定為弱智，於是下令要求凱莉接受絕育手術。奧利佛‧溫戴爾‧何姆斯（Oliver Wendell Holmes）法官在其著名的判決中寫道：「三代都是弱智，這真是夠了。」薇薇安在很年輕時就死了，但凱莉一直活到很大的年紀，這位具有中等智力的女子，常以填字遊戲來排解閒暇時刻。凱莉的妹妹桃樂絲也被強制進行絕育手術。在嘗試懷孕多年失敗後，才了解政府在未經其同意下對她做了什麼。直到一九七〇年代，維吉尼亞州還持續使智能不足者接受絕育手術。在一九一〇年到一九三五年間，美國這個個人自由的堡壘，在聯邦法律和超過三十個州的州定法律之下，強制超過十萬名的低能者接受絕育手術。

雖然美國在這方面是先鋒，但其他國家也不甘落後。瑞典強制六萬人接受絕育手術。加拿大、挪威、芬蘭、愛沙尼亞和冰島都明文規定強制接受絕育手術的法令，並實際運用之。最惡名昭彰的是德國，他們先是使四十萬人接受絕育手術，然後謀殺了其中的多數人。在第二次世界大戰時，短短十八個月內，就有七萬名已接受絕育手術的德國精神病患者被送進毒氣室，目的只是為了讓出醫院病床給受傷的軍人使用。

在這些信奉新教的工業國家中，只有英國從未通過任何優生法律。也就是說，英國從未通過任何法律，允許政府干涉個人生育的權利。尤其是從來沒有任何英國法律規定智能不足者不得結婚，或允許政府以弱智為由，強制人民接受絕育手術。但這並不是否認，在英國會有醫生或醫院在私下施行絕育手術。

英國不是唯一如此的國家，在羅馬天主教會影響力夠強的國家

中，都沒有優生的法律。荷蘭避免通過這類的法律。前蘇聯更是將心思放在努力清除、殺害聰明人上，而非消除笨人，所以他們從來沒有訂定過這類的法律。但英國備受矚目的原因是，在二十世紀最初四十年中，英國是許多——實際上是大部分——優生學科學及其相關宣傳的來源。與其探詢為什麼有這麼多國家追隨施行這麼殘酷的事，倒不如將問題轉向其源頭來得有建設性：英國為什麼能抵抗這種誘惑？這該歸功於誰？

科學家對絕育視若無睹

　　當然不是科學家。如今科學家總喜歡告訴自己，優生學向來被視為「偽科學」，並為真正的科學家所不齒，尤其是在孟德爾遺傳學說（這個學說顯示出，攜帶沉默突變的人，比攜帶會表現出突變的人還多）被重新發現後，仍極少有書面紀錄支持這樣的說法。大部分科學家喜歡被視為新技術官僚政治（technocracy）裡的專家，政府也會一直要求他們立即採取行動。在德國，超過一半以上的生物學家加入了納粹黨——這個比例比其他任何專業領域都來得高——而這些生物學家中，沒有一個人曾經批評過優生學。[3]

　　朗諾‧費雪爵士（Sir Ronald Fisher）是個很恰當的例子。他是現代統計學的創立者之一；雖然高爾頓、皮爾森和費雪都是偉大的統計學家，但從來沒有人指出，統計學跟遺傳學一樣危險。費雪是真正的孟德爾學派傳人，他同時也是優生學學會（Eugenics Society）的副主席。他對從上流社會到窮人進行「生育發生率重新分配」這件事非常著迷：因為事實顯示，窮人往往比富人有更多小孩。即使像朱里安‧赫胥黎（Julian Huxley, 1887-1975）和霍爾丹

這些後來對優生學大肆韃伐的人，在一九二〇年以前都曾支持過優生學。因為他們批評的不是優生學的原則本身，而是美國施行優生政策時，粗魯且具有偏見的行動。

社會主義者推波助瀾

社會主義者也無權邀功。雖然工黨在一九三〇年代時是反對優生學的，但社會主義運動在那之前便已為此投注許多心血。無論你如何努力地尋找，在本世紀初的三十個年頭中，根本沒有任何知名的英國社會主義者表達過任何反對意見。反而在那段時期很容易便能從費邊學會（Fabian Society）❶裡找到贊成優生學的言論。包括威爾斯（Herbert George Wells, 1866-1946）、凱因斯（John Maynard Keynes, 1883-1946）、蕭伯納（George Bernard Shaw, 1856-1950）、艾里斯（Havelock Ellis, 1859-1939）、拉斯基（Harold Laski, 1893-1950）、韋伯（Sidney Webb, 1859-1947）和碧翠絲・韋伯（Beatrice Webb, 1858-1943）等人全都曾主張「該即刻停止愚蠢或殘障者繼續生育」這種令人毛骨悚然的論調。在蕭伯納的《人與超人》（*Man and Superman*）一書中，有個角色曾經這麼說：「懦夫在博愛的掩護下擊敗天擇；游手好閒者在軟弱和道德的掩護下忽略人工選擇。」

在威爾斯的作品中，這類能被引用的言論特別多。像是「這些孩子被帶來這個世上，只是為了傳布病菌，或在廉價公寓中製造噪音。」或是「那群黑色、褐色、骯髒的白色，以及黃色人種⋯⋯將

❶ 譯註：在倫敦創立的一種漸進社會主義團體。

得離開。」還有「愈來愈明顯的是,就整體而言,下階層的人想在未來占有人類大部分的人口……給他們平等,就是要降為和他們一樣的水準,若保護並珍惜他們,將來就得淹沒在他們的多產中。」末了,他還加上一句話,好讓人安心:「所有這類謀殺都將在麻醉狀態下進行。」其實不然。[4]

社會主義者信仰「計畫」,服膺政府的權力優先於個人,他們已準備好要接受優生學的實行。生育也已經成熟到可以歸為國有。皮爾森在費邊學會裡的朋友,是首批接受優生學概念,並將之視為流行性話題的人。優生學是社會主義的產物。優生學是一種進步主義的哲學,而且要求政府給它一席之地。

很快地,保守黨人和自由黨人也同樣為之狂熱。前任首相亞瑟‧鮑弗(Arthur Balfour)在一九一二年擔任了第一屆倫敦國際優生學會議(International Eugenics Conference in London)的主席,而一同發起的副主席包括了英國上議院首席法官(Lord Chief Justice)和邱吉爾(Winston Churchill)。牛津聯合教會(Oxford Union)在一九一一年時,以幾乎是二比一的得票比例,核准了優生學的原則。正如邱吉爾所說:「低能人類的增殖對種族來說,是一項非常可怕的危險。」

大眾也支持優生學法律

確實,其中也有少數的反對聲音。有幾位知識份子對此保持懷疑的態度,包括希來爾‧貝洛克(Hilaire Belloc)和切斯特頓(Gibert Keith Chesterton, 1874-1936)。他們反諷地寫下:「優生學家已經發現,如何能將冷硬的心和溫軟的頭腦結合在一起。」但

毫無疑問地，大部分英國人是支持優生的法律的。

　　在一九一三年和一九三四年時，英國曾經兩度幾乎就要通過優生的法律。在前者的案例中，這項企圖被勇敢但通常是孤單的反對意見所阻撓，這些反對聲音在傳統智慧的潮流中逆游著。英國政府在一九〇四年，由萊諾伯爵（Earl of Radnor）領軍成立了「皇家委員會」（Royal Commission），研究「低能者的看護與控制」。當這個委員會在一九〇八年提出報告時，對智力缺陷採取強烈的遺傳觀點。這一點也不令人驚訝，因為多數成員都是優生學家。正如葛瑞・安德生（Gerry Anderson）最近在劍橋發表的論文中所指出，[5]在委員會提出報告後的這段時期，各方莫不持續嘗試遊說政府開始採取行動。英國內政部接到了數百份來自各郡、市議會和教育委員會的決議案，強烈要求通過限制「不健全者」生育權利的法案。新的優生學教育學會（Eugenics Education Society）不斷轟炸下議院議員，並和內政部長頻頻開會，以期促使法案通過。

　　有一陣子什麼事也沒有發生。因為當時的內政部長赫伯・格來斯頓（Herbert Gladstone）對此並不熱中。當邱吉爾在一九一〇年取而代之後，優生學在內閣中終於有個熱心的擁護者。早在一九〇九年，邱吉爾就在內閣會議中傳閱一份阿爾弗列・特雷哥（Alfred Tredgold）贊成優生學的講稿。一九一〇年十二月，當邱吉爾於內政部就職時，他寫信給當時的首相赫伯・艾斯奎斯（Herbert Asquith），主張應緊急通過優生學法律，並斷定：「我認為那條瘋狂水流的源頭已經滿載，應立即將之截斷、封閉。」他期盼：「心理疾病患者的詛咒會和他們一起死去。」據威爾弗列・史卡溫・布朗特（Wilfred Scawen Blunt）寫道，為了防止有人不明瞭他的想法，邱吉爾已私下提倡對智能不足的人施行 X 光照射，並進行絕育手

術。

　　一九一○年和一九一一年的憲法危機，使得邱吉爾無法提出相關法案；稍後他便前往海軍總部任職。但是到了一九一二年，要求立法的聲浪再度復甦。保守黨的下議院普通議員格伸‧史都華（Gershom Stewart）針對優生學這個議題，提出自己的立法法案（private member's bill），強迫英國政府表態。在一九一二年，新任內政部部長雷金納德‧麥坎那（Reginald McKenna）不甚情願地提出政府版的「智能不足法案」（Mental Deficiency Bill）。這項法案限制智能不足的人生育後代，而且會處罰那些和智能不足者結婚的人。只要情勢允許，這項法案可以被修正為准許政府進行強制性的絕育手術；這已是個公開的祕密。

威基伍德螳臂擋車

　　在反對這個法案的陣營中，有一個人值得我們特別注意，那就是激進的自由主義下議院議員約書亞‧威基伍德（Josiah Wedgwood）。他是知名的工業家族威基伍德的後裔。威基伍德家族曾反覆地和達爾文家族通婚——達爾文的祖父、岳父、兩位姊夫都叫作約書亞‧威基伍德。他在一九○六年自由黨大獲全勝時獲選為下議院議員，但稍後加入工黨，並於一九四二年退居上議院。達爾文的兒子李奧納多（Leonard）當時是優生學教育學會的主席。

　　威基伍德非常討厭優生學。他公開指責優生學教育學會是想把「勞動階級當成牛來繁殖」，還聲稱有關遺傳的法律是「對一個絕對信賴教義的人來說太過薄弱，作為立法依據也太牽強。」但他反對優生學的主要理由，還是因為它剝奪了個人自由。他驚駭地發

現，這個法案讓政府有權力將孩子強制帶離他自己的家庭，其中更有條款明訂，當有人報告說某人是「智能不足」時，警察有權採取行動。威基伍德的動機不是社會正義，而是個人自由：後來又有些保守黨的自由主義者加入威基伍德的行列，像是羅伯特‧西賽爾（Lord Robert Cecil）等人。他們共同的宗旨是以個人對抗政府。

真正讓威基伍德如鯁在喉的條款是：「如果社區裡一致這麼希望，（智能不足者的）生育孩子的權利應該被剝奪。」用威基伍德的話來說，這簡直是「有史以來聽過最可憎的建議」，而不是「關切這些人的自由，以及保護這些人有能力對抗政府；這些是我們有權去期待自由黨政府該做到的」。[6]

威基伍德的攻擊十分有效，於是政府將法案撤回，並於翌年提出一份稀釋許多的版本。最重要的是，這份法案已略去以下字眼：「可被視為優生學觀念的參考資料」（用麥坎那的話來說是如此），而且管理婚姻和限制生育的冒犯性條款也都刪除了。威基伍德仍然反對這個法案，所以整整兩個夜晚，他一邊吃巧克力維持能量，一邊提出超過兩百個的修正，以繼續他的攻擊。但是當他的支持者逐漸減少，只剩下四個成員時，他只好放棄。於是法案通過而成為法律。

威基伍德或許會認為他已經失敗。強制託管心理疾病患者已成為英國生活的一種特徵，而這的確也使他們較難生育下一代。但事實上，威基伍德的作為不只是避免採用優生學的措施，也送出一枚警告彈給任何未來政府的舵手，讓他們知道優生學的立法是會引起爭論的。而且他早已看出所有優生學計畫的核心缺點。這個缺點並不是因為優生學奠基於錯誤的科學上，也不是因為優生學不實際，而是因為優生學的本質既殘酷又具壓制性，同時它需要政府使出全

力，以駕凌於個人權利之上。

布洛克報告

在一九三○年代早期，當經濟蕭條使失業率上升時，優生學歷經明顯的復甦。英國優生學教育學會的會員數目達到前所未有的多，人們開始荒謬地將高失業率和貧窮歸罪於最早優生學家曾預言的人種變質劣化上。這時，大部分國家都已通過了優生學的法律。舉例來說，瑞典在一九三四年開始實施強制絕育法，德國也是如此。

英國的絕育法律在醞釀幾年之後，又再度面對壓力，此外有一份政府對智能缺陷的報告 ── 被稱為「伍德報告」（Wood report）── 其結論是智能不足者有增加的趨勢，而部分原因是源自於智能不足者的高繁殖力；委員會小心地定義出三種智能不足者，分別為：白癡、弱智和低能。但是當一位工黨的下議院議員將一份優生學的議員立法法案送到下議院時，卻被擋了下來，優生學壓力團體於是轉而將注意力放在政府官員身上。衛生署因而屈服，並成立一個由勞倫斯·布洛克爵士（Sir Laurence Brock）所領導的委員會，專門調查讓智能不足者絕育的個案。

先不論布洛克委員會官僚式的起源，剛開始時他們確實是盡忠職守。據一位現代史史學家的說法，大多數的成員「壓根沒想過這些證據是怎樣矛盾而欠缺說服力」。委員會接受了以遺傳論者的觀點來看待這些智能不足的人，忽略牴觸這些想法的證據，並自行補上有利的證據。委員會不顧證據欠缺說服力，逕自接受了智能不足者會快速繁殖的觀念，而委員會之所以會「放棄」強制性絕育手術，

只是為了緩和批評者的情緒——它掩飾了未經心智有缺陷者同意的問題。報告引述了出自一九三一年出版的暢銷生物學書中的一句話，便結束了這場遊戲：「這些低等人類中的許多人，可能被賄賂或被說服去接受自願性的絕育手術。」[7]

　　布洛克報告純粹只是宣傳花招，卻被包裝成對此爭議所提出冷靜而老練的評估。正如最近有人指出，就某個角度來說，這份報告創造出一個合成的危機，由「專家」一致背書，並要求採取緊急行動。這也成為政府官員在處理危機時，其行為模式的先驅；當本世紀稍晚，這是世界各地官員在面臨全球溫室效應問題時效法的藍本。[8]

　　這份報告原本是要促成絕育法案的通過，但這項法案從未見天日。不過這次並非因為出現了像過去威基伍德一樣堅決的反對者，而是因為整個社會的氛圍已經改變。許多科學家的想法已經改變（特別值得一提的是霍爾丹），有部分原因是瑪格麗特‧米德這類的心理學行為學派不斷宣揚環境因素對人性的影響，而這種說法日受重視的緣故。工黨此時已是堅決反對優生學，並將優生學視為勞動階級的一種階級戰爭。反對優生學的天主教會在某些角落也有相當的影響力。[9]

　　令人驚訝的是，還不到一九三八年，這份報告便透過德國的實例，了解到強制絕育的真義為何。布洛克委員會不智地讚揚納粹的絕育法律，這項法律於一九三四年一月開始實施。此時大家已清楚知道，這項法律對個人自由的侵犯讓人完全無法容忍，同時還會是迫害的好藉口。在英國，正確的判斷終於獲勝。[10]

放任的優生學

這個優生學的簡要歷史讓我獲得一個牢靠的結論：優生學的差錯並不在於科學，而在其強迫性；它就像任何將社會利益放在個人權利之前的計畫一樣。優生學是人道主義者，不是科學上的罪行。毫無疑問地，優生式的生育會對人類「發生功效」，正如將它應用在狗和乳牛身上一樣。優生學的確可能可以減少許多心智失調的發生率，並以選擇性生育的方式來增進整個群體的健康程度。但我們也絕不懷疑，優生學的成效是建立在殘酷、不公平、壓抑等巨大成本上。皮爾森曾這樣回應威基伍德：「凡是符合社會所需的，就是正確的；而且正確的定義僅止於此。」這個可怕的說法應當作為優生學的墓誌銘。

然而，當我們在報上讀到有關智力的基因、生殖原細胞基因療法、產前診斷和篩檢，我們不得不打從骨子裡感覺到優生學未死。正如我在「第 6 號染色體」那一章曾討論的，高爾頓將許多人性歸因於遺傳，而這種想法正逐漸形成新風潮，但這次有較適當的（雖然並不具有說服力）經驗作為支持的證據。現今，有愈來愈多的遺傳篩檢，使父母可以選擇孩子的基因。哲學家菲利普・基卻（Philip Kitcher）稱遺傳篩檢為「放任的優生學」，並說：「每個人都是自己的優生學家，利用現有的遺傳測試為籌碼，做出自己認為是正確的生殖決定。」[11]

照此標準，優生學每天在全世界各地的醫院中發生。它最常見的受害者，便是帶有一條額外的第 21 號染色體的胚胎。如果蒙古症患者生了下來，在大部分的情形下，他們會有短暫但幾乎每天都

很快樂的生活──那是他們的天性。如果他們生了下來，在大部分的情形下，他們會被父母和手足所愛。但對還不能獨立、尚未有意識的胚胎來說，沒有被生下來並不一定就等於被殺害。這使我們立刻回到有關墮胎的辯論上：母親是否有權使孩子早夭，而國家是否有權阻止她這麼做；這是一個老問題。遺傳的知識給她更多理由進行墮胎。選擇出具有特別能力的胚胎，而非放棄缺乏某種能力的胚胎，這種選擇的可能性應該已經不遠了。尤其在印度半島，選擇男孩、流掉女孩已成為羊膜穿刺的嚴重濫用了。

　我們之所以拒絕政府的優生學，難道只是為了跌入允許個人優生學的圈套內？父母可能因為遭受各種壓力，而接受自願性的優生學。這些壓力可能是來自於醫生、健保公司，更大部分則是來自於文化。直到一九七〇年代，還有許多婦女被醫生誘騙而進行絕育手術，只因為她們帶有一種會引起遺傳疾病的基因。然而若政府因為遺傳篩檢被濫用而加以禁止，又會增加這個世界必須承受的負荷：要判定遺傳篩檢是不合法，其殘酷性和強制進行遺傳篩檢的殘酷性是相等的。這是個人的選擇，而非技術官僚的決定。基卻當然會這麼認為：「就好像某些人企圖增加或避免的特性，這當然是他們自己的事。」而詹姆斯‧華生也說：「這些事情絕對不能交給那些自認為全知全能的人……我正試著想像將這個決定交付給使用者，這是政府不願面對的狀況。」[12]

　雖然仍有些非主流的科學家擔憂種族和族群的遺傳會劣化，[13]但是大部分科學家現在都承認，個人的幸福應優先於群體的福祉。在遺傳篩檢和優生學家在其全盛期時所想達成的目標，這兩者之間存在著一個世界：遺傳篩檢是讓個體以個人的標準做出個人的選擇。如果將優生學變為國有化，那麼人們生育的決定並非為了個人

自身，而是為了國家政府。在匆促思考「我們」在新的遺傳世界中必須容許什麼的時候，這是個經常被忽略的差別：「我們」是誰？我們是個人，還是國家或種族的集體利益？

讓我們比較兩個今日真正被實行的「優生學」現代例子。正如我在「第13號染色體」那章所討論到的，在美國，猶太人遺傳疾病預防委員會會測試學童的血液，並對日後的婚姻提出忠告，以防止男女雙方都帶有同樣會引起疾病的特定基因時，會引起下一代的某種遺傳疾病。這是個完全自願性的政策。雖然它曾被批評為優生學，但其中卻完全沒有任何強迫性。[14]

另一個例子則是來自中國大陸，政府持續以優生學為由，進行絕育和墮胎手術。公共衛生部長陳明璋（音譯）最近勸誡道，次等品質人口的出生，在「舊的革命基地、少數民族地區、邊界，和經濟貧困地區」都是嚴重的。「母親和嬰兒健康保護法」（Maternal and Infant Health Care Law）自一九九四年才開始生效，強制進行婚前健康檢查，並且讓醫生（而不是父母）決定是否讓某個孩子流產。將近百分之九十的中國遺傳學家贊成這種作法，相較之下，只有百分之五的美國遺傳學家會贊成這種作法；另外，百分之八十五的美國遺傳學家認為，墮胎的決定權在母親手中，但只有百分之四十的中國遺傳學家持相同意見。負責這項民意調查的毛新（音譯）認為：「中國文化是相當不同的，我們會把重點放在社會的益處上，而非考量個人的益處。」他的說法呼應了皮爾森的想法。[15]

許多現代記述將優生學歷史視為是科學（尤其是遺傳學）失去控制後，造成危險的範例；其實這更是個讓政府失去控制，造成危險的範例。

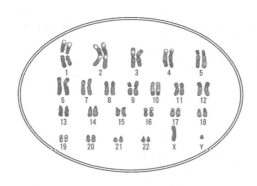

第22號染色體

自 由 意 志

休姆的叉子（Hume's fork）：如果我們的行動是早被決定好的，我們便不用為這些行動負責；或者，如果我們的行動是隨機事件的結果，那我們也無須為這些行動負責。

——《牛津哲學字典》（*Oxford Dictionary of Philosophy*）

　　當這本書的初版草稿即將完成——此刻距離這個千禧年的結束還有幾個月——剛好有幾個重大新聞已經公布。在劍橋附近的桑格中心（Sanger Centre）負責帶領整個世界解讀人類基因組，這個實驗室已經完成第 22 號染色體上所有序列的定位，第一份人類染色體被從頭讀到尾。這本人類自傳的第二十二章全長共一千一百萬個「詞」，總計有三千三百四十萬個 A、C、G、T。

自由意志打哪兒來？

　　靠近第 22 號染色體長臂的頂端有一段龐大而複雜的基因，其重要性極高；這段基因的名字是 *HFW*。*HFW* 基因有十四個表現序列，可拼寫出全長超過六千個字母的文本。這個文本在轉錄之後經過特有的 RNA 剪接（splicing）過程，會被大幅修改，然後產生一種非常複雜的蛋白質，這種蛋白質只會表現在腦中額葉前部皮質的一小部分區域。概括說來，這種蛋白質的功能便是賦予人類自由意志。沒有 *HFW* 基因，我們就沒有自由意志。

　　以上這段描述是虛構的。第 22 號染色體上根本沒有什麼 *HFW* 基因，其他染色體上也沒有這個基因。在連續二十二章的無情事實後，我只是想要你一下。身為非小說作家的緊張壓得我喘不過氣來，而我再也無法抵抗想要虛構些什麼的誘惑。

　　但這個被愚蠢的衝動征服，決定寫下一個虛構段落的「我」是誰？我是由我的基因組合在一起的生物。基因規範了我的體型，在每隻手上給了我五根手指，還在我的嘴裡放了三十二顆牙齒，讓我有語言能力，並賦予我大半的智能。當我憶起某事，是基因幫我做到的，它們會啟動 CREB 系統來儲存記憶。基因還造了個腦給我，

並把例行的責任委任授權給腦來處理。基因還讓我有種印象，認為我有權決定要怎麼做。簡單的內省告訴我，沒有什麼是我「無法不這麼」做的。同樣地，也不會有某種機制來告訴我，必須要去做什麼和不准去做什麼。我可以在我的汽車中上下跳躍，還可以現在馬上啟程，一路開車直奔愛丁堡，不為其他，只因為我想這麼做；或者，我可以捏造一整段的虛構故事，只因為我想這麼做。我是一個自由人，帶有自由的意志。

這些自由意志是打哪兒來的？它絕不可能來自於我的基因，若是如此，那就不是自由意志了。根據許多人的說法，自由意志來自於社會、文化和教養。照這個說法，自由就和我們天性中某些部分一樣，不是被基因所決定的；自由彷彿是在基因蠻橫地完成其最糟糕的工作後，盛開的一朵花。我們可以超越基因為我們預先安排的決定，然後抓住這朵神祕的花：自由。

基因性解釋 vs. 社會性解釋

在某類的科學寫作者之間有個歷史悠久的傳統，認為生物學的世界被分成兩邊，一邊是相信遺傳決定論的人，另一邊則是信仰自由的人。不過，這批摒棄遺傳決定論的寫作者，卻取而代之創立某種形式的生物決定論——也就是父母影響或社會狀況決定論。令人百思不得其解的是，有那麼多寫作者為了保護人類的尊嚴而向專制的基因宣戰，但這些寫作者卻似乎又很快樂地接受環境對我們的宰制。我有一次曾在報上被點名批評，因為有傳聞說我認為（實際上我不曾這麼說）所有行為都是早已被基因決定好的。批評我的人接著還舉了一個例子，說明行為如何不為基因所控制：大家都知道，

會虐待兒童的人通常在其兒童時期也曾經被虐待，而這就是他們長大後有這種行為的原因。批評者似乎未曾察覺，這種說法也是決定論的，而且更加冷酷、帶有偏見地將受虐者定罪。批評者認為，受虐兒童長大後很有可能變成會虐待兒童的人，而且他們無法抗拒這種命運。批評者完全沒發現自己的評論帶有雙重標準：對行為的基因性解釋要求要有嚴謹的證據，卻輕易地接受行為的社會性解釋。

把基因當成相信喀爾文教派❶，且個性難纏的設計師，而把環境當作開明的自由意志發源地，這種粗糙的區分真是荒謬。對個性和能力來說，最強有力的環境雕塑家是子宮裡的整體狀況，但那是你無可施力之處。正如我在「第 6 號染色體」那章中曾指出，有些和智能有關的基因，與其說是讓人擁有高智能的才能或資質，倒不如說它讓人對高智能有欲望和愛好：所以這些基因會使人有學習的意願。一位擅於啟發學生的老師也能達成同樣的結果。換句話說，先天的自然可比後天的教養容易塑造多了。

美麗新世界

赫胥黎（Aldous Huxley）的《美麗新世界》（*Brave New World*）寫於一九二〇年代，當時正是優生學最為狂熱的時候。這本書表現出制式化的恐怖世界，強制的控制下沒有個人的存在。每個人都溫順且樂意地接受自己在種性階級（caste）系統裡——從阿爾發到艾普西隆——的地位，服從地執行被分派的工作，並享受社會期望他會喜歡的娛樂。「美麗新世界」這個詞，後來變成中央集權控制和

---

❶ 譯註：喀爾文是十六世紀歐洲宗教改革家。喀爾文教徒在英格蘭稱為清教徒；在蘇格蘭、愛爾蘭稱為長老會信徒。

先進科學聯手運作的反理想國的代稱。

在閱讀《美麗新世界》時，多少會有點驚奇地發現，書中完全沒有任何有關優生學的內容。書中的人物並不是被生育出來的，而是將化學物質放在人工子宮中製造出「人」，再經過巴夫洛夫式的制約和洗腦，然後靠著鴉片般的藥物，維持成人期的控制。換句話說，這個反理想國和自然毫無關係，完全是後天一手張羅出來的。這是個環境因素造成的地獄，和基因無涉。每個人的命運都是預先被決定的，但是是由控制下的環境，而不是基因來決定。事實上，這是生物決定論，而非遺傳決定論。赫胥黎的洞見在於，他看出這種環境操弄一切的世界有多可怕。的確，當比較同樣發生在一九三〇年代的兩種極端，德國統治者是極端的遺傳決定論者，而俄國統治者則是極端的環境決定論者，很難決定到底哪一種會給人帶來比較多痛苦。我們唯一能確定的是，這兩種極端都非常可怕。

幸運的是，我們很難被洗腦。無論父母或政客怎樣努力說明抽菸對人體有害，年輕人還是照抽不誤。實際上，正是因為大人一直教訓年輕人不要抽菸，才讓抽菸這件事顯得特別有魅力。我們的基因中天生帶有反抗權威的傾向，尤其是在青少年時期，為了保護我們自己的天生特質，而反抗獨裁者、教師、有虐待傾向的繼父母，或者政府的政策宣導。

教養的假設

此外，我們現在知道，「所有證據都顯示出父母親對塑造子女個性具有影響力」這個觀念真是大錯特錯。虐待兒童者和曾經在兒童時期被虐待者這兩者之間確實有關連性，但是這也可以完全歸因

於可遺傳的人格特質；被虐待的小孩得到迫害者個性特質的遺傳。適當地控制這個效應的研究顯示，後天教養完全沒有發揮的餘地。舉例來說，施虐者的繼子不會變成施虐者。[1]

很明顯地，這個標準適用於每個你曾經聽過的社會問題：罪犯會養育出罪犯、離婚者養育出離婚者、問題父母養育出問題子女、肥胖的父母養育出肥胖的子女。長期以來，以撰寫心理學教科書為業的茱蒂・哈里斯（Judith Rich Harris）原本贊同這一切主張，但幾年前她突然懷疑這種說法的真實性。她的發現使她不寒而慄。因為事實上沒有任何研究曾控制遺傳性這個變因，也沒有哪個研究能證明這其間的因果關係。對於這樣的疏忽，連句口頭敷衍也沒有：但這其間的相關性卻一直被當作互為因果。然而，在行為遺傳學研究中找到新的有力證據，可以反駁這種被哈里斯命名為「教養的假設」（the nurture assumption）❷ 的謬誤。舉例來說，雙胞胎離婚率的研究顯示，離婚變異率中，遺傳大約占了一半的因素，另一半則得「歸功」於非共享的環境因素，至於雙胞胎共享的家庭環境卻毫無影響力。[1]換句話說，即使是在破碎的家庭（而不是在一般家庭）中被養育長大，也不會因此而比較容易離婚——除非其親生父母已經離婚。丹麥一項有關養子女的犯罪紀錄研究顯示，養子女的犯罪紀錄和親生父母的犯罪紀錄有密切相關，卻和養父母的犯罪紀錄沒什麼關係——當控制了同儕團體效應後，養父母的犯罪紀錄的微小影響甚至完全消失；也就是說，養父母是否住在罪犯較多的地區，比養父母本身是否是罪犯更有意義。

事實上，孩子對父母的非遺傳效應，會比父母對孩子的非遺傳效應來得強。正如我曾在「X 和 Y 的對立」那一章裡提過，傳統

---

❷　編按：哈里斯的著作請見《教養的迷思》，商周出版，2000。

的想法認為，冷淡疏遠的父親和過度保護的母親會使兒子變成同性戀。但事實可能更接近以下狀況：察覺到兒子對男性議題不感興趣時，父親會退縮，而母親則會基於補償心理，變得過度保護。同樣地，個性孤僻的孩子通常有個冷漠的母親，但母親的態度應是結果而非起因：長年來，母親想要嘗試改變孩子孤僻的個性，但心思耗盡了也沒有得到任何回應，於是母親最後放棄這樣的嘗試。

哈里斯逐步地破壞這些二十世紀社會科學所產生的、從未被質疑的教條：假定父母會塑造其子女的人格和文化。在佛洛伊德的心理學、華生的行為主義，以及米德的人類學中，父母的後天教養決定論從未被測試過，那只是個假設而已。然而證諸於雙胞胎、移民子女、養子等研究，人格來自於個人的基因以及同儕的影響，而非父母。[1]

同儕的影響遠勝於父母

在一九七〇年代，當威爾森（E.O. Wilson）的著作《社會生物學》（*Sociobiology*）出版後，在其哈佛大學同事李察・陸溫廷（Richard Lewontin）和史帝芬・古爾德（Stephen Jay Gould）領軍下，對遺傳影響行為這個想法出現了大量的反擊。他們最喜愛的口號就像個堅決的教條：「不在我們的基因裡！」（not in our genes）還曾被採用為陸溫廷一本著作的書名。當時，聲稱「遺傳對行為的影響非常小或根本不存在」的假說才剛剛出現。在研究行為遺傳學二十五年之後，那種觀點已不再站得住腳。因為基因確實會影響行為。

不過即使有上述的發現，環境因素還是非常重要——整體來

說，環境對行為的影響遠比基因重要得多。不過在環境的影響力中，父母親的影響力很明顯地只占了一小部分。這並不是說父母不重要，也不是說孩子不需要父母。事實上，正如哈里斯的觀察，爭論此事十分荒謬。父母塑造家庭環境，而快樂的家庭環境對家庭本身來說是一件好事。你不必相信快樂會決定人格，但你不得不同意快樂是件值得擁有的好事。只是孩子似乎不會讓家庭環境影響他們在家庭以外所表現的人格，也不會讓家庭環境影響他們成年後的人格。根據哈里斯的觀察，我們都會將生活中的公私部分分開，而且我們也不見得會將某個部分所習得的教訓或人格帶到另一個部分去。我們可以很輕易地在這兩者間切換。因此，我們從同儕——而非父母——那裡學得語言（以移民為例）或口音，並將之應用在往後的生活中。文化會從這個同儕團體傳到那個同儕團體，卻不會從父母傳給孩子。這也就是為什麼雖然成人世界已逐漸邁向性別平等，但對孩子遊戲場上的性別隔離卻起不了什麼作用。正如每個父母都知道的，孩子喜歡仿傚同儕，更甚於仿傚父母。心理學就像社會學和人類學一樣，都被那些強烈憎惡以基因遺傳來解釋行為的人所主宰，但我們不能再這樣無知下去。[2]

決定論不等於宿命論

我無意重新點燃「先天與後天孰重孰輕」的爭辯，有關這點我們在「第 6 號染色體」那一章已經探討過，我只是想請大家注意以下事實：即使教養的假說被證明真有此事，這也絕對無損於決定論的重要性。藉由強調服從同儕團體會對人格產生強烈影響，哈里斯揭露了社會決定論遠比遺傳決定論更令人驚心。社會決定論就好像

是洗腦，它不但對自由意志不留餘地，甚至還趕盡殺絕。一個小孩不顧父母或手足給他壓力時，會表現出自己的（部分是遺傳來的）人格，這至少是服從自己內因性因果律的結果，而不是順著別人的想法。

在社會化的過程中，我們仍難逃決定論的魔掌。有果便有因，否則事情就不會發生。如果因為年少時發生在我身上的事而使我變得膽小，這個事件的決定性不亞於膽小的基因。我們在基因和決定論之間畫上等號，這並非嚴重的錯誤，將決定論視為無可避免的這種想法，才真正大錯特錯。《不在我們的基因裡！》一書的三位作者，史帝芬・羅斯（Steven Rose）、里昂・卡明（Leon Kamin）和陸溫廷，在書中這麼寫道：「對生物決定論者來說，那句舊定律『你無法改變人性』，就是人類狀況的全部。」但現在我們看得很清楚，「決定論等於宿命論」的說法無比荒謬。[3]

「決定論等於宿命論」的說法之所以荒謬，理由如下：假如你生病了，但你覺得不論會不會復原，你都不必去看醫生，因為不管是哪種情況，醫生都是多餘的。但這種想法卻忽略了不論你復原與否，都可能和你是否去看醫生有關。決定論者會從當時的狀況，往回找出原因，而不是向前找出結果。

然而仍有迷思堅持，比起社會決定論，遺傳決定論是一種更難化解的命運。正如華生所說：「當我們談到基因療法，總是一副它能扭轉某人命運的口吻，但只要你願意幫某人清償他的信用卡欠款，你也可以改變他的命運。」遺傳知識的整個重點是，透過介入（大多是非遺傳性的方式）來修復遺傳上的缺陷。發現遺傳上的突變並不會導致宿命論，我之前已經提出許多例子來說明，基因會加倍努力以求改善效果。正如我在「第6號染色體」那章談過，當閱

讀障礙被遲來地判定為一種真正的、可能是遺傳性的狀況，其父母、老師、政府的反應都不是宿命論的。沒有人認為因為它是一種遺傳性的情況，所以不能被醫治，或認為從現在開始，被診斷出具有閱讀障礙的孩子可被允許保持文盲的狀態。幾乎完全相反的是：目前已經發展出閱讀障礙的治療教育，而且結果很令人振奮。同樣地，正如我在「第 11 號染色體」一章所指出的，甚至精神治療醫師也發現，害羞的遺傳性解釋有助於治療害羞。讓害羞的人了解，他們的害羞是天生而「真實的」，這多少可以幫助他們克服害羞。

隨時準備犧牲的自由意志

此外，「生物決定論會威脅政治自由」的論調也不合理。正如山姆‧布利丹（Sam Brittan）曾這麼說：「自由的反面是強迫，而非決定論。」[4]我們熱愛政治自由，因為它給我們個人自決的自由，而不是其他的。雖然我們常聲稱我們熱愛自由意志，但在危急時，我們會緊緊攫住決定論來自救。在一九九四年二月的美國，史帝芬‧莫伯利（Stephen Mobley）被控謀殺比薩店經理約翰‧柯林斯（John Collins），並被判死刑。他的律師為了想讓判決減為終身監禁，於是提出遺傳作為抗辯。莫伯利來自一個充滿竊賊和罪犯紀錄的家族。他的律師辯稱，莫伯利之所以會殺了柯林斯，很可能是因為他的基因指使他這麼做。「他」無須為此負責任，因為他只是一具被遺傳所決定的自動機器。

莫伯利很樂意拋棄他那幻想中的自由意志，他希望別人相信他沒有自由意志。每個用精神錯亂來抗辯或希望因此能獲得減刑的罪犯都這麼想。每個嫉妒的配偶在手刃自己那不忠實的伴侶之後，用

暫時性的精神錯亂或狂怒來抗辯的人也都這麼想。為自己出軌合理化的不忠實伴侶，心裡也這麼想。每個被控詐欺便使用阿茲海默症作為藉口的企業大亨也都這麼想。遊戲場上，說是朋友指使他這麼做的小孩，心裡也這麼想。當我們隨著心理治療師微妙的暗示，相信我們之所以得面對不快樂，這都該怪罪於我們的父母，我們心裡也是這麼想。一個政客把某個地區的犯罪率歸因於社會，他心裡也是這麼想。當經濟學家主張，消費者追求效用的極大化時，他心裡也是這麼想。當傳記作者試著去解釋傳主的個性是如何被經驗所塑造時，他心裡也是這麼想。每個用占星術去算命的人，心裡也都是這麼想。在上述的每個案例中，他們都很願意、快樂、感謝地擁抱決定論。我們並非熱愛自由意志，當有需要時，我們很樂意拱手讓出自由意志。[5]

休姆的叉子

　　要求某人要為自己的所有行動負全責，這是必要的虛構，因為法律得以此為基礎而展開；但縱然如此，這還是虛構不實的。你得對自己負責扮演角色的行為負責，然而這些行為也只不過表現出之所以產生你這個角色的許多決定論。哲學家休姆發現自己彷彿被叉子釘在這個兩難中，後人稱之為「休姆的叉子」：如果我們的行動是早被決定好的，我們便不用為這些行動負責；或者，如果我們的行動是隨機事件的結果，那我們也無須為這些行動負責。但不論是哪一種情況，都是違反了常識，社會也會因此而無法組織起來。

　　基督教會已和這些問題周旋了兩個千禧年，而其他宗教的神學家可能奮鬥了更長的一段時間。上帝，從定義上來看，似乎否認自

由意志，否則祂就不會是全知全能的了。然而基督宗教致力於保有自由意志的概念，因為若沒有自由意志，人們便無法為自己的行為負責。若不能自我負責，犯罪便形同嘲弄，地獄便成為來自公正上帝的不公不義。現代基督徒一致相信，上帝賦予我們自由意志，所以我們可以選擇成為有德之人或者罪人。

某些舉足輕重的演化生物學家最近主張，宗教信仰是一種人類本能的普遍性表現——所以若要說有些基因和信仰神祇有關，也是有可能的。有位神經科學家甚至聲稱，在腦的顳葉中找到了一個精巧的神經模組，而這個神經模組在有宗教信仰的人身上特別大，也特別活躍。宗教狂熱是某些形式的顳葉性癲癇的特徵之一。宗教性的本能也可能只是本能的迷信行為的副產物。這些迷信行為假設，所有事物（甚至包括閃電等）的起因都是蓄意的。這一類的迷信行為在石器時代可能管用。當一個大圓石滾下山來幾乎將你壓碎，你最好把這件事當作是有人故意把它推下來，這樣想會比假設這只是個意外來得安全。我們會用意圖來潤飾我們所使用的語言。我之前曾寫道，我的基因造就了我，並把責任委派給我的腦。我的基因什麼也不用做，一切就自然地發生了。

自由意志與決定論

威爾森在他的著作《符合》（*Consilience*）中甚至爭論道，[6]道德是我們的本能被編碼後的表現，而所謂正確的事，實際上就是——別管自然主義的（naturalistic）謬論——會自然發生的事。這會使我們得到一個似是而非的結論：相信上帝、行為自然，就是正確的。然而威爾森本人在一個虔誠的浸信教徒家庭中成長，但現

在卻是個不可知論者，可說他已違反了決定論的本能。同樣地，當史迪芬‧平克支持自私基因的理論時膝下猶虛，他告訴自己的自私基因「快跳到湖裡去」。

因此，甚至決定論者也能逃離決定論。這裡有個弔詭。除非我們的行為是隨意的，否則它就是已經被決定的。如果它是已被決定的，那麼它便不是自由的。然而我們卻可以明確地感受到我們是自由的。達爾文認為，自由意志是因為我們無法分析自己的動機所引起的迷惑。現代的達爾文學派進化論者，像是羅伯特‧特利弗斯（Robert Trivers）主張，以自由意志這類事物來欺騙我們自己，本身便是演化出來的適應性行為。平克曾經稱自由意志是「理想化的人類行為，使道德倫理的遊戲可以繼續下去」。作家瑞塔‧卡特（Rita Carter）稱自由意志是硬接到我們心中的錯覺。哲學家湯尼‧英葛蘭（Tony Ingram）說自由意志是我們假設其他人所擁有的東西——似乎我們人人都有一種內藏的偏見，認為和我們有關的每個人和每件事都有其自由意志，彷彿從不聽話的船尾引擎到不聽話的小孩都帶有我們的基因。[7]

自由意志與混沌理論

我認為我們可以比上述情況更接近這個弔詭的解答。記得在討論第 10 號染色體時，我描述過壓力反應和基因所處的反覆無常社會有關。如果基因會影響行為，而行為也會影響基因，那麼因果關係便是循環的。在一個循環回饋的系統中，大量不可預期的結果會伴隨著簡單的決定論過程而來。

這樣的觀念被歸入混沌理論（chaos theory）之下。雖然我很不

願意承認,但這個理論是物理學家早就發現的。十八世紀偉大的法國數學家皮耶賽門‧德拉布雷斯(Pierre-Simon de LaPlace)是牛頓學派的追隨者。有一天他想到,如果他能夠知道宇宙中每個原子的位置和運動,那麼他就能夠預知未來。或者,他猜想自己可能沒辦法預知未來,但他想知道為什麼沒辦法。時髦的說法是,答案就在次原子的層級中,而我們已知道量子力學的結果只能用統計學加以預測,而且世界並不是按牛頓力學所建立的。但這沒有太大的幫助,因為牛頓學說的物理學對我們生活中的事件能提供很妥善的描述,反而沒有人會認真地思考——為了我們的自由意志——我們仰賴的其實是海森堡(Werner Karl Heisenberg)測不準原理(uncertainty principle)的或然率架構。坦白地說:在今天下午決定要寫這一章時,我的腦並不是用擲骰子來做決定的。隨機的行動並不等於自由的行動——事實上兩者正好完全相反。[8]

　　混沌理論能給德拉布雷斯的問題一個比較好的答案。和量子物理學不一樣,混沌理論並不依靠機會。按數學家的定義,混亂的系統是預先安排好的,並非隨機的。但混沌理論說,即使你找到系統中所有決定因子,你可能還是無法預測它的下一步,因為不同的原因會彼此互動、互相影響。即使一個簡單的決斷系統,也可能有極為混亂的行為發生。部分原因是由於每個動作都會影響下一個動作的起始狀況,所以微小的效應也可能變成重大的起因。股票市場指數的走向、未來的天氣、不規則幾何形的海岸線,全都是混亂系統:在上述的每個例子中,事件的大概輪廓或方向是可預期的,但精確的細節則否。我們知道冬天會比夏天冷,但是我們不知道下個聖誕節是否會下雪。

　　人類的行為也有這些特性。壓力會改變基因的表現,基因會影

響對壓力的反應，以此類推。因此短時間內的人類行為是無法被預測的，但可以大概預測出長程的行為。所以在一天中的每一刻，我可以選擇要不要用餐。我也可以自由選擇我不要吃東西。但在結束一天的工作後，幾乎可以確定我會去吃點東西。我用餐的時間可能會受許多事情影響——例如我的飢餓程度（部分是受我的基因支配）、氣候（由大量外在因子混亂地決定），或是別人決定找我一起去吃午餐（他是一個我無法控制的決定論生物）。這些基因和外在影響的交互作用，使我的行為變得不可預測，但並非無法決定。而其間的差距，就叫作自由。

自由的滋味

我們無法從決定論逃脫，但是我們可以區別好的決定論和壞的決定論——即自由的和不自由的。假設我正坐在加州理工學院欣·希姆喬（Shin Shimojo）的實驗室中，而他此刻正拿著一個電極，戳到我腦中接近前扣帶溝（anterior cingulate sulcus）的某部分。由於腦中的這一塊區域和控制「自主式」行動有關，它可以讓我做出各種看來出自個人意志的行動，然而實際上是它操縱我去做的。要是問我為什麼移動我的手臂，我肯定會回答說這是個自願的決定。但是希姆喬教授卻知道得更多（我得趕快說明，上述實驗只不過是希姆喬教授向我提出的想法，並不是真的實驗）。這並非事實，事實是我手部行動乃是由外界其他人所決定的。

哲學家艾爾（A. J. Ayer）如是說：[9]

如果我有強迫性神經官能症，不論我想不想這麼做，我都會起

身然後走過這個房間；或者也有可能是因為其他人強迫我這麼做，
這麼說來這便不是自由的行動。但是如果我現在這麼做，我應該是
自由的行動，因為剛剛說的那些情況都不存在；而我的行動應該有
個起因，但就這個觀點來說，這和自由無涉。

　一位本身是雙胞胎的心理學家林頓・伊夫斯（Lyndon Eaves）
也持類似的觀點：[10]

　　自由是能夠站起來，並超越環境限制的能力。這種能力是天擇
賦予我們的，因為這種能力具有適應性……如果你將要被擺布，你
是寧願被環境擺布（環境絕不是你），還是願意接受你的基因擺布
（你的基因就某個角度來說就是你自己）。

　　自由在於表達你自己的，而不是別人的決定論。決定論無法造
成差別，擁有者才有這種能力。如果我們想要的是自由，那麼我們
寧可被源自我們內部的力量，而非被其他事物所決定。我們對複製
人的強烈反感，有部分是來自於害怕某些為我們所獨有的事物得和
另一個個體分享。基因在決定自己身體時，那種專注的著魔，正是
我們對抗外在因素使我們失去自由時，最有力的壁壘。你開始了解
我為什麼不考慮「自由意志來自基因」的這個想法嗎？如果有任何
基因和自由意志有關，結果便不會這麼弔詭，因為我們的行為必可
在體內尋到源頭，而其他事物都無法碰觸到自由意志。當然，沒有
基因和自由意志有關，倒是有個無限上升的巨大因素：完整的人類
天性被靈活地預設在我們的染色體中，使每個人具有屬於自己的特
色。每個人都有獨特而不同的內在天性。這，就是自我。

參考書目

第 1 號染色體

1. Darwin, E. (1794). *Zoonomia: or the laws of organic life.* Vol. II, p. 244. Third edition (1801). J. Johnson, London.
2. Campbell, J. (1983). *Grammatical man: information, entropy, language and life.* Allen Lane, London.
3. Schrödinger, E. (1967). *What is life? Mind and matter.* Cambridge University Press, Cambridge.
4. Quoted in Judson, H. F. (1979). *The eighth day of creation.* Jonathan Cape, London.
5. Hodges, A. (1997). *Turing.* Phoenix, London.
6. Campbell, J. (1983). *Grammatical man: information, entropy, language and life.* Allen Lane, London.
7. Joyce, G. F. (1989). RNA evolution and the origins of life. *Nature* 338: 217–24; Unrau, P. J. and Bartel, D. P. (1998). RNA-catalysed nucleotide synthesis. *Nature* 395: 260–63.
8. Gesteland, R. F. and Atkins, J. F. (eds) (1993). *The RNA world.* Cold Spring Harbor Laboratory Press, Cold Spring Harbor, New York.
9. Gold, T. (1992). The deep, hot biosphere. *Proceedings of the National Academy of Sciences of the USA* 89: 6045–49; Gold, T. (1997). An unexplored habitat for life in the universe? *American Scientist* 85: 408–11.
10. Woese, C. (1998). The universal ancestor. *Proceedings of the National Academy of Sciences of the USA* 95: 6854–9.
11. Poole, A. M., Jeffares, D.C and Penny, D. (1998). The path from the RNA world. *Journal of Molecular Evolution* 46: 1–17; Jeffares, D. C., Poole, A. M. and Penny, D. (1998). Relics from the RNA world. *Journal of Molecular Evolution* 46: 18–36.

第 2 號染色體

1. Kottler, M. J. (1974). From 48 to 46: cytological technique, preconception, and the counting of human chromosomes. *Bulletin of the History of Medicine* 48: 465–502.

2. Young, J. Z. (1950). *The life of vertebrates.* Oxford University Press, Oxford.

3. Arnason, U., Gullberg, A. and Janke, A. (1998). Molecular timing of primate divergences as estimated by two non-primate calibration points. *Journal of Molecular Evolution* 47: 718–27.

4. Huxley, T. H. (1863/1901). *Man's place in nature and other anthropological essays*, p. 153. Macmillan, London.

5. Rogers, A. and Jorde, R. B. (1995). Genetic evidence and modern human origins. *Human Biology* 67: 1–36.

6. Boaz, N. T. (1997). *Eco homo.* Basic Books, New York.

7. Walker, A. and Shipman, P. (1996). *The wisdom of bones.* Phoenix, London.

8. Ridley, M. (1996). *The origins of virtue.* Viking, London.

第 3 號染色體

1. Bearn, A. G. and Miller, E. D. (1979). Archibald Garrod and the development of the concept of inborn errors of metabolism. *Bulletin of the History of Medicine* 53: 315–28; Childs, B. (1970). Sir Archibald Garrod's conception of chemical individuality: a modern appreciation. *New England Journal of Medicine* 282: 71–7; Garrod, A. (1909). *Inborn errors of metabolism.* Oxford University Press, Oxford.

2. Mendel, G. (1865). Versuche über Pflanzen-Hybriden. *Verhandlungen des naturforschenden Vereines in Brünn* 4: 3–47. English translation published in the *Journal of the Royal Horticultural Society*, Vol. 26 (1901).

3. Quoted in Fisher, R. A. (1930). *The genetical theory of natural selection.* Oxford University Press, Oxford.

4. Bateson, W. (1909). *Mendel's principles of heredity.* Cambridge University Press, Cambridge.

5. Miescher is quoted in Bodmer, W. and McKie, R. (1994). *The book of man.* Little, Brown, London.

6. Dawkins, R. (1995). *River out of Eden*. Weidenfeld and Nicolson, London.

7. Hayes, B. (1998). The invention of the genetic code. *American Scientist* 86: 8–14.

8. Scazzocchio, C. (1997). Alkaptonuria: from humans to moulds and back. *Trends in Genetics* 13: 125–7; Fernandez-Canon, J. M. and Penalva, M. A. (1995). Homogentisate dioxygenase gene cloned in *Aspergillus*. *Proceedings of the National Academy of Sciences of the USA* 92: 9132–6.

第 4 號染色體

1. Thomas, S. (1986). *Genetic risk*. Pelican, London.

2. Gusella, J. F., McNeil, S., Persichetti, F., Srinidhi, J., Novelletto, A., Bird, E., Faber, P., Vonsattel, J.-P., Myers, R. H. and MacDonald, M. E. (1996). Huntington's disease. *Cold Spring Harbor Symposia on Quantitative Biology* 61: 615–26.

3. Huntington, G. (1872). On chorea. *Medical and Surgical Reporter* 26: 317–21.

4. Wexler, N. (1992). Clairvoyance and caution: repercussions from the Human Genome Project. In *The code of codes* (ed. D. Kevles and L. Hood), pp. 211–43. Harvard University Press.

5. Huntington's Disease Collaborative Research Group (1993). A novel gene containing a trinucleotide repeat that is expanded and unstable on Huntington's disease chromosomes. *Cell* 72: 971–83.

6. Goldberg, Y. P. *et al.* (1996). Cleavage of huntingtin by apopain, a proapoptotic cysteine protease, is modulated by the polyglutamine tract. *Nature Genetics* 13: 442–9; DiFiglia, M., Sapp, E., Chase, K. O., Davies, S. W., Bates, G. P., Vonsattel, J. P. and Aronin, N. (1997). Aggregation of huntingtin in neuronal intranuclear inclusions and dystrophic neurites in brain. *Science* 277: 1990–93.

7. Kakiuza, A. (1998). Protein precipitation: a common etiology in neurodegenerative disorders? *Trends in genetics* 14: 398–402.

8. Bat, O., Kimmel, M. and Axelrod, D. E. (1997). Computer simulation of expansions of DNA triplet repeats in the fragile-X syndrome and Huntington's disease. *Journal of Theoretical Biology* 188: 53–67.

9. Schweitzer, J. K. and Livingston, D. M. (1997). Destabilisation of CAG trinucleotide repeat tracts by mismatch repair mutations in yeast. *Human Molecular Genetics* 6: 349–55.

10. Mangiarini, L. (1997). Instability of highly expanded CAG repeats in mice transgenic for the Huntington's disease mutation. *Nature Genetics* 15: 197–200; Bates, G. P., Mangiarini, L., Mahal, A. and Davies, S. W. (1997). Transgenic models of Huntington's disease. *Human Molecular Genetics* 6: 1633–7.

11. Chong, S. S. *et al.* (1997). Contribution of DNA sequence and CAG size to mutation frequencies of intermediate alleles for Huntington's disease: evidence from single sperm analyses. *Human Molecular Genetics* 6: 301–10.

12. Wexler, N. S. (1992). The Tiresias complex: Huntington's disease as a paradigm of testing for late-onset disorders. *FASEB Journal* 6: 2820–25.

13. Wexler, A. (1995). *Mapping fate.* University of California Press, Los Angeles.

第 5 號染色體

1. Hamilton, G. (1998). Let them eat dirt. *New Scientist,* 18 July 1998: 26–31; Rook, G. A. W. and Stanford, J. L. (1998). Give us this day our daily germs. *Immunology Today* 19: 113–16.

2. Cookson, W. (1994). *The gene hunters: adventures in the genome jungle.* Aurum Press, London.

3. Marsh, D. G. *et al.* (1994). Linkage analysis of IL4 and other chromosome 5q31.1 markers and total serum immunoglobulin-E concentrations. *Science* 264: 1152–6.

4. Martinez, F. D. *et al.* (1997). Association between genetic polymorphism of the beta-2-adrenoceptor and response to albuterol in children with or without a history of wheezing. *Journal of Clinical Investigation* 100: 3184–8.

第 6 號染色體

1. Chorney, M. J., Chorney, K., Seese, N., Owen, M. J., Daniels, J., McGuffin, P., Thompson, L. A., Detterman, D. K., Benbow, C., Lubinski, D., Eley, T. and Plomin, R. (1998). A quantitative trait locus associated with cognitive ability in children. *Psychological Science* 9: 1–8.
2. Galton, F. (1883). *Inquiries into human faculty*. Macmillan, London.
3. Goddard, H. H. (1920), quoted in Gould, S. J. (1981). *The mismeasure of man*. Norton, New York.
4. Neisser, U. *et al.* (1996). Intelligence: knowns and unknowns. *American Psychologist* 51: 77–101.
5. Philpott, M. (1996). Genetic determinism. In Tam, H. (ed.), *Punishment, excuses and moral development*. Avebury, Aldershot.
6. Wright, L. (1997). *Twins: genes, environment and the mystery of identity*. Weidenfeld and Nicolson, London.
7. Scarr, S. (1992). Developmental theories for the 1990s: development and individual differences. *Child Development* 63: 1–19.
8. Daniels, M., Devlin, B. and Roeder, K. (1997). Of genes and IQ. In Devlin, B., Fienberg, S. E., Resnick, D. P. and Roeder, K. (eds), *Intelligence, genes and success*. Copernicus, New York.
9. Herrnstein, R. J. and Murray, C. (1994). *The bell curve*. The Free Press, New York.
10. Haier, R. *et al.* (1992). Intelligence and changes in regional cerebral glucose metabolic rate following learning. *Intelligence* 16: 415–26.
11. Gould, S. J. (1981). *The mismeasure of man*. Norton, New York.
12. Furlow, F. B., Armijo-Prewitt, T., Gangestead, S. W. and Thornhill, R. (1997). Fluctuating asymmetry and psychometric intelligence. *Proceedings of the Royal Society of London, Series B* 264: 823–9.
13. Neisser, U. (1997). Rising scores on intelligence tests. *American Scientist* 85: 440–47.

第 7 號染色體

1. For the death of Freudianism: Wolf, T. (1997). Sorry but your soul just died. *The Independent on Sunday*, 2 February 1997. For the death of Meadism: Freeman, D. (1983). Margaret Mead and Samoa: the making and unmaking of an anthropological myth. Harvard University Press, Cambridge, MA; Freeman, D. (1997). *Frans Boas and 'The flower of heaven'*. Penguin, London. For the death of behaviourism: Harlow, H. F., Harlow, M. K. and Suomi, S. J. (1971). From thought to therapy: lessons from a primate laboratory. *American Scientist* 59: 538–49.

2. Pinker, S. (1994). *The language instinct: the new science of language and mind*. Penguin, London.

3. Dale, P. S., Simonoff, E., Bishop, D. V. M., Eley, T. C., Oliver, B., Price, T. S., Purcell, S., Stevenson, J. and Plomin, R. (1998). Genetic influence on language delay in two-year-old children. *Nature Neuroscience* 1: 324–8; Paulesu, E. and Mehler, J. (1998). Right on in sign language. *Nature* 392: 233–4.

4. Carter, R. (1998). *Mapping the mind*. Weidenfeld and Nicolson, London.

5. Bishop, D. V. M., North, T. and Donlan, C. (1995). Genetic basis of specific language impairment: evidence from a twin study. *Developmental Medicine and Child Neurology* 37: 56–71.

6. Fisher, S. E., Vargha-Khadem, F., Watkins, K. E., Monaco, A. P. and Pembrey, M. E. (1998). Localisation of a gene implicated in a severe speech and language disorder. *Nature Genetics* 18: 168–70.

7. Gopnik, M. (1990). Feature-blind grammar and dysphasia. *Nature* 344: 715.

8. Fletcher, P. (1990). Speech and language deficits. *Nature* 346: 226; Vargha-Khadem, F. and Passingham, R. E. (1990). Speech and language deficits. *Nature* 346: 226.

9. Gopnik, M., Dalakis, J., Fukuda, S. E., Fukuda, S. and Kehayia, E. (1996). Genetic language impairment: unruly grammars. In Runciman, W. G., Maynard Smith, J. and Dunbar, R. I. M. (eds), *Evolution of social behaviour patterns in primates and man*, pp. 223–49. Oxford University Press, Oxford; Gopnik, M. (ed.) (1997). *The inheritance and innateness of grammars*. Oxford University Press, Oxford.

10. Gopnik, M. and Goad, H. (1997). What underlies inflectional error

patterns in genetic dysphasia? *Journal of Neurolinguistics* 10: 109–38; Gopnik, M. (1999). Familial language impairment: more English evidence. *Folia Phonetica et Logopaedia* 51: in press. Myrna Gopnik, e-mail correspondence with the author, 1998.

11. Associated Press, 8 May 1997; Pinker, S. (1994). *The language instinct: the new science of language and mind.* Penguin, London.

12. Mineka, S. and Cook, M. (1993). Mechanisms involved in the observational conditioning of fear. *Journal of Experimental Psychology, General* 122: 23–38.

13. Dawkins, R. (1986). *The blind watchmaker.* Longman, Essex.

X 和 Y 的對立

1. Amos, W. and Harwood, J. (1998). Factors affecting levels of genetic diversity in natural populations. *Philosophical Transactions of the Royal Society of London, Series B* 353: 177–86.

2. Rice, W. R. and Holland, B. (1997). The enemies within: intergenomic conflict, interlocus contest evolution (ICE), and the intraspecific Red Queen. *Behavioral Ecology and Sociobiology* 41: 1–10.

3. Majerus, M., Amos, W. and Hurst, G. (1996). *Evolution: the four billion year war.* Longman, Essex.

4. Swain, A., Narvaez, V., Burgoyne, P., Camerino, G. and Lovell-Badge, R. (1998). Dax1 antagonises sry action in mammalian sex determination. *Nature* 391: 761–7.

5. Hamilton, W. D. (1967). Extraordinary sex ratios. *Science* 156: 477–88.

6. Amos, W. and Harwood, J. (1998). Factors affecting levels of genetic diversity in natural populations. *Philosophical Transactions of the Royal Society of London, Series B* 353: 177–86.

7. Rice, W. R. (1992). Sexually antagonistic genes: experimental evidence. *Science* 256: 1436–9.

8. Haig, D. (1993). Genetic conflicts in human pregnancy. *Quarterly Review of Biology* 68: 495–531.

9. Holland, B. and Rice, W. R. (1998). Chase-away sexual selection: antagonistic seduction versus resistance. *Evolution* 52: 1–7.

10. Rice, W. R. and Holland, B. (1997). The enemies within: intergenomic conflict, interlocus contest evolution (ICE), and the intraspecific Red Queen. *Behavioral Ecology and Sociobiology* 41: 1–10.

11. Hamer, D. H., Hu, S., Magnuson, V. L., Hu, N. *et al.* (1993). A linkage between DNA markers on the X chromosome and male sexual orientation. *Science* 261: 321–7; Pillard, R. C. and Weinrich, J. D. (1986). Evidence of familial nature of male homosexuality. *Archives of General Psychiatry* 43: 808–12.

12. Bailey, J. M. and Pillard, R. C. (1991). A genetic study of male sexual orientation. *Archives of General Psychiatry* 48: 1089–96; Bailey, J. M. and Pillard, R. C. (1995). Genetics of human sexual orientation. *Annual Review of Sex Research* 6: 126–50.

13. Hamer, D. H., Hu, S., Magnuson, V. L., Hu, N. *et al.* (1993). A linkage between DNA markers on the X chromosome and male sexual orientation. *Science* 261: 321–7.

14. Bailey, J. M., Pillard, R. C., Dawood, K., Miller, M. B., Trivedi, S., Farrer, L. A. and Murphy, R. L.; in press. A family history study of male sexual orientation: no evidence for X-linked transmission. *Behaviour Genetics*.

15. Blanchard, R. (1997). Birth order and sibling sex ratio in homosexual versus heterosexual males and females. *Annual Review of Sex Research* 8: 27–67.

16. Blanchard, R. and Klassen, P. (1997). H-Y antigen and homosexuality in men. *Journal of Theoretical Biology* 185: 373–8; Arthur, B. I., Jallon, J.-M., Caflisch, B., Choffat, Y. and Nothiger, R. (1998). Sexual behaviour in *Drosophila* is irreversibly programmed during a critical period. *Current Biology* 8: 1187–90.

17. Hamilton, W. D. (1995). *Narrow roads of gene land*, Vol. 1. W. H. Freeman, Basingstoke.

第 8 號染色體

1. Susan Blackmore explained this trick in her article 'The power of the meme meme' in the *Skeptic*, Vol. 5 no. 2, p. 45.

2. Kazazian, H. H. and Moran, J. V. (1998). The impact of L1 retrotransposons on the human genome. *Nature Genetics* 19: 19–24.

3. Casane, D., Boissinot, S., Chang, B. H. J., Shimmin, L. C. and Li, W. H. (1997). Mutation pattern variation among regions of the primate genome.

Journal of Molecular Evolution 45: 216–26.

4. Doolittle, W. F. and Sapienza, C. (1980). Selfish genes, the phenotype paradigm and genome evolution. *Nature* 284: 601–3; Orgel, L. E. and Crick, F. H. C. (1980). Selfish DNA: the ultimate parasite. *Nature* 284: 604–7.

5. McClintock, B. (1951). Chromosome organisation and genic expression. *Cold Spring Harbor Symposia on Quantitative Biology* 16: 13–47.

6. Yoder, J. A., Walsh, C. P. and Bestor, T. H. (1997). Cytosine methylation and the ecology of intragenomic parasites. *Trends in Genetics* 13: 335–40; Garrick, D., Fiering, S., Martin, D. I. K. and Whitelaw, E. (1998). Repeat-induced gene silencing in mammals. *Nature Genetics* 18: 56–9.

7. Jeffreys, A. J., Wilson, V. and Thein, S. L. (1985). Hypervariable 'minisatellite' regions in human DNA. *Nature* 314: 67–73.

8. Reilly, P. R. and Page, D. C. (1998). We're off to see the genome. *Nature Genetics* 20: 15–17; *New Scientist*, 28 February 1998, p. 20.

9. See *Daily Telegraph*, 14 July 1998, and *Sunday Times*, 19 July 1998.

10. Ridley, M. (1993). *The Red Queen: sex and the evolution of human nature*. Viking, London.

第 9 號染色體

1. Crow, J. F. (1993). Felix Bernstein and the first human marker locus. *Genetics* 133: 4–7.

2. Yamomoto, F., Clausen, H., White, T., Marken, S. and Hakomori, S. (1990). Molecular genetic basis of the histo-blood group ABO system. *Nature* 345: 229–33.

3. Dean, A. M. (1998). The molecular anatomy of an ancient adaptive event. *American Scientist* 86: 26–37.

4. Gilbert, S. C., Plebanski, M., Gupta, S., Morris, J., Cox, M., Aidoo, M., Kwiatowski, D., Greenwood, B. M., Whittle, H. C. and Hill, A. V. S. (1998). Association of malaria parasite population structure, HLA and immunological antagonism. *Science* 279: 1173–7; also A. Hill, personal communication.

5. Pier, G. B. *et al.* (1998). *Salmonella typhi* uses CFTR to enter intestinal epithelial cells. *Nature* 393: 79–82.

6. Hill, A. V. S. (1996). Genetics of infectious disease resistance. *Current*

Opinion in Genetics and Development 6: 348–53.

7. Ridley, M. (1997). *Disease*. Phoenix, London.

8. Cavalli-Sforza, L. L. and Cavalli-Sforza, F. (1995). *The great human diasporas*. Addison Wesley, Reading, Massachusetts.

9. Wederkind, C. and Füri, S. (1997). Body odour preferences in men and women: do they aim for specific MHC combinations or simple heterogeneity? *Proceedings of the Royal Society of London, Series B* 264: 1471–9.

10. Hamilton, W. D. (1990). Memes of Haldane and Jayakar in a theory of sex. *Journal of Genetics* 69: 17–32.

第 10 號染色體

1. Martin, P. (1997). *The sickening mind: brain, behaviour, immunity and disease*. Harper Collins, London.

2. Becker, J. B., Breedlove, M. S. and Crews, D. (1992). *Behavioral endocrinology*. MIT Press, Cambridge, Massachusetts.

3. Marmot, M. G., Davey Smith, G., Stansfield, S., Patel, C., North, F. and Head, J. (1991). Health inequalities among British civil servants: the Whitehall II study. *Lancet* 337: 1387–93.

4. Sapolsky, R. M. (1997). *The trouble with testosterone and other essays on the biology of the human predicament*. Touchstone Press, New York.

5. Folstad, I. and Karter, A. J. (1992). Parasites, bright males and the immunocompetence handicap. *American Naturalist* 139: 603–22.

6. Zuk, M. (1992). The role of parasites in sexual selection: current evidence and future directions. *Advances in the Study of Behavior* 21: 39–68.

第 11 號染色體

1. Hamer, D. and Copeland, P. (1998). *Living with our genes*. Doubleday, New York.

2. Efran, J. S., Greene, M. A. and Gordon, D. E. (1998). Lessons of the

new genetics. *Family Therapy Networker* 22 (March/April 1998): 26–41.

3. Kagan, J. (1994). *Galen's prophecy: temperament in human nature*. Basic Books, New York.

4. Wurtman, R. J. and Wurtman, J. J. (1994). Carbohydrates and depression. In Masters, R. D. and McGuire, M. T. (eds), *The neurotransmitter revolution*, pp.96–109. Southern Illinois University Press, Carbondale and Edwardsville.

5. Kaplan, J. R., Fontenot, M. B., Manuck, S. B. and Muldoon, M. F. (1996). Influence of dietary lipids on agonistic and affiliative behavior in *Macaca fascicularis*. *American Journal of Primatology* 38: 333–47.

6. Raleigh, M. J. and McGuire, M. T. (1994). Serotonin, aggression and violence in vervet monkeys. In Masters, R. D. and McGuire, M. T. (eds), *The neurotransmitter revolution*, pp. 129–45. Southern Illinois University Press, Carbondale and Edwardsville.

第 12 號染色體

1. Bateson, W. (1894). *Materials for the study of variation*. Macmillan, London.

2. Tautz, D. and Schmid, K. J. (1998). From genes to individuals: developmental genes and the generation of the phenotype. *Philosophical Transactions of the Royal Society of London, Series B* 353: 231–40.

3. Nüsslein-Volhard, C. and Wieschaus, E. (1980). Mutations affecting segment number and polarity in *Drosophila*. *Nature* 287: 795–801.

4. McGinnis, W., Garber, R. L., Wirz, J., Kuriowa, A. and Gehring, W. J. (1984). A homologous protein coding sequence in *Drosophila* homeotic genes and its conservation in other metazoans. *Cell* 37: 403–8; Scott, M. and Weiner, A. J. (1984). Structural relationships among genes that control development: sequence homology between the *Antennapedia*, *Ultrabithorax* and *fushi tarazu* loci of *Drosophila*. *Proceedings of the National Academy of Sciences of the USA* 81: 4115–9.

5. Arendt, D. and Nubler-Jung, K. (1994). Inversion of the dorso-ventral axis? *Nature* 371: 26.

6. Sharman, A. C. and Brand, M. (1998). Evolution and homology of the nervous system: cross-phylum rescues of *otd/Otx* genes. *Trends in Genetics* 14: 211–14.

7. Duboule, D. (1995). Vertebrate hox genes and proliferation – an alternative pathway to homeosis. *Current Opinion in Genetics and Development* 5: 525–8; Krumlauf, R. (1995). Hox genes in vertebrate development. *Cell* 78: 191–201.
8. Zimmer, C. (1998). *At the water's edge.* Free Press, New York.

第 13 號染色體

1. Cavalli-Sforza, L. (1998). The DNA revolution in population genetics. *Trends in Genetics* 14: 60–65.
2. Intriguingly, the genetic evidence generally points to a far more rapid migration rate for women's genes than men's (comparing maternally inherited mitochondria with paternally inherited Y chromosomes) – perhaps eight times as high. This is partly because in human beings, as in other apes, it is generally females that leave, or are abducted from, their native group when they mate. Jensen, M. (1998). All about Adam. *New Scientist*, 11 July 1998: 35–9.
3. Reported in *HMS Beagle: The Biomednet Magazine* (www.biomednet.com/hmsbeagle), issue 20, November 1997.
4. Holden, C. and Mace, R. (1997). Phylogenetic analysis of the evolution of lactose digestion in adults. *Human Biology* 69: 605–28.

第 14 號染色體

1. Slagboom, P. E., Droog, S. and Boomsma, D. I. (1994). Genetic determination of telomere size in humans: a twin study of three age groups. *American Journal of Human Genetics* 55: 876–82.
2. Lingner, J., Hughes, T. R., Shevchenko, A., Mann, M., Lundblad, V. and Cech, T. R. (1997). Reverse transcriptase motifs in the catalytic subunit of telomerase. *Science* 276: 561–7.
3. Clark, M. S. and Wall, W. J. (1996). *Chromosomes: the complex code.* Chapman and Hall, London.
4. Harrington, L., McPhail, T., Mar, V., Zhou, W., Oulton, R., Bass, M. B.,

Aruda, I. and Robinson, M. O. (1997). A mammalian telomerase-associated protein. *Science* 275: 973–7; Saito, T., Matsuda, Y., Suzuki, T., Hayashi, A., Yuan, X., Saito, M., Nakayama, J., Hori, T. and Ishikawa, F. (1997). Comparative gene-mapping of the human and mouse TEP-1 genes, which encode one protein component of telomerases. *Genomics* 46: 46–50.

5. Bodnar, A. G. *et al.* (1998). Extension of life-span by introduction of telomerase into normal human cells. *Science* 279: 349–52.

6. Niida, H., Matsumoto, T., Satoh, H., Shiwa, M., Tokutake, Y., Furuichi, Y. and Shinkai, Y. (1998). Severe growth defect in mouse cells lacking the telomerase RNA component. *Nature Genetics* 19: 203–6.

7. Chang, E. and Harley, C. B. (1995). Telomere length and replicative aging in human vascular tissues. *Proceedings of the National Academy of Sciences of the USA* 92: 11190–94.

8. Austad, S. (1997). *Why we age.* John Wiley, New York.

9. Slagboom, P. E., Droog, S. and Boomsma, D. I. (1994). Genetic determination of telomere size in humans: a twin study of three age groups. *American Journal of Human Genetics* 55: 876–82.

10. Ivanova, R. *et al.* (1998). HLA-DR alleles display sex-dependent effects on survival and discriminate between individual and familial longevity. *Human Molecular Genetics* 7: 187–94.

11. The figure of 7,000 genes is given by George Martin, quoted in Austad, S. (1997). *Why we age.* John Wiley, New York.

12. Feng, J. *et al.* (1995). The RNA component of human telomerase. *Science* 269: 1236–41.

第 15 號染色體

1. Holm, V. *et al.* (1993). Prader–Willi syndrome: consensus diagnostic criteria. *Pediatrics* 91: 398–401.

2. Angelman, H. (1965). 'Puppet' children. *Developmental Medicine and Child Neurology* 7: 681–8.

3. McGrath, J. and Solter, D. (1984). Completion of mouse embryogenesis requires both the maternal and paternal genomes. *Cell* 37: 179–83; Barton, S. C., Surami, M. A. H. and Norris, M. L. (1984). Role of paternal and

maternal genomes in mouse development. *Nature* 311: 374–6.

4. Haig, D. and Westoby, M. (1989). Parent-specific gene expression and the triploid endosperm. *American Naturalist* 134: 147–55.

5. Haig, D. and Graham, C. (1991). Genomic imprinting and the strange case of the insulin-like growth factor II receptor. *Cell* 64: 1045–6.

6. Dawson, W. (1965). Fertility and size inheritance in a Peromyscus species cross. *Evolution* 19: 44–55; Mestel, R. (1998). The genetic battle of the sexes. *Natural History* 107: 44–9.

7. Hurst, L. D. and McVean, G. T. (1997). Growth effects of uniparental disomies and the conflict theory of genomic imprinting. *Trends in Genetics* 13: 436–43; Hurst, L. D. (1997). Evolutionary theories of genomic imprinting. In Reik, W. and Surani, A. (eds), *Genomic imprinting*, pp. 211–37. Oxford University Press, Oxford.

8. Horsthemke, B. (1997). Imprinting in the Prader–Willi/Angelman syndrome region on human chromosome 15. In Reik, W. and Surani, A. (eds), *Genomic imprinting*, pp. 177–90. Oxford University Press, Oxford.

9. Reik, W. and Constancia, M. (1997). Making sense or antisense? *Nature* 389: 669–71.

10. McGrath, J. and Solter, D. (1984). Completion of mouse embryogenesis requires both the maternal and paternal genomes. *Cell* 37: 179–83.

11. Jaenisch, R. (1997). DNA methylation and imprinting: why bother? *Trends in Genetics* 13: 323–9.

12. Cassidy, S. B. (1995). Uniparental disomy and genomic imprinting as causes of human genetic disease. *Environmental and Molecular Mutagenesis* 25, Suppl. 26: 13–20; Kishino, T. and Wagstaff, J. (1998). Genomic organisation of the UBE3A/E6-AP gene and related pseudogenes. *Genomics* 47: 101–7.

13. Jiang, Y., Tsai, T.-F., Bressler, J. and Beaudet, A. L. (1998). Imprinting in Angelman and Prader–Willi syndromes. *Current Opinion in Genetics and Development* 8: 334–42.

14. Allen, N. D., Logan, K., Lally, G., Drage, D. J., Norris, M. and Keverne, E. B. (1995). Distribution of pathenogenetic cells in the mouse brain and their influence on brain development and behaviour. *Proceedings of the National Academy of Sciences of the USA* 92: 10782–6; Trivers, R. and Burt, A. (in preparation), *Kinship and genomic imprinting*.

15. Vines, G. (1997). Where did you get your brains? *New Scientist*, 3 May 1997: 34–9; Lefebvre, L., Viville, S., Barton, S. C., Ishino, F., Keverne, E. B. and Surani, M. A. (1998). Abnormal maternal behaviour and growth

retardation associated with loss of the imprinted gene Mest. *Nature Genetics* 20: 163–9.

16. Pagel, M. (1999). Mother and father in surprise genetic agreement. *Nature* 397: 19–20.

17. Skuse, D. H. *et al.* (1997). Evidence from Turner's syndrome of an imprinted locus affecting cognitive function. *Nature* 387: 705–8.

18. Diamond, M. and Sigmundson, H. K. (1997). Sex assignment at birth: long-term review and clinical implications. *Archives of Pediatric and Adolescent Medicine* 151: 298–304.

第 16 號染色體

1. Baldwin, J. M. (1896). A new factor in evolution. *American Naturalist* 30: 441–51, 536–53.

2. Schacher, S., Castelluci, V. F. and Kandel, E. R. (1988). cAMP evokes long-term facilitation in *Aplysia* neurons that requires new protein synthesis. *Science* 240: 1667–9.

3. Bailey, C. H., Bartsch, D. and Kandel, E. R. (1996). Towards a molecular definition of long-term memory storage. *Proceedings of the National Academy of Sciences of the USA* 93: 12445–52.

4. Tully, T., Preat, T., Boynton, S. C. and Del Vecchio, M. (1994). Genetic dissection of consolidated memory in *Drosophila*. *Cell* 79: 39–47; Dubnau, J. and Tully, T. (1998). Gene discovery in *Drosophila*: new insights for learning and memory. *Annual Review of Neuroscience* 21: 407–44.

5. Silva, A. J., Smith, A. M. and Giese, K. P. (1997). Gene targeting and the biology of learning and memory. *Annual Review of Genetics* 31: 527–46.

6. Davis, R. L. (1993). Mushroom bodies and *Drosophila* learning. *Neuron* 11: 1–14; Grotewiel, M. S., Beck, C. D. O., Wu, K. H., Zhu, X.-R. and Davis, R. L. (1998). Integrin-mediated short-term memory in *Drosophila*. *Nature* 391: 455–60.

7. Vargha-Khadem, F., Gadian, D. G., Watkins, K. E., Connelly, A., Van-Paesschen, W. and Mishkin, M. (1997). Differential effects of early hippo-campal pathology on episodic and semantic memory. *Science* 277: 376–80.

第 17 號染色體

1. Hakem, R. *et al.* (1998). Differential requirement for caspase 9 in apoptotic pathways *in vivo*. *Cell* 94: 339–52.

2. Ridley, M. (1996). *The origins of virtue*. Viking, London; Raff, M. (1998). Cell suicide for beginners. *Nature* 396: 119–22.

3. Cookson, W. (1994). *The gene hunters: adventures in the genome jungle*. Aurum Press, London.

4. *Sunday Telegraph*, 3 May 1998, p. 25.

5. Weinberg, R. (1998). *One renegade cell*. Weidenfeld and Nicolson, London.

6. Levine, A. J. (1997). P53, the cellular gatekeeper for growth and division. *Cell* 88: 323–31.

7. Lowe, S. W. (1995). Cancer therapy and p53. *Current Opinion in Oncology* 7: 547–53.

8. Hüber, A.-O. and Evan, G. I. (1998). Traps to catch unwary oncogenes. *Trends in Genetics* 14: 364–7.

9. Cook-Deegan, R. (1994). *The gene wars: science, politics and the human genome*. W. W. Norton, New York.

10. Krakauer, D. C. and Payne, R. J. H. (1997). The evolution of virus-induced apoptosis. *Proceedings of the Royal Society of London, Series B* 264: 1757–62.

11. Le Grand, E. K. (1997). An adaptationist view of apoptosis. *Quarterly Review of Biology* 72: 135–47.

第 18 號染色體

1. Verma, I. M. and Somia, N. (1997). Gene therapy – promises, problems and prospects. *Nature* 389: 239–42.

2. Carter, M. H. (1996). Pioneer Hi-Bred: testing for gene transfers. Harvard Business School Case Study N9-597-055.

3. Capecchi, M. R. (1989). Altering the genome by homologous recombination. *Science* 244: 1288–92.

4. First, N. and Thomson, J. (1998). From cows stem therapies? *Nature Biotechnology* 16: 620–21.

第 19 號染色體

1. Lyon, J. and Gorner, P. (1996). *Altered fates*. Norton, New York.

2. Eto, M., Watanabe, K. and Makino, I. (1989). Increased frequencies of apolipoprotein E2 and E4 alleles in patients with ischemic heart disease. *Clinical Genetics* 36: 183–8.

3. Lucotte, G., Loirat, F. and Hazout, S. (1997). Patterns of gradient of apolipoprotein E allele *4 frequencies in western Europe. *Human Biology* 69: 253–62.

4. Kamboh, M. I. (1995). Apolipoprotein E polymorphism and susceptibility to Alzheimer's disease. *Human Biology* 67: 195–215; Flannery, T. (1998). *Throwim way leg*. Weidenfeld and Nicolson, London.

5. Cook-Degan, R. (1995). *The gene wars: science, politics and the human genome*. Norton, New York.

6. Kamboh, M. I. (1995). Apolipoprotein E polymorphism and susceptibility to Alzheimer's disease. *Human Biology* 67: 195–215; Corder, E. H. *et al.* (1994). Protective effect of apolipoprotein E type 2 allele for late onset Alzheimer disease. *Nature Genetics* 7: 180–84.

7. Bickeboller, H. *et al.* (1997). Apolipoprotein E and Alzheimer disease: genotypic-specific risks by age and sex. *American Journal of Human Genetics* 60: 439–46; Payami, H. *et al.* (1996). Gender difference in apolipoprotein E-associated risk for familial Alzheimer disease: a possible clue to the higher incidence of Alzheimer disease in women. *American Journal of Human Genetics* 58: 803–11; Tang, M.-X. *et al.* (1996). Relative risk of Alzheimer disease and age-at-onset distributions, based on APOE genotypes among elderly African Americans, Caucasians and Hispanics in New York City. *American Journal of Human Genetics* 58: 574–84.

8. Caldicott, F. *et al.* (1998). *Mental disorders and genetics: the ethical context*. Nuffield Council on Bioethics, London.

9. Bickeboller, H. *et al.* (1997). Apolipoprotein E and Alzheimer disease: genotypic-specific risks by age and sex. *American Journal of Human Genetics* 60: 439–46.

10. Maddox, J. (1998). *What remains to be discovered*. Macmillan, London.

11. Cookson, C. (1998). Markers on the road to avoiding illness. *Financial Times*, 3 March 1998, p. 18; Schmidt, K. (1998). Just for you. *New Scientist*, 14 November 1998, p. 32.

12. Wilkie, T. (1996). The people who want to look inside your genes. *Guardian*, 3 October 1996.

第 20 號染色體

1. Prusiner, S. B. and Scott, M. R. (1997). Genetics of prions. *Annual Review of Genetics* 31: 139–75.
2. Brown, D. R. *et al.* (1997). The cellular prion protein binds copper *in vivo*. *Nature* 390: 684–7.
3. Prusiner, S. B., Scott, M. R., DeArmand, S. J. and Cohen, F. E. (1998). Prion protein biology. *Cell* 93: 337–49.
4. Klein, M. A. *et al.* (1997). A crucial role for B cells in neuroinvasive scrapie. *Nature* 390: 687–90.
5. Ridley, R. M. and Baker H. F. (1998). *Fatal protein*. Oxford University Press, Oxford.

第 21 號染色體

1. Hawkins, M. (1997). *Social Darwinism in European and American thought*. Cambridge University Press, Cambridge.
2. Kevles, D. (1985). *In the name of eugenics*. Harvard University Press, Cambridge, Massachusetts.
3. Paul, D. B. and Spencer, H. G. (1995). The hidden science of eugenics. *Nature* 374: 302–5.
4. Carey, J. (1992). *The intellectuals and the masses*. Faber and Faber, London.
5. Anderson, G. (1994). The politics of the mental deficiency act. M.Phil. dissertation, University of Cambridge.
6. *Hansard*, 29 May 1913.
7. Wells, H. G., Huxley, J. S. and Wells, G. P. (1931). *The science of life*. Cassell, London.
8. Kealey, T., personal communication; Lindzen, R. (1996). Science and

politics: global warming and eugenics. In Hahn, R. W. (ed.), *Risks, costs and lives saved*, pp. 85–103. Oxford University Press, Oxford.

9. King, D. and Hansen, R. (1999). Experts at work: state autonomy, social learning and eugenic sterilisation in 1930s Britain. *British Journal of Political Science* 29: 77–107.

10. Searle, G. R. (1979). Eugenics and politics in Britain in the 1930s. *Annals of Political Science* 36: 159–69.

11. Kitcher, P. (1996). *The lives to come*. Simon and Schuster, New York.

12. Quoted in an interview in the *Sunday Telegraph*, 8 February 1997.

13. Lynn, R. (1996). *Dysgenics: genetic deterioration in modern populations*. Praeger, Westport, Connecticut.

14. Reported in *HMS Beagle: The Biomednet Magazine* (www.biomednet.com/hmsbeagle), issue 20, November 1997.

15. Morton, N. (1998). Hippocratic or hypocritic: birthpangs of an ethical code. *Nature Genetics* 18: 18; Coghlan, A. (1998). Perfect people's republic. *New Scientist*, 24 October 1998, p. 24.

第 22 號染色體

1. Rich Harris, J. (1998). *The nurture assumption*. Bloomsbury, London.

2. Ehrenreich, B. and McIntosh, J. (1997). The new creationism. *Nation*, 9 June 1997.

3. Rose, S., Kamin, L. J. and Lewontin, R. C. (1984). *Not in our genes*. Pantheon, London.

4. Brittan, S. (1998). Essays, moral, political and economic. *Hume Papers on Public Policy*, Vol. 6, no. 4. Edinburgh University Press, Edinburgh.

5. Reznek, L. (1997). *Evil or ill? Justifying the insanity defence*. Routledge, London.

6. Wilson, E. O. (1998). *Consilience*. Little, Brown, New York.

7. Darwin's views on free will are quoted in Wright, R. (1994). *The moral animal*. Pantheon, New York.

8. Silver, B. (1998). *The ascent of science*. Oxford University Press, Oxford.

9. Ayer, A. J. (1954). *Philosophical essays*. Macmillan, London.

10. Lyndon Eaves, quoted in Wright, L. (1997). *Twins: genes, environment and mystery of identity*. Weidenfeld and Nicolson, London.

國家圖書館出版品預行編目資料

23對染色體：解讀創生奧祕的生命之書 / 馬特・瑞德利（Matt Ridley）著；
蔡承志、許優優 譯. -- 三版. -- 臺北市：商周出版，城邦文化事業股份
有限公司出版；英屬蓋曼群島商家庭傳媒股份有限公司城邦分公司發行，
2021.11
　　面；　公分
譯自：Genome: the Autobiography of a species in 23 Chapters
ISBN 978-626-318-025-3（平裝）
1. 染色體　2. 遺傳學　3. 基因　4. 通俗作品
364.218　　　　　　　　　　　　　　　　　　110016489

23對染色體

原 著 書 名 / Genome: the Autobiography of a species in 23 Chapters
作 　 　 者 / 馬特・瑞德利（Matt Ridley）
譯 　 　 者 / 蔡承志、許優優
責 任 編 輯 / 邱玉玲、陳筱宛、彭之琬、葉咨佑、楊如玉

版 　 　 權 / 黃淑敏、吳亭儀、林易萱
行 銷 業 務 / 周佑潔、周丹蘋、黃崇華、賴正祐
總 編 　 輯 / 楊如玉
總 經 　 理 / 彭之琬
事業群總經理 / 黃淑貞
發 行 　 人 / 何飛鵬
法 律 顧 問 / 元禾法律事務所　王子文律師
出 　 　 版 / 商周出版
　　　　　　城邦文化事業股份有限公司
　　　　　　臺北市中山區民生東路二段141號9樓
　　　　　　電話：(02) 2500-7008 傳真：(02) 2500-7759
發 　 　 行 　 E-mail：bwp.service@cite.com.tw
　　　　　 / 英屬蓋曼群島商家庭傳媒股份有限公司城邦分公司
　　　　　　臺北市中山區民生東路二段141號2樓
　　　　　　書虫客服務專線：(02) 2500-7718・(02) 2500-7719
　　　　　　24小時傳真服務：(02) 2500-1990・(02) 2500-1991
　　　　　　服務時間：週一至週五09:30-12:00・13:30-17:00
　　　　　　郵撥帳號：19863813　戶名：書虫股份有限公司
　　　　　　E-mail：service@readingclub.com.tw
　　　　　　歡迎光臨城邦讀書花園 網址：www.cite.com.tw
香 港 發 行 所 / 城邦（香港）出版集團有限公司
　　　　　　香港灣仔駱克道193號東超商業中心1樓
　　　　　　電話：(852) 2508-6231　傳真：(852) 2578-9337
　　　　　　E-mail：hkcite@biznetvigator.com
馬 新 發 行 所 / 城邦（馬新）出版集團 Cité (M) Sdn. Bhd.
　　　　　　41, Jalan Radin Anum, Bandar Baru Sri Petaling,
　　　　　　57000 Kuala Lumpur, Malaysia
　　　　　　電話：(603) 9057-8822　傳真：(603) 9057-6622
　　　　　　E-mail：cite@cite.com.my

封 面 設 計 / 李東記
排 　 　 版 / 新鑫電腦排版工作室
印 　 　 刷 / 韋懋印刷有限公司
經 　 銷 　 商 / 聯合發行股份有限公司
　　　　　　電話：(02) 2917-8022　傳真：(02) 2911-0053
　　　　　　地址：新北市231新店區寶橋路235巷6弄6號2樓

■ 2021年（民110）11月三版　　　　　　　　Printed in Taiwan
定價 520 元　　　　　　　　　　　　　　　城邦讀書花園
　　　　　　　　　　　　　　　　　　　　www.cite.com.tw

廣　告　回　函
北區郵政管理登記證
台北廣字第000791號
郵資已付，免貼郵票

104台北市民生東路二段141號2樓

英屬蓋曼群島商家庭傳媒股份有限公司　城邦分公司

- -

請沿虛線對摺，謝謝！

書號：BU0178	書名：23對染色體	編碼：

讀者回函卡

線上版讀者回函卡

感謝您購買我們出版的書籍！請費心填寫此回函卡，我們將不定期寄上城邦集團最新的出版訊息。

姓名：_____ 性別：□男 □女

生日：西元_____年_____月_____日

地址：_____

聯絡電話：_____ 傳真：_____

E-mail：

學歷：□ 1. 小學 □ 2. 國中 □ 3. 高中 □ 4. 大學 □ 5. 研究所以上

職業：□ 1. 學生 □ 2. 軍公教 □ 3. 服務 □ 4. 金融 □ 5. 製造 □ 6. 資訊

□ 7. 傳播 □ 8. 自由業 □ 9. 農漁牧 □ 10. 家管 □ 11. 退休

□ 12. 其他_____

您從何種方式得知本書消息？

□ 1. 書店 □ 2. 網路 □ 3. 報紙 □ 4. 雜誌 □ 5. 廣播 □ 6. 電視

□ 7. 親友推薦 □ 8. 其他_____

您通常以何種方式購書？

□ 1. 書店 □ 2. 網路 □ 3. 傳真訂購 □ 4. 郵局劃撥 □ 5. 其他_____

您喜歡閱讀那些類別的書籍？

□ 1. 財經商業 □ 2. 自然科學 □ 3. 歷史 □ 4. 法律 □ 5. 文學

□ 6. 休閒旅遊 □ 7. 小說 □ 8. 人物傳記 □ 9. 生活、勵志 □ 10. 其他

對我們的建議：_____

_____

_____